粉砂土路基处理技术及应用

袁玉卿 著

中国建筑工业出版社

图书在版编目（CIP）数据

粉砂土路基处理技术及应用 / 袁玉卿著. —北京：中国
建筑工业出版社，2013.10
ISBN 978-7-112-15757-0

Ⅰ. ①粉… Ⅱ. ①袁… Ⅲ. ①砂土-公路路基-路基工程
Ⅳ. ①U416.1

中国版本图书馆 CIP 数据核字（2013）第 201004 号

本书首先对粉砂土的分布进行介绍，然后分析路基病害及危害，找出原因，并有针对性地提出设计、施工、养护措施。主要内容包括：粉砂土的基本性质、毛细水破坏分析、毛细水上升控制、毛细水对粉砂土路用性能的影响、毛细水上升数值模拟及设计建议、路基变形及设计建议、粉砂土综合稳定技术及应用、高填方沉降控制技术及应用、井点降水技术及应用、基于水稳定性的设计建议等。

本书可作为"公路工程"、"土木工程"、"岩土工程"、"交通工程"、"桥梁与隧道工程"及相关专业本科生及研究生的辅助教材或参考书，也可供公路、铁路、机场设计、施工、监理、养护的技术人员及管理人员参阅。

* * *

责任编辑：牛　松　孙立波　余　帆
责任设计：张　虹
责任校对：肖　剑　陈晶晶

粉砂土路基处理技术及应用
袁玉卿　著
*
中国建筑工业出版社出版、发行（北京西郊百万庄）
各地新华书店、建筑书店经销
北京红光制版公司制版
北京世知印务有限公司印刷
*
开本：787×1092毫米　1/16　印张：11¼　字数：270 千字
2013 年 8 月第一版　2013 年 8 月第一次印刷
定价：**28.00** 元
ISBN 978-7-112-15757-0
（24544）

前　　言

在公路建设蓬勃发展的今天，保障道路交通的安全、畅通，对促进国家经济社会发展具有重要意义。粉砂土是岩石经过风化作用后的产物，广泛分布于黄河流域、淮河流域、长江中下游及珠江流域，在黄河冲积平原和黄泛区尤为典型。由于这些地区临近河床或古河道，地下水位高，加之粉砂土毛细作用强烈，使得确保路基水稳定性成为一个重要课题，同时这些区域交通建设工程量巨大，因而遇到的技术难题也很多。为此，要针对病害采取合理的技术方案、工程措施。

毛细水上升导致路基土各层的含水量变化，影响路基土的强度和稳定性，引起沉陷、翻浆、坍塌等病害，对路基路面造成严重破坏。在工程实践中要充分运用高新技术，综合多种理论加以分析，并采用室内试验、现场检测和数值模拟的方法，进行多学科交叉研究，再放到工程实践中进行检验和验证，以期为粉砂土路基的设计、施工、养护提供技术支撑。

本书首先对粉砂土的分布进行介绍，然后分析路基病害及危害并找出原因，再针对原因提出设计、施工、养护的具体措施。主要内容包括：粉砂土的基本性质、毛细水破坏分析、毛细水上升控制、毛细水对粉砂土路用性能的影响、毛细水上升数值模拟及设计建议、路基变形及设计建议、粉砂土综合稳定技术及应用、高填方沉降控制技术及应用、井点降水技术及应用、基于水稳定性的设计建议等。

由于我国地域辽阔，粉砂土的成因、沉积条件和水文地质条件各有不同，因此，在采用本书研究成果时，请务必结合当地的工程特点，以取得最佳的经济技术效果；加之我们的水平所限，书中的疏漏、不妥，甚至错误恐难避免，恳请大家提出宝贵意见，以利于我们改正不足，并共同推动技术进步和科技创新。

本书由袁玉卿主笔完成。在研究和撰写过程中，还得到了赵丽敏、刘松利、李伟、郭涛、许海铭等人的大力协助，在此一并表示衷心感谢！

目　　录

第1章 粉砂土路基病害分析

1.1 粉砂土分布概况

粉砂土是岩石经过风化作用后的产物,颗粒介于细砂土和粉土之间,其颗粒组成以砂粒和粉粒为主,黏性颗粒含量相对较少。粉砂土的天然含水率较低,当颗粒较细时毛细作用较发达,季冻区的粉砂土路基在冻结过程中水分迁移积聚现象较为显著。

粉砂土广泛分布于黄河流域、淮河流域、长江中下游、珠江流域,以及金沙江上游干热河谷、嘉陵江、岷江、雅砻江、乌江流域的大部分地区,还分散于澜沧江、金沙江、黄河源头、怒江、川西北部分地区以及西藏雅鲁藏布江中游河谷,在地域上涉及青海、四川、甘肃、宁夏、内蒙古、陕西、山西、河南、江苏、山东、浙江、福建、江西、湖南、湖北、广东、广西、海南、贵州、云南、四川、重庆等众多省(自治区、直辖市),而且这些地方往往河网众多,路网密布,经济繁荣,交通发展迅速。

黄河是地球上3个年输沙量超过10亿t的流域泥沙输移巨系统之一,平均每年要向下游输送16亿t泥沙,约有4亿t淤积在下游河道[1]。历史上黄河下游河道多次改迁,并由此产生了大范围的黄泛区(图1-1)。泛滥的黄河水留下了厚达数米的沙石和黄泥,这些新形成的土层分布较广,但工程性质不良[2]。本书主要以豫东黄泛区的粉砂土为典型案例展开研究。

图1-1 黄泛区粉砂土

在黄泛平原区,建筑砂石料严重匮乏,若选择外运路基填料,则运距较远、运费较高,因此,黄河冲淤积沙土是最重要的路基填筑材料,粉砂土路基普遍存在。

1.2 粉砂土路基病害现状

随着我国公路建设事业的蓬勃发展,公路通行能力和服务水平有了长足改善和提高,但也出现了很多道路病害，常见的病害有冻害（包含冻胀和翻浆）、路基土盐渍化、沼泽化、沉陷变形、滑塌、纵裂等，这些病害最终直接影响到路面，对行车安全不利。

冬季的低温产生冻胀（图1-2），并在春融期间形成翻浆，严重的会产生沉陷（图1-3）等病害。毛细水上升接近路基顶面时，负孔隙水压力会产生路基附加应力的增值，从而增加了道路的沉降量。毛细水还能将地层母质的盐分带到路基中，产生盐渍土，引起盐胀、溶蚀、翻浆、沉陷和降水后的溶淋性泥泞，导致路面凸凹不平等破坏，对行车安全不利。

图1-2　冻胀　　　　　　　　　　　　　　　图1-3　沉陷

路基是公路的重要组成部分，作为路面的支承结构物，要承受由路面传来的荷载，其强度、稳定性和耐久性等将直接影响到路面的使用性。路基土出现病害后其表现形式为路面损伤和变形，这对建筑工程、公路工程都会有很大影响，且病害发生后治理效果不佳。特别是粉砂土，由于其作为筑路材料时具有特殊的工程性质，因此要对其进行专门研究。

1.3　粉砂土路基病害原因

地下水通过毛细作用向上渗透是水浸入路基的主要途径之一。粉砂土一般沿河沿湖分布，地下水位浅，毛细作用强烈，毛细水上升导致路基土各层含水量变化，影响路基土的强度和稳定性，并引起沉陷、翻浆、坍塌等病害，对路基路面造成严重破坏。路基在裂缝渗流、温度场以及地下水位变化所引起的毛细作用下，土体内部含水量、孔隙水压力发生变化，抗剪强度降低，造成土体湿陷和变形，从而引起路基破坏。而路基的稳定性和耐久性又直接影响路面的使用性，路基不均匀沉降，以及水稳定性差引起的冻胀、翻浆是导致路面破坏的重要因素之一。

对于黄泛区，由于其邻近黄河，加之河床高于自然地面，地下水补给充沛，黄河冲淤沙土多为粉土或含粉砂土，颗粒细小[3]，土粒结构中存在大量的细微孔隙，毛细管发达，毛细水上升使路基土各层的干湿度类型发生变化，从而导致路基土各层的含水量也在变化，并最终影响到路基土的强度和变形等[4]。在豫东黄泛区公路工程中，通常遇到的路基病害问题（如沉陷变形、纵裂、翻浆、冻融、坍塌等），在很大程度上都与路基中含水量过大具有直接关系。影响路基水分的因素包括以雨、雪形式出现的大气降水、地表水的迁移以及地下毛细水作用。

毛细水广泛存在,影响面很大,因此房屋建筑、公路、铁路、水利、农业等部门的专家和技术人员都在研究毛细水的相关问题,只是研究的重点和方面略有不同。目前我国对毛细水作用的应用研究大多集中在农田水利部门和土壤盐渍化地区,公路设计领域对毛细水的影响机理、上升高度及其对路基土体强度、变形等影响还缺乏系统的研究与足够的重视。

1.4 粉砂土路基研究现状

1. 粉砂土的研究

粉砂土的工程力学特性直接决定了路基的强度和稳定性。范文远、贾朝霞等学者对山东地区黄泛区粉性土的工程特性进行了若干试验探讨。范文远[5]通过室内和现场试验,研究了山东地区黄泛区粉性土的工程特性,认为黄河冲淤积平原粉性土的颗粒主要集中在0.002~0.074mm,级配不良,其承载能力受压实度和含水量影响显著;周冰等[6]研究了山东省境内黄泛区土的组成特点、颗粒微观结构、物理力学特性及土的压实机理和性状,研究认为,黄泛区土呈层状结构,化学成分以硅、铝为主,非黏土矿物含量高,粉土颗粒高达80%以上,级配较差;宋修广等[7]研究了山东省北部黄泛区粉土路基由于黏粒含量少、颗粒均匀、水敏感性显著,在降雨和毛细水上升等因素综合影响下,耐久性严重不足,极易发生强度衰减,路基支撑强度降低显著的问题。

王士华[8]研究了晋陕两省交界的黄河东岸沙区高速公路路基设计与施工。贾朝霞[9]研究了黄泛区粉性土路基的基本特性,认为黄河冲淤积粉性土的标准重型击实曲线呈现不对称双驼峰或单峰曲线,出现双峰时分别用振动击实与重型击实取干密度大者为控制标准,另压实后的该类粉土中孔隙仍发育;王爱营[10]应用快速拉格朗日有限差方法,分析了黄泛区粉性土在不同的压实度条件下的沉降规律,得出结论:粉性土路堤随着高度的增加,沉降变形呈抛物线增加。粉砂土是黄河两岸及周边地区特有的一种土质,特别是在豫东黄泛区储量丰富,具有质地疏松、易吸湿、塑性指数低、渗透性较好等特点。该区域地下水位较浅,平均只有1.5m左右,经常会遇到湿软土等不良地基。

2. 粉砂土毛细水上升研究

(1) 毛细水上升机理

土的毛细现象是指土中水在表面张力的作用下,沿着细微孔隙向上及其他方向移动的现象。国外学者早在20世纪30年代就开始对毛细水现象进行研究了。1936年,Osta-shew认为毛细水流动的因素有孔隙水压力和毛细作用等,Hogentogler和Barber(1941年)认为毛细水的流动严格符合公认的表面张力、重力和水力学原理。渗流及卸荷都能产生负孔隙水压力,而负孔隙水压力则与毛细水压力直接相关。毛细水上升是由水-气分界面处的张力作用而引起的,直至毛细水上升高度中的水柱重力和该张力所产生的上举力平衡为止[11]。

(2) 毛细水迁移规律研究

理论上毛细水上升的最大高度,如下列公式[12]:

$$h_{c} = \frac{2\gamma\cos\alpha}{g(\rho_{w} - \rho_{k})r} \tag{1-1}$$

式中　　γ——水与空气间的表面张力；

　　　　α——接触角；

　　　　r——毛细管直径；

　　　　ρ_k——气体的密度（通常可以忽略）；

　　　　ρ_w——水的密度；

　　　　g——重力加速度。

在工程实践中，通过实地调查、观测，也可以根据当地建筑经验或规范推荐的经验公式估算毛细水上升高度，常用海森（A. Hazen）经验公式为：

$$h_c = \frac{C}{ed_{10}} \tag{1-2}$$

式中　　h_c——毛细水上升高度，m；

　　　　e——土的孔隙比；

　　　　d_{10}——土粒的有效直径；

　　　　C——与土粒形状及表面洁净情况有关的系数，$C = 10 \sim 50$（mm^2）。

Hogentogler 和 Barber 认为毛细水的流动同细管中毛细水的流动是一致的，并制作了毛细管仪来研究土中的毛细现象。认为这类毛细水流动是严格符合公认的表面张力、重力和水力学原理的。Terzaghi（1943 年）在他的著作《理论土力学》中总结了 Hogentogler 和 Barber（1941 年）的工作，并推导得出在土的孔隙度 n 和渗透系数 k 假设不变情况下，毛细水上升一定高度所需时间的计算公式[13]：

$$t = \frac{nh_c}{k}\left[\pi\left(\frac{h_c}{h_c - z} - \frac{z}{h_c}\right)\right] \tag{1-3}$$

式中　　t——时间；

　　　　k——渗透系数；

　　　　n——孔隙度；

　　　　h_c——最大毛细上升高度；

　　　　z——时间 t 内上升的地下水位以上的垂直距离。

（3）毛细水上升高度

毛细水最大上升高度一直为人们所关注，国内外学者多有涉及，Terzaghi（1943 年）强调了水-气界面对土的性状的主要影响，推导出假定土孔隙率和渗透系数不变的情况下，毛细水上升高度与所需时间之间的相互关系[14]。Stenitzer 等通过估算土壤转移函数或测量水力参数，应用 SIMWASER 模拟模型评价潜水毛细水上升高度[15,16]。Wessolek 等提出了估算年内到达根区毛细水上升量及区域实际蒸散量的 HPTF 方程，有研究认为毛细水的上升高度就是重力势与基质势的平衡高度[17,18]。近 20 年来，加拿大 Saskatchewan 大学的 D. G. Fredlund 和 N. R. Morgenstern 教授以及由他们建立并领导的非饱和土研究小组，对非饱和土中的毛细水及毛细作用开展了一系列开拓性的理论和试验研究工作[19,20,21,22,23]。

李瑞峰通过对不同细粒土、压实度和含水量条件下的竖管法毛细水上升高度试验和负水头法试验，提出了毛细水上升高度经验公式[24,25]。

范文远试验证明黄泛区粉性土毛细水上升高度可达 1.3m 以上。李锐、赵文光等采用

GEO-SLOPE 软件进行耦合分析，得出土柱的含水量与高度之间的关系曲线，结合土—水特征曲线得出最大毛细水上升高度值，再通过竖管法和土的冻胀率模拟试验，可以得到毛细水冻害有效高度[26,27]。

夏宁等[28]通过室内模拟毛细水上升试验进行研究，得到该地区毛细水上升高度的范围，并得到含水量基本上是随高度的升高而降低的。当进入毛细悬挂水带时，含水量可能会有所增加，但总趋势是减少的。

闫玲[29]做了非饱和水盐迁移试验研究，毛细水输盐试验结果表明，毛细水迁移引起了土—水体系中的可溶盐以难溶盐、中溶盐、易溶盐的次序结晶分异，并导致不同形式的盐害。

魏进等[30]通过进行毛细水上升高度试验，得到了风积沙在最佳含水量、不同压实度条件下的毛细水上升高度数据；通过室内盐胀试验得出了不同含盐量的风积沙盐胀量，并分析了含盐量、温度与盐胀量之间的关系。

王运周等[31]指出毛细水及土中的弱结合水在水分迁移和集聚作用下形成冻土，提出粉质土在压实后毛细水上升高度减少不多，黏质土被压实后毛细水上升高度将大大减少。

董国栋[32]指出粉煤灰的毛细水上升高度和粉煤灰的初始含水量、密实程度等因素有关——密实度越小，毛细水上升高度越大，反之亦然。

阙云等[33]以福建省典型的花岗岩残积土为例，自制毛细水上升试验系统，进行了不同压实度及初始含水量条件下的毛细水上升试验，并结合数值模拟研究了毛细水的上升规律。

栗现文等[34]为明晰极端干旱地区高盐度潜水的蒸发机理，指导盐荒地的开发与水盐调控，进行了砂性土条件下不同土颗粒粒径及潜水矿化度组合的毛细水上升试验。试验表明，与高矿化度相比，粒径是控制毛细水上升作用的主要因素，而当土体颗粒较细（细砂、粉土）时，高矿化度不仅可以改变毛细水重力，同时也使得土体孔隙结构发生了不同程度的变化，二者综合作用于毛细水的上升过程。

傅强[35]进行了一维非饱和土土柱的毛细上升试验、吸水试验，研究了水在土中的运移规律以及毛细水的上升高度与时间的关系等，并利用 GEO-STUDIO 有限元分析软件进行简单的路基毛细水上升数值模拟，研究了毛细水上升作用与时间、边界条件等因素的关系。

杨明[36]采用数值模拟方法研究了不同土质填土层的毛细水上升规律，同时开展了毛细水上升的示踪模型试验，探讨了不同的垫层材料和处置厚度对毛细水上升高度的影响，并结合数值模拟和模型试验的成果给出了控制膨胀土路基毛细水效应的基底处置方案及建议。

范文远[5]研究了黄河冲淤积平原粉土的毛细水上升规律，指出由于地下水位较高，毛细水上升将直接影响土体的强度和稳定性能，通过试验得到该地区粉土毛细水随时间上升的高度，不同高度毛细水的含水量，并提出该区的干湿分界稠度，指出地下水位以上 1.3m 的土质处于过湿状态。

李锐等[37]利用 GEO-SLOPE 软件对立于水中的圆柱形土柱进行模拟，分析了土柱中的毛细水上升高度，并与室内试验进行比较，提出了垫层高度及垫层材料的物理性质对毛细水作用的影响。

李雨浓[38]提出毛细水冻害的有效高度的概念，并定义用各种土料的不冻胀界限含水量值在相应的毛细水含水量沿高度分布曲线上找出相应的高度，即为毛细水冻害有效高度。

余江洪[39]对新疆地区粉性土进行了大量的室内试验研究，得到该地区粉性土毛细水上升规律，并进一步得到不同含水率下粉性土抗剪强度与回弹模量的关系，为新疆农田区道路建设的设计提供了一定的参考。

（4）毛细水上升高度影响因素

水、土、温度是影响毛细水上升的重要因素，水中矿物质的含量也将影响毛细水的最终上升高度：相同级配的土随着含水率的增大，土颗粒之间的表面张力相应减少，从而使毛细管水上升变慢，上升高度减小。土质是控制毛细水上升的重要因素，同一质地干密度越大，毛细水上升高度就越大[40,41]。对于土体来说，土颗粒愈细，毛细水上升高度愈大，毛细水上升的高度与土中孔隙的大小和形状，土粒矿物成分有关。毛细现象通常发生在细粒土中，特别是粉性土，因为这类土水分迁移积聚最为强烈，毛细现象较显著，上升高度大，上升速度快，具有较畅通的水源补给通道，同时，这类土的颗粒较细，表面能大，土粒矿物成分亲水性强，能持有较多的结合水，从而能使大量结合水迁移和积聚[42,43]。

温度直接影响到水－气分界面的表面张力，其大小随温度的减小而减小，表面张力减少自然毛细水上升高度就低了，反之亦然[44]。

封闭后毛细水上升高度是不封闭高度的 2 倍，毛细水上升高度与粒径大于 5mm 的颗粒含量关系不大，而与 2mm 以下的颗粒含量关系密切。毛细水上升过程中携带盐分，这必然会对其上升高度产生影响。栾海、霍玉霞等通过室内模拟试验，证明冻融循环能引起黏性土的水分迁移，使毛细水上升高度增大，而砂土的毛细水上升高度不受冻融作用的影响[45]。杨明、余飞的研究表明：毛细水上升高度随着垫层厚度增加、初始含水量升高以及级配的变差而增加，级配对毛细水上升的影响最为显著，各垫层材料对毛细水上升的阻隔作用由优到劣依次为级配不良均匀砂、级配不良砂、石灰改性土、级配良好砾[46]。路堤土中典型花岗岩残积土的毛细水初期上升高度及速度呈现对数函数或幂函数关系，达到平衡湿度的时间约 5 年，其最终上升高度约 3.28 m。毛细水初期上升高度及速度随压实度的增大而减小，而最终上升高度则呈现相反趋势；毛细水初期上升高度随初始含水量的增大而减小，并在最佳含水量附近时最终上升高度最大。

余江洪、阿肯江·托呼提等，综合运用理论分析、室内试验和数值回归分析的方法，对新疆地区粉性土进行了毛细管水上升试验、三轴试验及回弹等试验，得到该地区粉性土毛细水上升高度随时间、含水量的变化规律以及不同颗粒含量土的强烈毛细水上升高度、不同含水率下粉性土的抗剪强度与回弹模量关系。

3. 粉砂土路基毛细水作用影响研究

宋修广[47]对黄河冲淤积平原区的粉土路基吸水特性及强度衰减特性进行了研究，得到不同渗透时间击实粉土和不同毛细水上升时间击实件内部含水量变化规律，并进行现场实测路基内部的含水率分布情况，通过含水量大小来判断毛细水作用以及灌溉等因素的影响。指出粉土路基强度随含水率的增大而衰减的规律，通过回弹模量及三轴试验，揭示出粉土路基吸水后变形大、强度低的特点。

赵明华等[48]分析了影响毛细水上升高度的多种因素，并指出地下水位对毛细作用的影响显著；在假设土颗粒粒径相等的条件下，导出了毛细水上升高度－时间、毛细水上升高度－土颗粒大小排列的关系；通过建立多孔介质模型，得出毛细作用影响路基含水量的变化，并导出了单位体积路基土在毛细作用下含水量的变化公式。

丁兆民[49]研究了盐渍土中毛细水的上升作用，指出毛细水上升能导致路基填土浸湿软化及次生盐渍化，产生盐渍冻胀等病害，降低路基填土强度，并提出了控制地下水位是工程实践中重要的措施，通过控制毛细水的上升高度控制病害的发生。

李永军[50]介绍了粉质土路基发生灾害的成因及防治方法，并指出粉质土毛细水上升的高度在 $120\sim250cm$ 之间，毛细水上升高度与土颗粒间的毛细管直径成反比，土颗粒愈细，毛细管上升愈高；毛细水上升速度，同土颗粒直径成反比，土颗粒愈细，上升愈慢。同时指出粉性土较黏性土的毛细作用大，对路基的危害最为突出，在同样的外界条件下，塑性指数较大的黏性土、砂性土不宜翻浆，而粉质土则较容易发生翻浆病害，压实度不够将导致毛细作用增大，亦能导致翻浆。指出毛细水的冰点较低这一重要特征，其冰点通常在 $-6\sim-15℃$ 之间。

但新惠[51]专门针对砾石隔断层的毛细水上升规律进行了研究，分析总结了级配砾石在一般情况下毛细水上升高度的一般规律，利用室内试验模拟公路路面对路基的封闭条件，并确定在封闭和敞开的条件下毛细水上升高度之间的差别，同时还模拟了不同水介质敞开封闭条件下毛细水上升高度的差别。

魏建军[52]分析了道路翻浆的原因，并指出毛细水通过毛细作用而上升并移向冰晶体，一部分冻结，一部分转变为薄膜水来补给负温区的水分转移，造成大量水分积聚在土基上层。土基中的水冻结以后体积膨胀，土质的不均匀将导致路面冻裂或冻胀隆起。

王殿威[53]从土质、压实度、水分供给三个方面分析了道路发生不均匀冻胀的原因，指出粉类土的毛细水上升高度较大，毛细上升速度快，在负温作用下水分聚积严重，此类土在水分增多后，非常容易丧失稳定性。提出了路基设计高度合理、采用均匀的土质、提高土的压实度、做好排水、设置隔离层等防止道路冻胀的措施。

张波等[54]指出毛细水作用对粉土路基的稳定性相当不利，在高填路基时，地基的沉降量较大，当碎石垫层已不能起到较好的隔水作用时，应加大碎石垫层的厚度，从而起到较好的隔水作用。

4. 毛细水对路基的影响及控制

黄河冲积平原区粉土路基具有强烈的毛细现象及水敏性特征，粉土的降雨渗透、毛细水上升室内模拟试验表明毛细水上升速度高于降雨入渗速度，上升高度可达 1.5m，将造成地下水位以上 1.3m 范围内路基土普遍处于过湿状态。

当实际含水率高于最优含水率时，路基土回弹模量、变形模量及黏聚力随含水率的增大都呈显著的衰减关系，当接近饱和状态时内摩擦角也急剧降低，从而揭示出粉土路基在吸水后将具有变形大、强度低的特点，易造成路面结构早期病害[55]。

因此，在进行路基设计时，路床区应在毛细水上升高度之上，或设置防水或排水垫层以降低毛细水的影响程度。对比改性土垫层和砂垫层，改性土垫层可以更好地抑制毛细水的上升，使上部土体的含水量保持比较好的稳定[56]。

自从 1915 年在美国佛罗里达州萨拉索塔市用路犁把贝壳、砂子、水泥拌合并压实，建成一条街道之后，水泥土就成为公路路基土稳定的一种用途最为广泛的材料[57]。伍邦勇[58]以河南省许昌至扶沟高速公路为例,研究了路床水泥稳定土路拌法施工工艺、质量、工期的控制。李清等[59]的研究表明,掺入水泥能明显提高低液限粉土的强度及回弹模量。几乎所有种类的土都可用作水泥土,但也有某些例外,包括有机土、高塑性的黏土和反应不良的砂性土。最好采用粒状土,因其比细粒土更易于弄碎和拌合,需用的水泥量也最少,所以制成的水泥土比较经济。

碎石桩复合地基可以起到良好的地基改良作用,因此得到了较广泛的研究和应用。卢萌盟等[60]对二维变形条件下的复合地基固结性状进行了分析,刘红军等[61]采用有限元法分析了桩长、置换率等对储油罐碎石桩地基差异沉降的影响,袁江雅[62]提出碎石桩复合地基沉降的三段计算模式,李亮[63]对毛乌素沙漠风积砂地层中碎石桩复合地基承载力特性进行了试验研究。

粉砂土是这些地区主要的筑路材料,其工程特性直接影响着路基路面结构的强度和稳定性。冲击压实技术是采用冲击压路机对地基土或填料进行冲击碾压,以提高填料的密实度、稳定性及强度的施工方法。多边形凸块碾轮造型奇特,具有压实力大、影响深度深、施工效率高的特点,且保养方便、操作轻便灵活,这些突出的优点使得其在工程中得到广泛使用[64,65]。

井点降水排水量大、降水深,适用于地下水位高、土方开挖较深的工程,在房屋建筑、水利及公路工程中均有应用。王景龙[66]对郑州至开封城市通道箱涵井点法降水进行了探索;郭煜[67]以京张高速公路二期工程官厅湖特大桥主桥为例,论述了多级轻型井点降水的方案设计及施工方法;曹忠明[68]等以江都至海安高速公路为例,介绍在砂性土路基施工中,利用井点降水来降低土的天然含水量;郦迎新等[69]在桥梁墩台基坑施工时采用井点降水加放坡开挖技术,取得了良好的技术经济效果。

综上所述,国内外有较多的学者针对土壤中水分的毛细现象进行了相关研究,并且取得了一定的成果[70,71,72]。但是,由于土壤中水分毛细作用具有复杂性及差异性,因此,针对实体工程的具体土质进行毛细水作用的更深入的研究是非常必要的。由研究现状可知,对黄泛区粉性土的研究主要集中在其分类、工程特性、力学指标、压实机理以及粉性土的工程改良等[73,74,75,76]。

总的来看,粉砂土毛细水广泛存在、影响面很大,因此房屋建筑、公路、铁路、水利、农业等部门的专家和技术人员都在研究毛细水的相关问题,只是研究的重点和方面略有不同。国内外各个地方的粉砂土成分含量、基本性质等都是不一样的,因此,研究成果大都与实际工程相结合,以试验为基础来研究并在此基础上提出相应的处理对策。

粉砂土区域地下水位埋深较浅,由于毛细水的上升,路基土干湿状态发生变化明显,导致路基强度降低或失稳,直接影响路面结构的强度和稳定性。这给浅地下水位的粉砂土路基设计提出新的课题,需进一步研究毛细水的作用机理及其影响下路基强度和变形特性,并提出工程处治措施。

第2章　粉砂土基本性质

2.1　粉砂土物理性质

2.1.1　颗粒粒径分布

为分析豫东黄泛区颗粒的组成情况，采用筛析法测定小于某粒径的颗粒所占百分数。筛析法是将土样通过各种不同孔径的筛子，按筛子孔径的大小将颗粒加以分组，然后称量并计算出各个粒组占总量的百分数。本试验方法适用于粒径大于 0.075mm 但不大于 60mm 土的颗粒分析试验。

根据《公路土工试验规程》(JTG E40—2007)[77]规定，粒径大于 0.075mm 的土采用筛分法。从施工现场取粉砂土 300g，进行颗粒筛分，结果见图 2-1。

由图 2-1 可以看出，开封粉砂土颗粒粒径大多分布在 0.75～1mm 之间，含量高达 95%，大于 1mm 的颗粒极少。我国西北沙漠地区的风积沙典型筛分曲线如图 2-2 所示。由图 2-2 可知，风积沙的颗粒粒径大多在 0.25～0.75mm 之间，颗粒均匀，级配不良，西北地区较干旱，年降雨量很低，土中含水率较低。

2.1.2　界限含水率测定

土由可塑性转到流塑、流动状态的界限含水率叫作液限（也称塑性上限或流限），记为 w_L；土由半固态转到可塑状态的界限含水率叫作塑限（也称塑性下限），记为 w_P；土由半固态不断蒸发水分，体积逐渐缩小，直到体积不再缩小时的界限含水率叫作缩限，记为 w_s。目前试验室常用液塑限联合测定法测定土的液限 w_L 和塑限 w_P，并由此计算液性指数 I_L、塑性指数 I_P 来进行土的定名。试验采用郑汴物流通道场地附近 3 份土样，结果如表 2-1 所示。

由表 2-1 可知，该工程场地的土样含水率随入土深度的增加而增加，且速度较快，经计算得液限 $w_L=19.1\%$，塑限 $w_P=13.5\%$，塑性指数 $I_P=w_L-w_P=5.6\%$。按《岩土工程勘察规范》(GB 50021—2001) 及《公路土工试验规程》(JTG E40—2007) 相关规定，该土样属于含砂低液限粉土。

液塑限联合测定试验　　　　　　　　　　　　　　　　　　　表 2-1

试样编号　　　　项目	1#	2#	3#
平均入土深度/mm	4.9	9.9	19.9
平均含水率/%	10.2	15.5	19.0

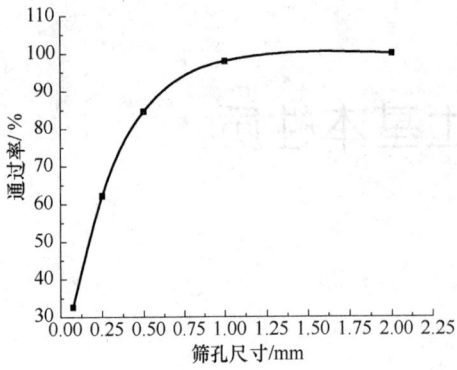

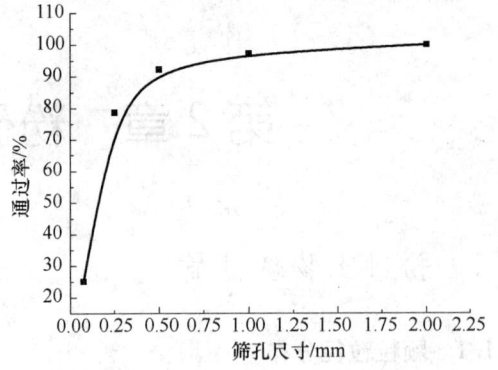

(a)   (b)

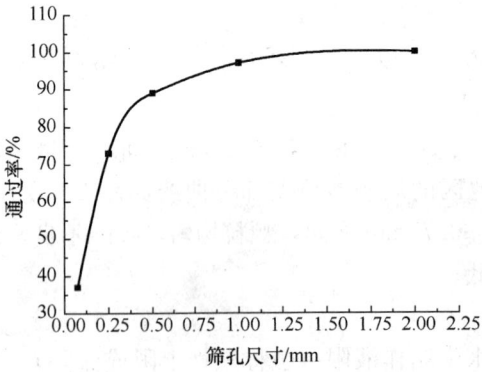

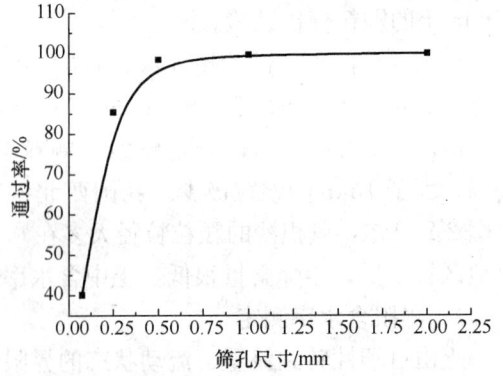

(c)   (d)

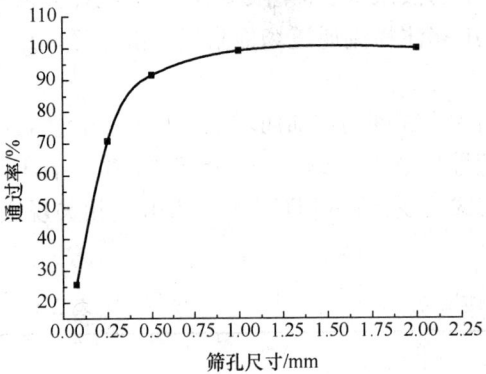

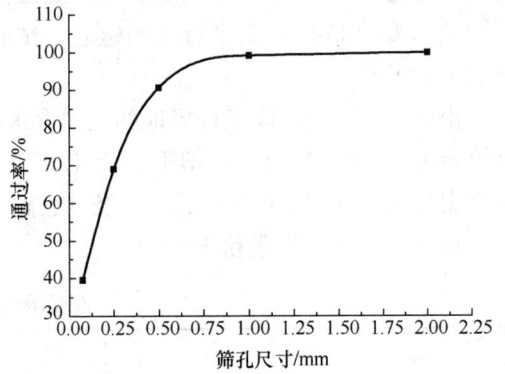

(e)   (f)

图 2-1　开封地区粉砂土颗粒筛分

（a）试样 KF_1 筛分；（b）试样 KF_2 筛分；（c）试样 KF_3 筛分；（d）试样 KF_4 筛分；

（e）试样 KF_5 筛分；（f）试样 KF_6 筛分

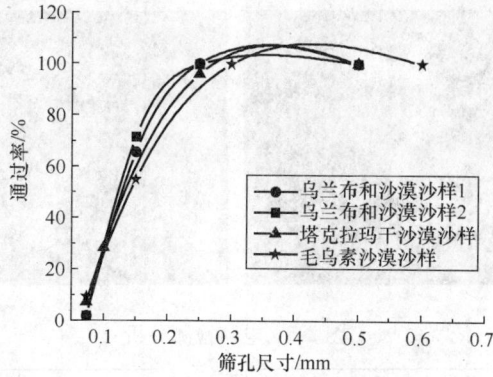

图 2-2　西北沙漠风积沙颗粒筛分

2.2　粉砂土化学性质

2.2.1　X 射线衍射分析

试验土样来自于施工现场，采用 X 射线衍射（X-ray Diffractometer，下文简称为 XRD）试验，试验在河南大学特种功能材料实验室进行，试验过程见图 2-3～图 2-5。

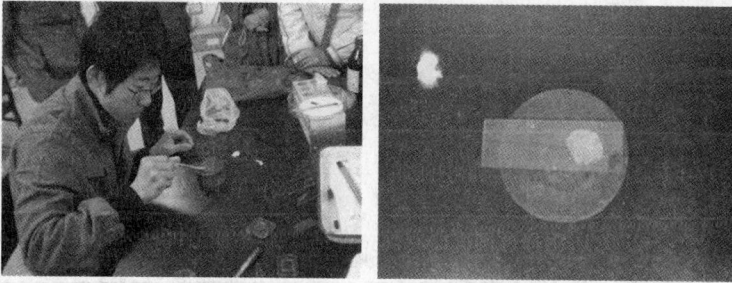

图 2-3　试样的制备

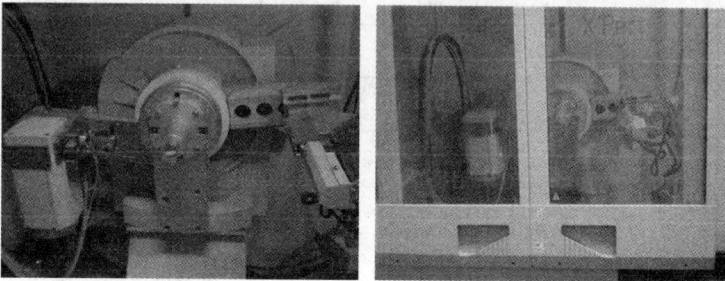

图 2-4　试样检测中

图 2-6 是豫东黄泛区粉砂土的 X 射线衍射分析和匹对结果。

由图 2-6 分析可知，豫东黄泛区粉砂土中大量存在 SiO_2，$CaCO_3$ 等化合物。在 X 射线衍射图中，SiO_2 的最强峰在 26°左右，$CaCO_3$ 最强峰在 30°左右。

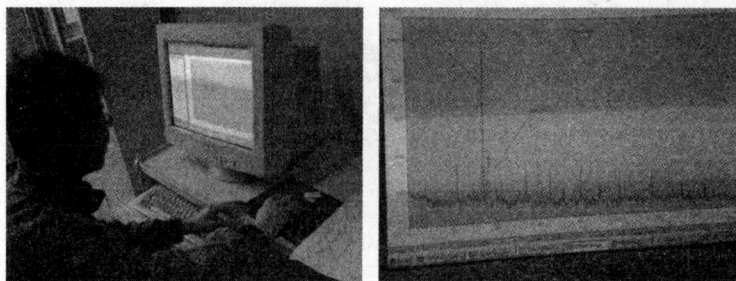

图 2-5　电脑检测分析

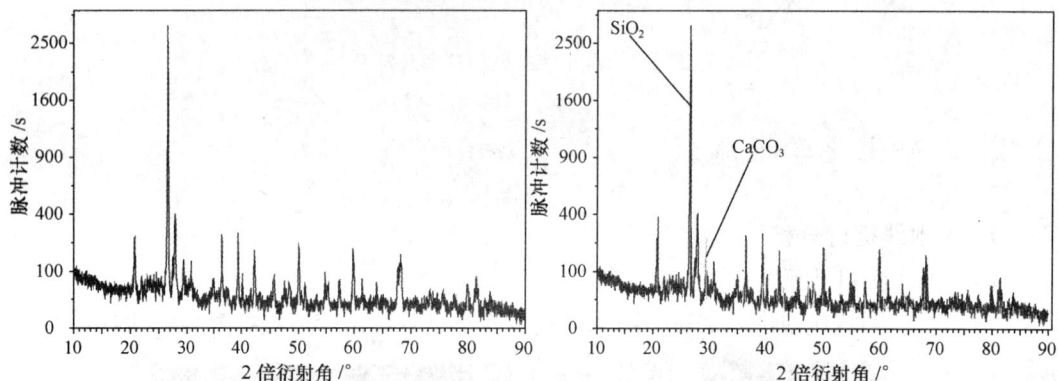

图 2-6　豫东黄泛区粉砂土 X 射线分析及匹对图

2.2.2　化学全分析

取施工现场的豫东黄泛区粉砂土样，采用氢氟酸、王水溶解土样，然后对其化学成分进行全分析与计算，所测出的金属元素见表 2-2。

豫东黄泛区粉砂土所含主要元素　　　　　　　　　　　　　　　　　表 2-2

含量/mg/kg　　元素 试样	Si	Al	As	Ca	Co	Cr	Cu	Fe	K
土样 I	373333	44604	28	35120	14	28	5	19711	14494
土样 II	389200	30931	13	28201	11	26	2	15958	14212
平均值	381267	37767.5	20.5	31660.5	12.5	27	3.5	17834.5	14353

含量/mg/kg　　元素 试样	Li	Mg	Mn	Na	Ni	Pb	Sr	Zn
土样 I	20	7843	414	11917	18	0	232	52
土样 II	13	5681	354	13048	13	8	222	30
平均值	16.5	6762	384	12482.5	15.5	4	227	41

试验测得豫东黄泛区粉砂土化学成分的特点是：硅（Si）、铝（Al）含量较高，其次

为钙（Ca），再次为铁（Fe），这些成分占总量的 90％ 以上；钾、钠、镁（K、Na、Mg）占总量的 4.7％ 左右，其余化学成分小于总量的 0.1％。

2.2.3 浸出液分析

将土样浸泡在 pH＝3 的溶液中 24h，取其浸出液进行化学分析，检测结果见表 2-3。

豫东黄泛区粉砂土浸出液化学成分分析　　　　　　　表 2-3

含量/mg/kg　　　元素 试样	Al	Ca	Cu	Fe	K	Li	Mg	Mn	Na	Pb	Sr
土样Ⅰ	1.9	1265	0.1	0.9	19.7	0.1	147.4	0.2	30.1	0.0	8.3
土样Ⅱ	2.4	1150	0.1	1.5	15.1	0.1	126.3	1.0	23.8	0.1	6.8
平均值	2.2	1208	0.1	1.2	17.4	0.1	136.9	0.6	27.0	0.1	7.6

由表 2-3 可知，在浸出液中 Ca^{2+}，Mg^+，Na^+，K^+，Sr^{2+}，Al^{3+} 含量较高，而有毒性的重金属 Pb^{2+}，Cu^{2+} 含量较低。豫东黄泛区粉砂土易溶盐含量均较低，属于非盐渍土。

2.3　粉砂土路用性能

2.3.1　击实试验

（1）素土击实试验

据试料的干密度 ρ_d 和测定的试料含水率 w 绘图，并由图找到豫东黄泛区粉砂土的最佳含水率和最大干密度。试验结果绘制成击实曲线，如图 2-7 所示。

由图 2-7 可知，击实曲线为开口向下的抛物线，干密度随水率的增加达到一个峰值。先是干密度随含水率的增大逐渐增大，当含水率达到一定值时干密度达到最大值，而后，随水率继续增加，干密度逐渐减小。由图 2-7 可得试验粉砂土样的最佳含水率为 11.5％，最大干密度为 1.841g/cm³。

（2）水泥稳定土击实试验

根据试料的干密度 ρ_d 和测定的试料含水率 w 绘图，并由图找到豫东黄泛区粉砂土的最佳含水率和最大干密度。试验结果绘制成击实曲线，如图 2-8 所示。

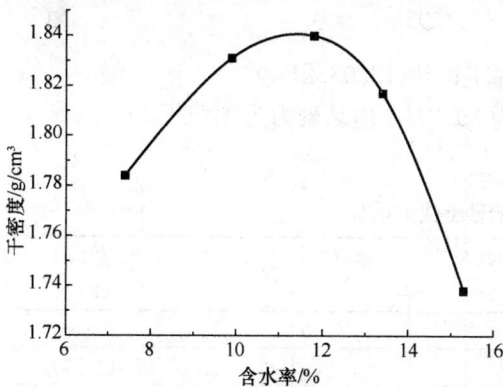

图 2-7　素土击实曲线　　　　　　　　图 2-8　水泥稳定土击实曲线

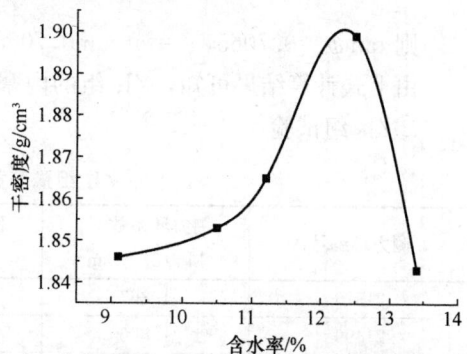

由图 2-8 可知，击实曲线为开口向下的抛物线，随含水率的增加干密度达到一个峰值，干密度随含水率的增大逐渐增大，当含水率达到一定值时干密度达到最大值。而后，随含水率继续增加，干密度逐渐减小。由图 2-8 可得试验粉砂土样的最佳含水率为 12.4%，最大干密度为 1.90g/cm³。

2.3.2　直剪试验

试验分 ZJ_1、ZJ_2 组，结果见表 2-4 和表 2-5，垂直压应力与剪应力关系见图 2-9 和图 2-10。

①ZJ_1 组试验

ZJ_1 豫东黄泛区粉砂土快剪试验　　　　表 2-4

测力计编号	测力计系数 C/ kPa/0.01mm	测力计读数 R/ 0.01mm	垂直压应力 σ/ kPa	剪应力 τ/ kPa
21516	1.867	44	100	82.148
21499	1.826	88	200	160.688
21430	1.866	113	300	210.85
21397	1.869	161	400	300.909

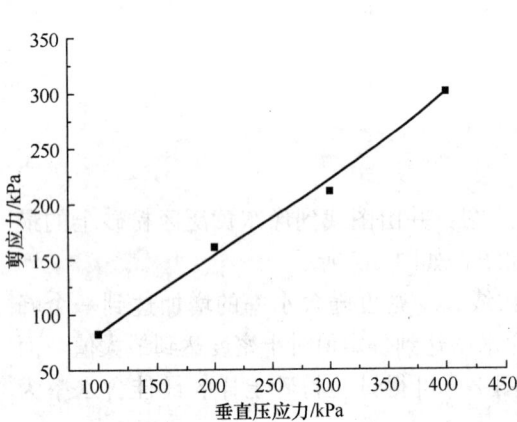

图 2-9　ZJ_1 组垂直压应力与剪应力关系

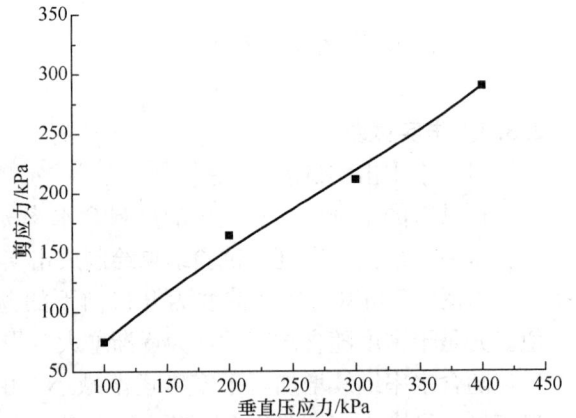

图 2-10　ZJ_2 组垂直压应力与剪应力关系

数据拟合的曲线方程为：

$$\tau = 0.7065\sigma + 12.038 \tag{2-1}$$

则 $\tan\psi = 0.7065$，$\psi = \arctan 0.7065 = 35.24°$；$c = 12.038\text{kPa}$

由上式计算结果可知，ZJ_1 组的内摩擦角为 35.24°，内黏聚力为 12.04kPa。

②ZJ_2 组试验

ZJ_2 组豫东黄泛区粉砂土快剪试验　　　　表 2-5

测力环编号	测力环系数 C/ kPa/0.01mm	测力环读数 R/ 0.01mm	垂直压应力 σ/ kPa	剪应力 τ/ kPa
21516	1.867	40	100	74.68
21499	1.826	90	200	164.34
21430	1.866	113	300	210.858
21397	1.869	155	400	289.695

数据拟合的曲线方程为：

$$\tau = 0.6916\sigma + 12.003 \tag{2-2}$$

则 $\tan\psi = 0.6916$，$\psi = \arctan 0.6916 = 34.67°$；$c = 12.003\text{kPa}$

由上式计算结果可知，ZJ_2 组的内摩擦角为 34.67°，内黏聚力为 12.00kPa。

由于试验过程中存在一定的操作差别，因此计算结果有一定差异，但是根据两次平行试验剪应力与垂直压应力关系的对比分析计算，可以看出两者的内摩擦角 ψ、内黏聚力 c 相差不大，说明试验过程正确，得到的数据可靠。

2.3.3 固结试验

依据《公路土工试验规程》（JTG E40—2007）的固结试验方法，研究粉砂土的固结特性，测定单位沉降量、压缩系数、压缩模量。

（1）试验过程

在试验前 3d 制备试验所需要的土样。试验采用 GDG 系列型高压固结仪。分级施加荷载：12.5kPa、25kPa、50kPa、100kPa、200kPa、300kPa、400kPa、800kPa，每级荷载稳定 20min，读取该级荷载下的沉降量，同时施加下一级荷载，直到全部荷载施加完为止。

（2）参数计算

①土样的初始孔隙比：

$$e_0 = G_s \times (1 + 0.01 \times w_0) \times \rho_w \div \rho_0 - 1 \tag{2-3}$$

式中 e_0——土样的初始孔隙比；

      G_s——土粒的比重，本试验 $G_s = 2.66$；

      ρ_w——水的密度，取 $\rho_w = 1\text{g/cm}^3$；

      w_0——试验开始时土样的含水率，%；

      ρ_0——试验开始时土样的密度，g/cm^3。

②各级压力下土样固结 20min 后的单位沉降量：

$$S_i = h_i \div h_0 \times 10^3 \tag{2-4}$$

式中 S_i——各级压力下土样固结 20min 后的单位沉降量，mm/m；

      h_0——土样的初始高度，本试验中土样的高度等于环刀的高度，即土样的初始高度为 20mm；

      h_i——各级压力下土样固结 20min 后的沉降量，mm。

③各级压力下土样固结 20min 后的孔隙比：

$$e_i = e_0 - (1 + e_0) \times h_i \div h_0 \tag{2-5}$$

式中 e_i——各级压力下土样固结 20min 后的孔隙比；

      e_0——土样初始孔隙比；

      h_0——土样的初始高度，本试验中土样的高度等于环刀的高度，即土样的初始高度为 20mm；

      h_i——各级压力下土样固结 20min 后的沉降量，mm。

④压缩系数

$$a_v = (e_1 - e_2)/(p_2 - p_1) \tag{2-6}$$

式中 a_v——压缩系数，MPa^{-1}；

e_1——100kPa 对应的孔隙比；

e_2——200kPa 对应的孔隙比；

p_1＝100kPa；p_2＝200kPa。

规范规定：$a_v<0.1\text{MPa}^{-1}$为低压缩性土，$0.1\text{MPa}^{-1}\leqslant a_v<0.5\text{MPa}^{-1}$为中压缩性土，$a_v\geqslant 0.5\text{MPa}^{-1}$为高压缩性土。

⑤压缩模量

$$E_s = (1 + e_0) \div a_v \tag{2-7}$$

式中　E_s——压缩模量，MPa；

　　　e_0——土样初始孔隙比；

　　　a_v——压缩系数，MPa^{-1}。

（3）数据分析

试验分 GJ_1 组和 GJ_2 组，试验结果见表 2-6～表 2-9，分别绘制垂直压应力与剪应力关系图（见图 2-11～图 2-14）。

①GJ_1 组试验

GJ_1 快速固结试验含水率测定　　　　　　　　表 2-6

盘号	盘质量/g	盘和湿土质量/g	盘和干土质量/g	水质量/g	土质量/g	含水率 w_0/%
105	108.540	145.261	138.435	6.826	29.895	22.83
104	119.336	147.638	142.372	5.266	23.036	22.86

GJ_1 组快速固结试验密度测定　　　　　　　　表 2-7

环刀号	环刀质量/g	环刀和土总质量/g	土质量/g	环刀容积/cm^3	湿密度 ρ_0/g·cm^{-3}
25	43.018	156.66	113.642	60	1.894
107	43.025	158.382	115.357	60	1.923

根据表 2-6～表 2-7 中数据，采用公式（2-3）～公式（2-7），计算所需要的参数，计算结果见表 2-8 及表 2-9。

GJ_1 组快速固结试验数据处理（25 号环刀试样）　　　　　　　　表 2-8

加荷值 p/kPa	试样变形量 h_i/mm	初始孔隙比 e_0	各级压力下的单位沉降量 S_i/mm·m^{-1}	各级压力下的孔隙比 e_i
12.5	0.015	0.725	0.75	0.724
25	0.040	0.725	2.00	0.722
50	0.090	0.725	4.50	0.717
100	0.238	0.725	11.90	0.704
200	0.419	0.725	20.95	0.689
300	0.555	0.725	27.75	0.677
400	0.667	0.725	33.35	0.667
800	1.045	0.725	52.25	0.635

加荷值 p/kPa	试样变形量 h_i/mm	初始孔隙比 e_0	各级压力下的单位 沉降量 S_i/mm·m⁻¹	各级压力下的孔隙比 e_i
12.5	0.069	0.770	3.45	0.764
25	0.102	0.770	5.10	0.761
50	0.152	0.770	7.60	0.757
100	0.218	0.770	10.90	0.751
200	0.335	0.770	16.75	0.740
300	0.425	0.770	21.25	0.732
400	0.500	0.770	25.00	0.726
800	0.720	0.770	36.00	0.706

根据表 2-8 和表 2-9 数据，分别绘制 25 号环刀和 107 号环刀土样的 $e-p$ 曲线，见图 2-11 和图 2-12。

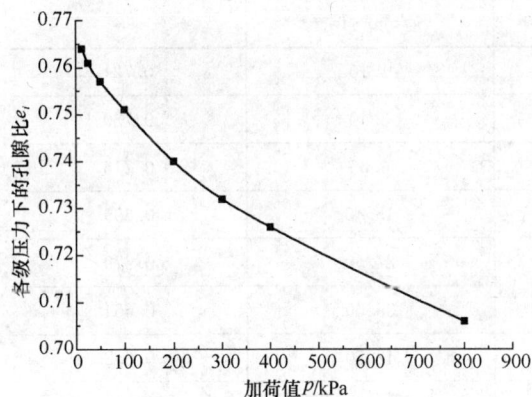

图 2-11　25 号环刀土样的 $e-p$ 曲线

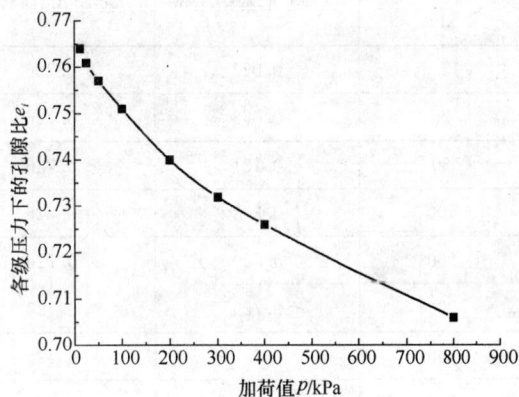

图 2-12　107 号环刀土样的 $e-p$ 曲线

由图 2-11 可得 25 号环刀土样数据拟合的曲线方程为：$e=10^{-7} \times p^2 - 0.0002 \times p + 0.7252$。当加荷值为 100kPa 时，即 $p_1 = 100$kPa 时 $e_1 = 0.7062$；当加荷值为 200kPa 时，即 $p_2 = 200$kPa 时 $e_2 = 0.6892$，压缩系数 $a_v = (e_1 - e_2)/(p_2 - p_1) = 0.17$MPa⁻¹。由于 0.1 MPa⁻¹ < 0.17 MPa⁻¹ < 0.5 MPa⁻¹，因此，根据规范规定，此组土为中压缩性土。压缩模量 $E_s = (1 + e_0)/a_v = 10.15$MPa。

由图 2-12 数据可得 107 号环刀土样数据拟合的曲线方程为：$e = 7 \times 10^{-8} \times p^2 - 0.0001 \times p + 0.7637$。当加荷值为 100kPa 时，即 $p_1 = 100$kPa 时 $e_1 = 0.7544$；当加荷值为 200kPa 时，即 $p_2 = 200$kPa 时 $e_2 = 0.7465$。可得压缩系数 $a_v = (e_1 - e_2)/(p_2 - p_1) = 0.079$MPa⁻¹ < 0.1MPa⁻¹，因此，根据规范规定，此组土为低压缩性土。压缩模量 $E_s = (1 + e_0)/a_v = 22.41$MPa。

② GJ₂ 组试验

GJ₂ 组快速固结试验含水率测定

表 2-10

盘号	盘质量/g	盘和湿土质量/g	盘和干土质量/g	水质量/g	土质量/g	含水率 w_0/%
44	106.715	139.963	134.059	5.904	27.344	21.59
109	101.357	125.760	121.421	4.339	20.064	21.63

GJ₂ 组快速固结试验密度测定

表 2-11

环刀号	环刀质量/g	环刀和土质量/g	土质量/g	环刀容积/cm³	湿密度 ρ_0/g·cm⁻³
76	43.000	155.516	112.516	60	1.875
88	43.005	152.626	109.621	60	1.827

根据表 2-10～表 2-11 中数据，计算结果见表 2-12 及表 2-13。

GJ₂ 组快速固试验验数据处理（76 号环刀试样）

表 2-12

加荷值/kPa	试样变形量 h_i/mm	初始孔隙比 e_0	各级压力下的单位沉降量 S_i/mm·m⁻¹	各级压力下的孔隙比 e_i
12.5	0.022	0.726	1.10	0.724
25	0.068	0.726	3.40	0.720
50	0.131	0.726	6.55	0.715
100	0.308	0.726	15.40	0.699
200	0.550	0.726	27.50	0.679
300	0.720	0.726	36.00	0.664
400	0.850	0.726	42.50	0.653
800	1.212	0.726	60.60	0.621

GJ₂ 组快速固结试验孔隙比与荷载值的关系（88 号环刀试样）

表 2-13

加荷值/kPa	试样变形量 h_i/mm	初始孔隙比 e_0	各级压力下的单位沉降量 S_i/mm·m⁻¹	各级压力下的孔隙比 e_i
12.5	0.105	0.770	5.25	0.761
25	0.200	0.770	10.00	0.752
50	0.420	0.770	21.00	0.733
100	0.681	0.770	34.05	0.710
200	0.990	0.770	49.50	0.682
300	1.162	0.770	58.10	0.667
400	1.327	0.770	66.35	0.653
800	1.734	0.770	86.70	0.617

根据表 2-12 和表 2-13 中数据，分别绘制 76 号环刀和 88 号环刀土样的 $e-p$ 曲线，见图 2-13 和图 2-14。

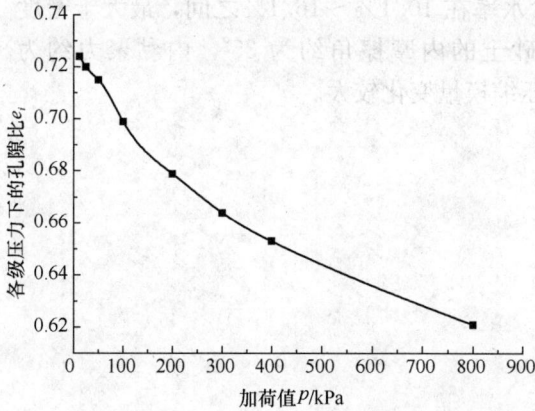

图 2-13 76 号环刀土样的 $e-p$ 曲线

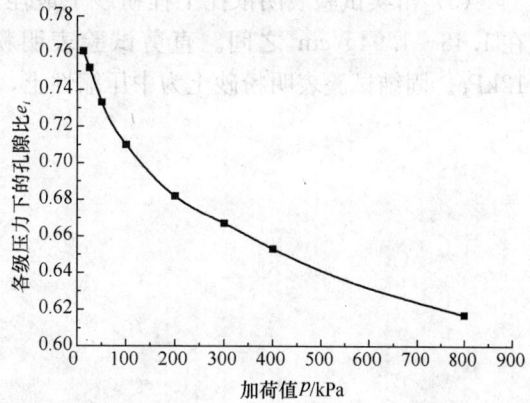

图 2-14 88 号环刀土样的 $e-p$ 曲线

由图 2-13 可得 76 号环刀土样数据拟合的曲线方程为：$e=2\times10^{-7}\times p^2-0.0003\times p+0.7257$。当加荷值为 100kPa 时，即 $p_1=100$kPa 时 $e_1=0.6977$；当加荷值为 200kPa 时，即 $p_2=200$kPa 时，$e_2=0.6737$。压缩系数 $a_v=(e_1-e_2)/(p_2-p_1)=0.24$MPa^{-1}，由于 0.1MPa^{-1} < 0.24MPa^{-1} < 0.5MPa^{-1}，因此，根据规范规定，此组土为中压缩性土。压缩模量 $E_s=(1+e_0)/a_v=7.19$MPa。

由图 2-14 可得 88 号环刀土样数据拟合的曲线方程为：$e=3\times10^{-7}\times p^2-0.0004\times p+0.7564$。当加荷值为 100kPa 时，即 $p_1=100$kPa 时 $e_1=0.7194$；当加荷值为 200kPa 时，即 $p_2=200$kPa 时，$e_2=0.6884$。可求出压缩系数 $a_v=(e_1-e_2)/(p_2-p_1)=0.31$MPa^{-1}，由于 0.1MPa^{-1} < 0.31MPa^{-1} < 0.5MPa^{-1}，因此，根据规范规定，此组土为中压缩性土，压缩模量 $E_s=(1+e_0)/a_v=5.71$MPa。

综合上述试验，判定豫东黄泛区粉砂土为中压缩性土，压缩模量的偏差较大。

2.4 本章小结

以黄泛区粉砂土为研究对象，进行了颗粒筛分、塑液限测定、X 射线衍射分析、化学全分析、浸出液分析、击实试验、直剪试验、固结试验等，研究了豫东黄泛区粉砂土的物理、化学及力学性质。主要结论如下：

(1) 颗粒粒径大多分布在 0.75~1mm 之间，含量高达 95%，大于 1mm 的颗粒极少，属于细粒土。其液限 $w_L=19.1\%$，塑限 $w_P=13.5\%$，塑性指数 $I_P=5.6\%$，属于含砂低液限粉土。

(2) X 射线衍射分析结果表明：豫东黄泛区粉砂土中大量存在 SiO_2，$CaCO_3$ 等化合物。在 X 射线衍射图中，SiO_2 的最强峰在 26° 左右，$CaCO_3$ 最强峰在 30° 左右。

(3) 化学全分析测得 Si 含量、Al 含量较高，其次为 Ca，再次为 Fe，这些占总量的 90% 以上。

（4）在粉砂土浸出液中 Ca^{2+}，Mg^+，Na^+，K^+，Sr^{2+}，Al^{3+} 含量较高，而有毒性的重金属 Pb^{2+}，Cu^{2+} 含量较低。豫东黄泛区粉砂土易溶盐含量均较低，属于非盐渍土。

（5）击实试验表明依托工程粉砂土最佳含水率在 10.1‰～16.1‰之间，最大干密度在 1.48～1.94g/cm³ 之间。直剪试验表明粉砂土的内摩擦角约为 35°，内黏聚力约为 12kPa。固结试验表明粉砂土为中压缩性土，压缩模量变化较大。

第3章 粉砂土路基毛细水破坏及控制

3.1 毛细现象分析

3.1.1 毛细现象与毛细作用

将极细的玻璃管插入水中时,水与玻璃管可润湿,管子里的水面会升高,管子的内径越小,水面升得越高。如果将玻璃管插入与玻璃不润湿的水银中,情形正好相反,管子里的水银会降低,而且管的内径越小,水银液面降的越低。这种润湿管壁的液体在细管里升高,而不润湿管壁的液体在细管里降低的现象,称为毛细现象。能够产生明显毛细现象的管叫作毛细管,如纸张、灯芯、土壤以及植物的根茎等都有毛细管。毛细管内的液面将呈凹形或凸形的弯月面。当液体与构成毛细管的固体材料润湿时,管中液面升高并呈凹状;当液体与毛细管材料不润湿时,管中液面下降并呈凸状。

毛细作用在某些情况下是有害的,例如,建筑房屋的时候,在夯实的地基中毛细管多且细,它们会把土壤中的水分引上来,使得室内潮湿。建房时在地基上面铺油毡,就是为了防止毛细现象造成的潮湿。土壤里有很多毛细管,地下的水分经常沿着这些毛细管上升到地面而蒸发掉,如果要保存地下的水分,就应该锄松地面的土壤,破坏土壤表层的毛细管,以减少水分的蒸发。

3.1.2 土层中的毛细现象

土的毛细现象是指土中水在表面张力作用下,沿着土的细小孔隙向其他方向移动的现象。在土体颗粒间存在的水即被称为毛细水。

毛细水是一种存在于地下水面以上细微孔隙中的一种特殊类型的水,它的形成过程可用物理学中的毛细管现象来解释。水与土颗粒表面的分子引力使土粒表面附近的水增加,土体孔隙中颗粒间形成弯液面,水与空气界面的表面张力总是试图将液体表面积缩至最小,使弯液面变为水平面。但当弯液面的中心部分有所升起时,水面与土粒间的分子力又将弯液面的边缘牵引上去。这样,分子力使毛细水上升,并保持弯液面,直至毛细水柱的重力与弯液面表面张力向上的分力平衡,水停止上移。

土层中由于毛细现象所湿润范围称为毛细水带。根据其形成条件和分布状况,毛细水带可以分为三种(如图3-1所示),具体分类如下:

(1)正常毛细水带(又称毛细饱和带)。位于毛细水带的下部,与地下潜水连通。这一部分的毛细水主要是由潜水面直接上升而形成的,毛细水几乎充满了全部孔隙。正常毛细水带会随着地下水位的升降作相应移动。

(2)毛细网状水带。位于毛细水带的中部。当地下水位急剧下降时,它也随着急速下降,这时在较细的毛细孔隙中有一部分毛细水来不及移动,仍残留在孔隙中,而在较粗的孔隙中因毛细水下降,孔隙中留下空气泡,这样,使毛细水呈网状分布。毛细网状水带中

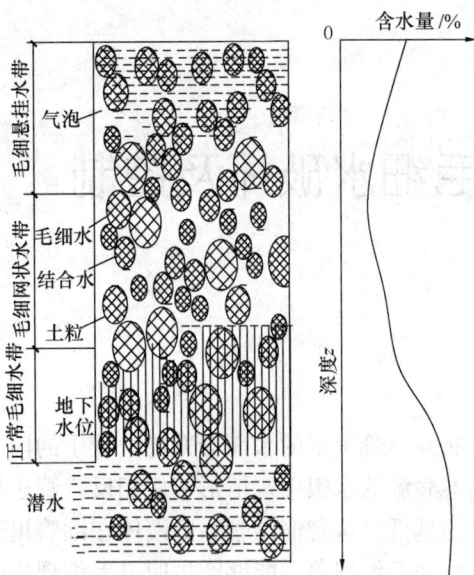

图 3-1 毛细水带的分布及 $z-w$ 曲线

的水，可以在表面张力和重力作用下移动。

（3）毛细悬挂水带。位于毛细水带的上部。这一带的毛细水是由地表水渗入而形成的，水悬挂在土颗粒之间，它不与中部或下部的毛细水相连。毛细悬挂水受地表气候环境条件影响很大。当地表有大气降水补给时，毛细悬挂水在重力作用下向下移动。

上述三个毛细水带不一定同时存在，这取决于当地的水文地质条件。当地下水位很高时，可能就只有正常毛细水带，而没有毛细悬挂水带和毛细网状水带；反之，当地下水位较低时，则可能同时出现 3 个毛细水带。在毛细水带内，土的含水量是随深度而变化的，自地下水位向上含水量逐渐减小，但到毛细悬挂水带后，含水量有所增加。

毛细水对土木工程的影响主要表现在：①当毛细水上升接近建筑物基础底面时，毛细压力将作为基底附加压力的增值，从而增加建筑物沉降量；②当毛细水上升至地表时，不仅能引起沼泽化、盐渍化，也会使地基、路基土浸湿，降低土的力学强度；在寒冷地区，还将加剧冻胀作用。

3.1.3 毛细作用基本概念

1. 土水势

在自然界中，可以将土看作一个整体的土-水体系，土中水在一些物理力学或其他作用下发生运动变化，其中存在一个能量转移和转换的过程。物理学中能量包括动能和势能，势能部分是影响水的状态和运动的主要因素，其大小则决定于土中水所处位置及内部条件。因此，土中水的能量就是指代土中水的势能，简称为土水势。一般情况下，可先选定一个标准的参考状态，土壤中任一点的土水势大小可用该点的土壤水分状态与标准参考状态的势能差值来定义，参照状况一般使用标准状态，即在大气压下，与土壤水具有相同温度的情况下（或某一特定温度下），以及在某一固定高度的假想的纯自由水体。在饱和土壤中，土水势大于参照状态的水势；在非饱和土壤中，土水势低于参照状态的水势。从热力学观点出发，土水势可以用式 3-1 表示，即

$$\varphi = \varphi_g + \varphi_m + \varphi_\theta + \varphi_p + \varphi_\Omega \tag{3-1}$$

式中　φ ——总水势；

φ_g ——重力势，是重力场对水的作用引起的，其大小取决于其所处的位置，即参照面的选择；

φ_m ——基质势，是有固体颗粒基质与水之间相互作用引起的，其反映在土对水的吸收能力以及土颗粒表面和水之间一系列物理化学反应上；

φ_θ ——溶质势，其为土中水与纯水之间的势能差，土中存在的各种离子对水分子有吸引力；

φ_p ——压力势，为静水压力引起的；

φ_Ω ——荷载势，由外在荷载或者土自重应力引起的。

在不同情况下的土水势内容不同，对于饱和土，以上各个势能均存在。对于稳定渗流问题，总土水势包括重力势和压力势。对于渗透固结问题，因地下水位以下的饱和土体中 $\varphi_g + \varphi_p$ 为不随时间变化的常数，而由荷载或自重引起的荷载势，在三维空间状态下和时间有关，固结计算就是计算荷载势的变化过程，当荷载势为零时候，土体固结完成。但对于非饱和情况，当土体饱和度降到一定程度后，土中水过少，不存在静水压力和荷载应力影响作用，此时的总土水势由基质势和重力势组成。

2. 土-水特征曲线

土-水特征曲线的研究，起源于土壤学和土壤物理学。当时主要着重于天然状态下表层土壤吸力的变化、土壤的持水特性及水分运动特征的研究。非饱和土中的水分都处在一定的吸力状态下，随着含水率的变化，基质吸力也发生变化，含水率和基质吸力的关系就是 SWCC（Soil-water characteristic Curve）土-水特征曲线。

近年来，非饱和土力学理论在土质边坡稳定性评价以及降雨型滑坡预测等工程方面应用比较广泛，介于土-水特征曲线中包含的含水率与基质吸力的关系，学者们对非饱和土-水特征曲线进行了更加深入的研究和推导。但是，土-水特征曲线至今无法完全从理论上得出，只能用实验的方法测定，为了分析应用方便，常用实测结果拟合出经验关系。大多数经验公式可由如下的通式推得：

$$a_1 S_e^{b_1} + a_2 \exp(a_3 S_e^{b_1}) = a_4 h^{b_1} + a_5 \exp(a_6 h^{b_2}) + a_7 \qquad (3\text{-}2)$$

式中　a_1、a_2、a_3、a_4、a_5、a_6、a_7、b_1 和 b_2——常数；

h——吸力；

S_e——有效饱和度。

越来越多的数学模型被用来估算非饱和土的水分特征曲线，大部数学模型都是根据经验、土体结构特征和曲线的形状而建立起来的。由于土-水特征曲线表达式在形式上具有幂函数、对数函数的特征，不难使人联想到运用分形几何方法来描述土-水特征曲线，因而出现了一些土-水特征曲线的分形模型。在具体土-水特征曲线模型推导中，因土的类型不同，所得出的数学模型也有所不同，下面依据其数学表达式的形式不同分为 4 类：

（1）幂函数形式

Van Genuchten 通过对土-水特征曲线的研究，得出非饱和土体含水量与基质吸力之间的幂函数形式的关系式：

$$\frac{w - w_r}{w_s - w_r} = F(\varphi) = \frac{1}{(1 + (\varphi/a)^b)^{(1-\frac{1}{b})}} \qquad (3\text{-}3)$$

式中　a、b——拟合参数，a 为进气值函数的土性参数，b 为当基质吸力超过土的进气值时土中水流出率函数的土性参数；

φ——基质吸力；

w——体积含水量；

w_s——饱和体积含水量。

（2）对数函数形式

包承纲等通过对非饱和土气相形态的研究和划分，认为在实际的应用中，只有部分连通和内部连通两种气相形态需要着重研究。建议以对数方程来表征土-水特征曲线，并将其简化为：

$$\frac{w - w_r}{w_s - w_r} = F(\varphi) = \frac{\lg \varphi_r - \lg \varphi}{\lg \varphi_r - \lg \varphi_b} \tag{3-4}$$

式中 φ_b——土的进气值；

φ_r——残余含水量 w_r 所对应的基质吸力。

（3）对数函数的幂函数形式

Fredlund 等通过将土体孔径分布曲线的研究数据用统计分析理论推导得出适用于全吸力范围的任何土类的土-水特征曲线表达式：

$$\frac{w}{w_s} = F(\varphi) = C(\varphi) \frac{1}{(\ln (e + (\varphi/a)^b))^c} \tag{3-5}$$

$$C(\varphi) = 1 - \frac{\ln\left(1 + \dfrac{\varphi}{\varphi_r}\right)}{\ln\left(1 + \dfrac{10^6}{\varphi_r}\right)} \tag{3-6}$$

式中 C——残余含水量函数的土性参数。

（4）分形形式

土-水特征曲线的分形模型基于土体质量分布具有分形特征，以及孔隙数目与孔径之间具有分形关系。依据分形孔隙数目与孔径之间关系和 Young-Laplace 方程得到完全分形模型的通用表达式：

$$\frac{w - w_r}{w_s - w_r} = F(\varphi) = \left(\frac{\varphi}{\varphi_b}\right)^{D_v - 3} \tag{3-7}$$

式中 D_v——孔隙体积分布的分维值，$D_v < 3$。

王康等[78]推出了基于不完全分形理论的非饱和土特征曲线方程：

$$w(h) = w_s \qquad h \geqslant h_a \tag{3-8}$$

$$\lambda = \beta \left(\frac{h_a}{h}\right)^{2-D_f} + w(h) = w_s \qquad h < h_a \tag{3-9}$$

$$\beta = \frac{X_1 (\alpha^j)^{2-D_f}}{1 - (\alpha^j)^{2-D_f}} \left(1 - p + \frac{Q}{F}\right) \tag{3-10}$$

$$r = (1-p)a^2 X_1 + \frac{X_1 \alpha^{2-D_f}}{1 - \alpha^{2-D_f}} \left(1 - p + \frac{Q}{F}\right) \tag{3-11}$$

式中 Q——包括不再具有分形结构的孔隙；

F——具有分形结构的团聚体结构单元数；

D_f——土壤不同尺寸孔隙特征（自相似性）；

p——概率值；

a——单元长度；

X_1——分形个数；

$$\alpha^j = r_j / L$$

r_j——为具有分形结构的灰色单元（F）内，第 j 次分形次迭代后单元的尺寸；

L——土体长度。

3. 表面张力

毛细水是由水-气分界面处的张力作用而引起的。表面张力的产生是由于收缩膜内的水分子受力不平衡——水体内部的水分子承受各向同值的力的作用，收缩膜内的水分子有一指向水体内部的不平衡力的作用，为了保持平衡，收缩膜内必须产生张力。收缩膜内的张力称为表面张力 T_s，单位为 N/m。其作用方向与收缩膜表面相切，其大小随温度的增加而减小。表面张力使收缩膜具有弹性薄膜的性状，这种性状同充满气体的气球性状相似，里面的压力大于外面的压力。如在可伸缩的二维薄膜两面施加不同的压力，则薄膜将朝压力较大一面凹状弯曲并在膜内产生张力，以维持平衡。根据平衡条件，可以建立曲面两侧的压力差同表面张力大小以及薄膜曲率半径的关系。假设作用在薄膜上的压力分别是 u 和（$u+\Delta u$），薄膜的曲率半径为 R_s，表面张力为 T_s，如图 3-2 所示：

作用于薄膜上的水平力相互抵消，则由力的平衡条件有：

$$2T_s\sin\beta = 2\Delta u R_s\sin\beta \tag{3-12}$$

式中　$2R_s\sin\beta$——投影在水平面上的薄膜长度。

式（3-12）可以改写为：

$$\Delta u = \frac{T_s}{R_s} \tag{3-13}$$

式（3-13）给出曲率半径为 R_s、表面张力为 T_s 的二维曲面两侧的压力差。对于马鞍形的翘曲表面（三维薄膜，如图 3-3 所示），应用拉普拉斯方程，则可以将式（3-13）改写成：

$$\Delta u = T_s\left(\frac{1}{R_1} + \frac{1}{R_2}\right) \tag{3-14}$$

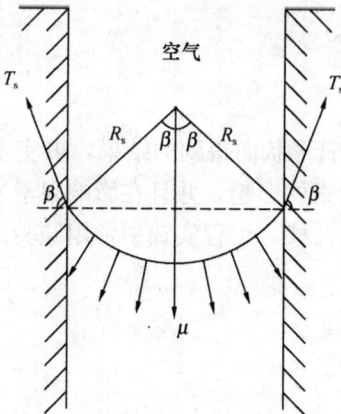

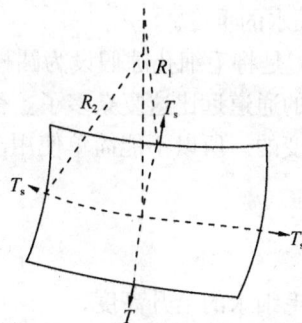

图 3-2　作用在二维曲面上的　　　　图 3-3　三维翘曲薄膜表面的张力
　　　　　　压力和表面张力

式（3-14）中 R_1 和 R_2 为翘曲薄膜在正交平面上的曲率半径。如果曲率半径是各项等值，亦即 $R_1=R_2=R_3$，则式（3-13）又可以改写成：

$$\Delta u = \frac{2T_s}{R_s} \tag{3-15}$$

在非饱和土中，收缩膜承受大于水压力 u_w 的空气压力 u_a。压力差（$u_a - u_w$）称为基质吸力（matric suction），则式（3-14）可以改写为：

$$(u_a - u_w) = \frac{2T_s}{R_s}$$ (3-16)

式中（$u_a - u_w$）——作用于收缩膜上的孔隙气压力与孔隙水压力的差值，亦即基质吸力。

3.1.4 土中毛细水上升高度

毛细管水上升试验原理与土中毛细现象是分不开的，土力学研究领域中土可分为饱和土和非饱和土，这样分类在于其产生的孔隙水压力为正值还是负值。毛细水上升属于非饱和土力学范畴，因为毛细水的流动可以定义为水从地下水位向上的流动，而地下水位以上的土体具有负孔隙水压力。1969 年，Lambe 和 Whitman 认为非饱和土是三相系，包含土粒、空气、水；后来 1977 年，Fredlund 和 Morgenstern 把水-气分界面（即收缩膜）独立为第四项。水-气分界面像一弯月面，弯月面下的液态水因表面张力的作用而承受吸持力，该力又称为毛管力。毛细水（也叫毛管水）就是受到水-气分界面处表面张力作用的自由水，它存在于地下水位以上的透水层中。天然条件下，地下水在毛细管力的作用下将沿土壤中的细小孔隙上升，由此而保持在毛管孔隙中的水分称为毛管上升水。可以将毛细水上升原理总结为一句话：毛细水上升是由水-气分界面处的张力作用而引起的，直至毛细水上升高度中的水柱重力和该张力所产生的上举力平衡为止。水-气分界面处的张力作用简称表面张力，用 T 表示。我们可以根据力的平衡原理推导出理论的毛细管水上升最大高度为：

$$h_{max} = \frac{4T}{d\gamma_w}$$ (3-17)

式中　h_{max}——毛细管水上升最大高度（m）；

　　　T ——表面张力（N/m），与温度有关；

　　　d——毛细管直径（m）；

　　　γ_w——水的重度。

式（3-17）是将毛细孔隙假设为圆柱形毛细管形状而得到的结果，事实上土层中的毛细孔隙间组成的通道远比这复杂多了，受很多因素的影响，并且在影响因素发生变化的时候通道也会改变的。所以不能简单使用上述理论公式，工程实践中常用经验公式，如海森经验公式：

$$h_0 = \frac{C}{e d_{10}}$$ (3-18)

式中　h_0——毛细水的上升高度；

　　　e——土的孔隙比；

　　　d_{10}——土的有效粒径（m）；

因为毛细作用与土中的基质吸力有关，所以毛细水的上升高度与土-水特征曲线（SWCC）有直接联系。达西定律同样适用非饱和土，即

$$q = ki = n\frac{dz}{dt}$$ (3-19)

式中　k ——非饱和土的渗透系数；

n ——孔隙率。

k 与饱和土渗透系数 k_s 的关系：

$$k = k_s \exp(-\beta_z) \tag{3-20}$$

代入式（3-19）积分，整理得：

$$\frac{dz}{dt} = k_s \exp(-\beta_z) \frac{h_c - z}{z} \tag{3-21}$$

$$h_c = \frac{4T_s \cos\delta}{\rho_w g d_m} \tag{3-22}$$

式 3-21 中 β 意义如图 3-4 所示，T_s 为水的表面张力；δ 为水与固体的接触角；d_m 为毛细管直径；ρ_w 为水的密度；g 为重力加速度；h_c 为毛细水上升最大高度。

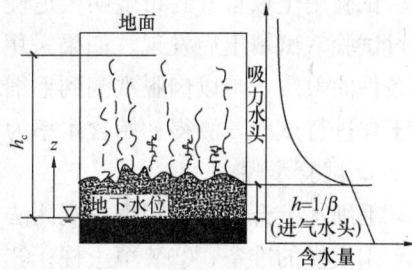

图 3-4　毛细水上升和土-水特征曲线示意图

3.2　毛细水对粉砂土的影响

为确定路基设计时道路的湿度状况，需要了解填料的毛细水上升高度。但目前对于豫东黄泛区粉性土的毛细水上升规律仍缺乏系统的研究，路基材料及处置厚度多根据工程经验予以确定，缺乏可靠的依据，因此有必要结合工程路基压实度要求进行毛细水上升高度的试验研究。研究不同压实度下黄泛区粉性土的毛细水运移发展规律，有助于工程中路基的设计及损坏的修复和预防。

3.2.1　毛细水上升试验准备

1. 试验仪器

根据《公路土工试验规程》（JTG E40—2007）有关规定，毛细水上升高度试验使用的是铁道部科学研究院设计的毛细管水上升高度试验仪，由于试验条件的限制，我们采用自制毛细管试验仪，此仪器与铁道部科学研究院设计的毛细管水上升高度试验仪大致相似，仪器装置如图 3-5 所示。

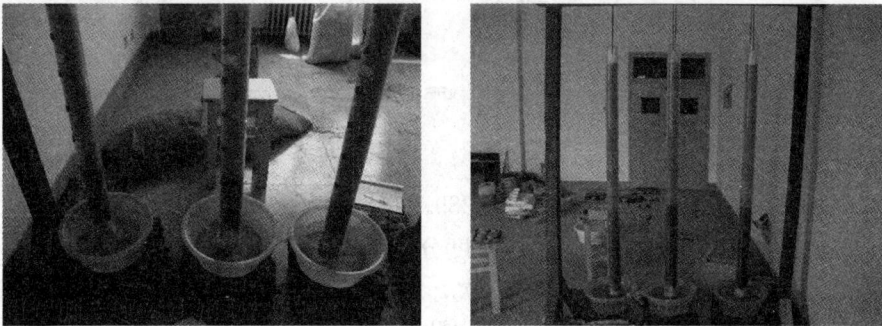

图 3-5　自制毛细水上升试验仪

不同之处在于它的有机玻璃管内径为 6.5cm，壁厚 5mm，试验架是木制架子，将有机玻璃管悬挂于架子上，使有机玻璃管保持垂直，试验时将有机玻璃试验管放在盛水的水盆里。有机玻璃管每 10cm 开一个 1cm 直径圆孔，用以取土测含水量，管底用透水性好的纱布封底。

2. 试验材料

试验用土取自开封市金明大道慢车道施工现场，试验土柱模拟现场施工时的状态，但经过试验室试填土后发现，如果采用粉砂土最佳含水率11.5%进行填筑，鉴于试验仪器和条件的限制，难以肉眼观测到毛细水的上升趋势。因此，第一组采用过0.6mm筛的风干土样进行试验，测得初始含水率为0.83%，最大干密度为1.841 g/cm³。

3. 试验步骤

毛细水上升试验采用直接观测法，主要步骤分别为：

①土样的准备；②装填土柱；③供水后毛细现象的观察与记录。

试验采用三根有机玻璃管为一组进行同步试验，A管压实度为94%，B管压实度为96%，C管压实度为98%。根据公式（3-23）、（3-24）、（3-25），可推导出式（3-26）。

$$\kappa = \frac{\rho}{\rho_d} \tag{3-23}$$

$$\rho = \frac{\rho_s}{1 + 0.01\omega} \tag{3-24}$$

$$\rho_s = \frac{m}{\nu} \tag{3-25}$$

式中　κ——压实度，%；

　　　ρ——试样干密度，g/cm³；

　　　ρ_d——最大干密度，g/cm³；

　　　ρ_s——湿密度，g/cm³。

取填土高度$h=5$cm

$$\nu = h\pi r^2 = 5 \times 3.14 \times (6.5/2)^2 = 165.831 \text{cm}^3$$

$$\rho_d = 1.841 \text{ g/cm}^3$$

故

$$\kappa = \frac{m}{(1 + 0.01\omega)\nu\rho_d} = \frac{m}{305.3(1 + 0.01\omega)} \tag{3-26}$$

初始含水率$\omega = 0.83\%$

按式（3-26）可以算得，质量分别为289.36g，295.525g，301.68g的土填入有机玻璃管中，振捣压实至5cm厚，即达到压实度分别为94%、96%、98%的要求，经过多次试填与压实，最终确定每次分别击实150次，200次，250次，可以保证击实后土的压实度分别达到94%、96%、98%的要求，并以此标准进行分层填土并振捣压实。

装土完毕后，将有机玻璃管悬挂于木架上，水盆盛水使有机玻璃管通水，并及时续水，保证水位恒定淹没有机玻璃管底1cm。试验时，每天对毛细水上升高度进行观测记录，并测量其高度范围相应的含水率。测量方法为用药匙从有机玻璃管相应的小圆孔中取土并做好相应记录，采用烘箱烘干法进行含水率测量。随着毛细水上升高度的增高，测量含水率的数值也逐渐增多。

具体试验步骤如图 3-6～图 3-19 所示：

图 3-6　通水后毛细水上升

图 3-7　通水后毛细水上升高度

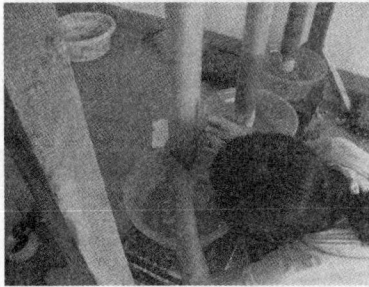

图 3-8　测量毛细水上升高度

图 3-9　记录高度数据

图 3-10　称量空盒质量

图 3-11　打开塞孔

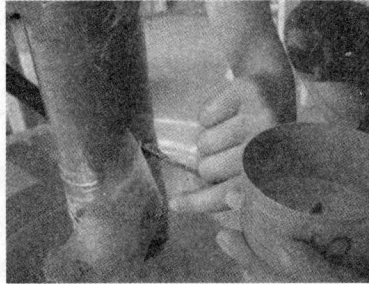

图 3-12　用药匙取土

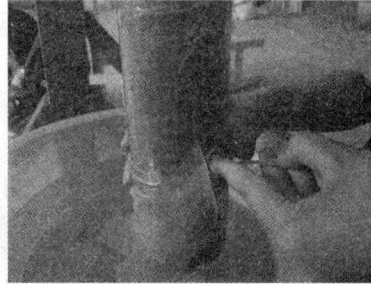

图 3-13　装土

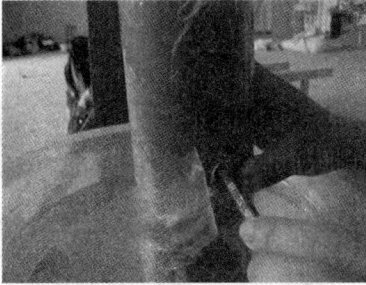

图 3-14　将装入土捣实

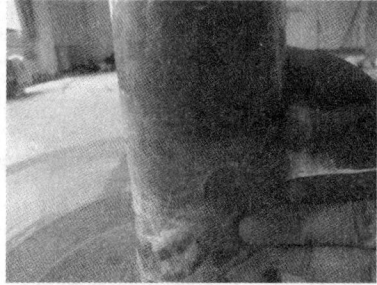

图 3-15　盖上塞子并用胶带密封

图 3-16　称量"盒＋湿土"质量并记录

图 3-17　将称好质量的土放入烘箱

图 3-18　烘箱温度设置为 105℃

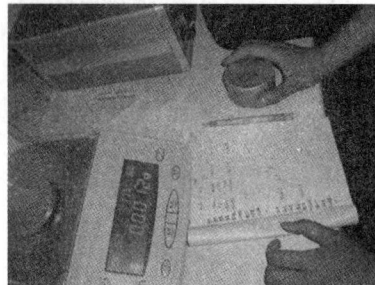

图 3-19　测烘干后干土质量并计算含水率

3.2.2　素土毛细水上升试验

1. 第一组试验

第一组试验采用过 0.6mm 筛的风干土样，测得初始含水率为 0.83％，最大干密度为 1.841 g/cm³。振捣压实过程中，C 管纱布破裂，试验中换另一种较之前厚密的布进行试验。填土入管至 140cm 高，由于填土较干，颗粒较细，上层振捣实有土飞出管外，不易击实，故测量时以 130cm 高位置为标准压实，进行测量记录。

试验于 2012 年 5 月 8 日上午 8 点开始，A、B、C 三根管开始通水的时间间隔为 15min，通水后第 1d 每隔 1h 进行一次观测记录，从第 2d 开始，每天对毛细水上升高度及对应含水率进行观测记录，直至毛细水上升至管顶观测结束。根据观测记录数据绘制出毛细水时间-高度，高度-含水率的关系曲线。第 1d 及连续观测 10d 的结果分别如表 3-1、表 3-2 及图 3-20、图 3-21 所示。

毛细水上升高度/cm ＼ 时间/h	0	1	2	3	4	5	6	7	8	9
A管	0	11.6	17.3	21.5	24.3	27.1	29.5	31.5	33.7	35.7
B管	0	10.8	16.2	19.8	23.6	26.8	29.4	31.9	34.3	36.2
C管	0	7.7	11.9	15.7	18.8	22.1	24.6	26.9	28.8	30.5

由图 3-20 可知，开封地区粉砂土在试验开始的第 1d 毛细水上升速度较快，供水后的第 1h，A 管毛细水上升至 11.6cm，B 管毛细水上升至 10.8cm，C 管毛细水上升至 7.7cm。同时，上升数据初步显示不同压实度毛细水的上升高度不同，第 1h 压实度为 94％的 A 管毛细水上升高度较压实度为 96％、98％的高。随后毛细水的上升高度继续随时间增长而增加，但其上升速度逐渐减缓。第 1d 观察的第 7h 时，B 管毛细水上升至 31.9cm，A 管毛细水上升高度为

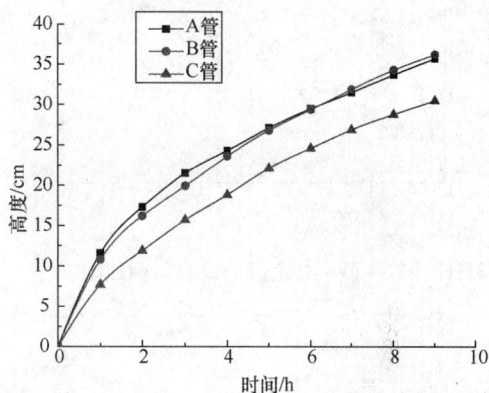

图 3-20　砂土柱第 1d 上升高度与时间曲线

31.5cm，至此，压实度为 96％的 B 管毛细水上升高度超过压实度为 94％的 A 管的高度，此刻以后 B 管上升高度较 A、C 管高，即压实度为 96％的毛细水上升高度最高。C 管上升高度始终低于 A 管与 B 管高度，考虑这与其压实度有关，也与其管底纱布较 A、B 两管密有关。

毛细水上升高度/cm ＼ 时间/d	1	2	3	4	5	6	7	8	9	10
A管	56.5	73.7	85.7	96.7	104.5	110.5	115.8	120.3	124.2	128.3
B管	58.4	76.3	87.6	99.4	106.8	113.8	119.5	124.7	128.9	132.2
C管	53.6	72.3	84.4	94.5	101.9	108.9	113.8	118.6	122.2	126.1

由图 3-21 可知，随后观察的 10d 中，试验土柱内毛细水上升高度持续升高，最终到达标定的土柱高度 130cm 处，至第 10d B 管高度达到 132.2cm。整体上压实度为 96％的 B 管土柱毛细水上升高度较高。由于有机玻璃管高度的限制，没有将土柱装至足够高，故试验只观测至 10d 高度处。图中毛细水上升的速度用曲线的斜率表示，前 2d 曲线斜率较大，表明毛细水上升速度快，第 6d 后曲线斜率开始逐渐变小，但并未停止。所以只要可以将土柱装至足够高，能够观察足够长的时间，那么毛细水上升高度将会以越来越小的幅度继续增加，最终将趋于一个稳定状态。

由此可知，毛细水的上升高度不是无限制升高的，即使土柱有足够的高度，毛细水的上升高度也会逐渐趋于稳定，直到上升至毛细水达到平衡不再上升为止。通过试验可知，

开封地区粉砂土的毛细水上升速度较快。

利用 ORIGIN 软件，对图 3-21 进行幂函数的拟合，得到拟合曲线及回归系数如图 3-22 及拟合公式（3-27）。所示

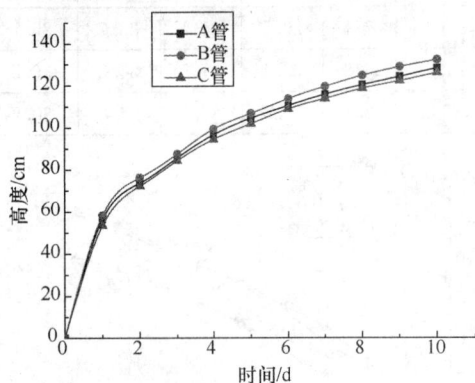

图 3-21　砂土柱上升高度与时间曲线

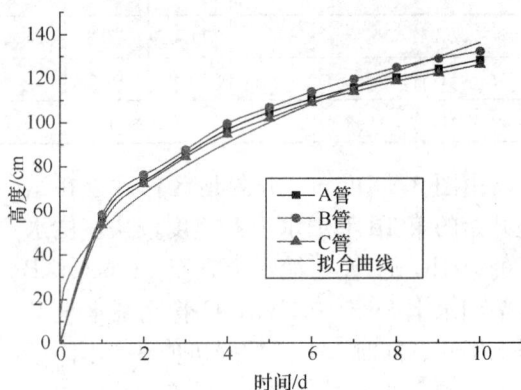

图 3-22　砂土柱（第一组）上升高度与时间拟合曲线

由此可得，

$$y = 39.11293x^{0.5} + 12.49084 \tag{3-27}$$

由于毛细水上升速度是毛细水上升高度与时间关系的导数，所以将式（3-27）的两边分别对时间求导，可以得到式（3-28）。

$$v = 19.556465x^{-0.5} \tag{3-28}$$

式中：v 为毛细上升速度，cm/d；x 为毛细水上升时间，d。由式（3-28）可以计算出豫东黄泛区粉砂土柱第 1d 毛细水上升速度 $v = 19.56$ cm/d，同理，可以计算出每天的毛细水上升速度，其结果如表 3-3 及图 3-23 所示。

砂土柱上升速度与时间关系　　　表 3-3

时间/d	1	2	3	4	5	6	7	8	9	10
速度/cm·d	19.56	13.83	11.29	9.78	8.75	7.98	7.39	6.91	6.52	6.18

由图 3-23 可知，开封地区粉砂土毛细水上升速度随着时间的增加是一个逐渐衰减的过程，上升速度由 19.56cm/d 经过 10d 降至 6.18cm/d。如果试验土柱足够高，观察时间足够长，其上升速度将持续减小，最终达到稳定状态时毛细水停止上升。

以下是对不同日期观测的毛细水上升高度与含水率之间关系的分析总结，其中所取土样饱和含水率测试结果如下表 3-4 所示。

土样饱和含水率　　　表 3-4

组号	盒号	盒重/g	盒+湿土重/g	盒+干土重/g	水质量/g	干土质量/g	含水率/%	平均值/%
1	967	11.1799	13.8788	13.3161	0.5627	2.1362	26.3412	24.8528
2	733	11.2935	13.052	12.6956	0.3564	1.4021	25.4190	

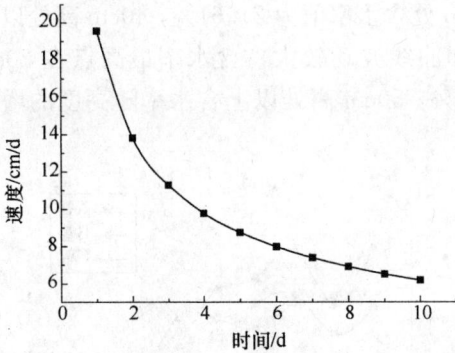

图 3-23　毛细水上升速度与时间关系

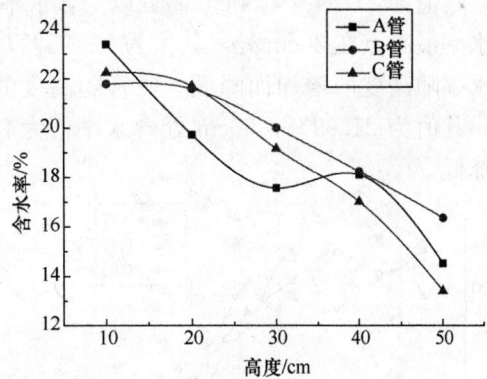

图 3-24　高度-含水率曲线（1d）

由图 3-24 知，A 管含水率随高度的增加而降低，至 40cm 高处有一个拐点，至 50cm 处降至 14.53％，B 管、C 管土含水率均随高度的增加而呈降低趋势，C 管的平均含水率较 A、B 管大。

由图 3-25 知，A 管含水率随高度近似呈开口向下抛物线状，含水率最高点在 20cm 处，其值为 21.59％，20cm 高处以上含水率逐渐降低。B 管随高度的增加呈"M"型曲线，含水率最高点在 30cm 处，其值为 21.66％。C 管随高度的增加呈"M"型曲线，含水率最高点在 20cm 处，其值为 23.92％。

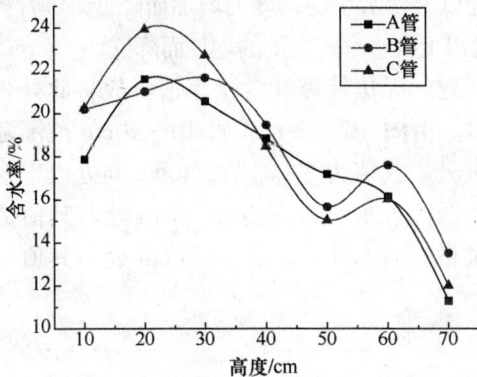

图 3-25　高度-含水率曲线（2d）

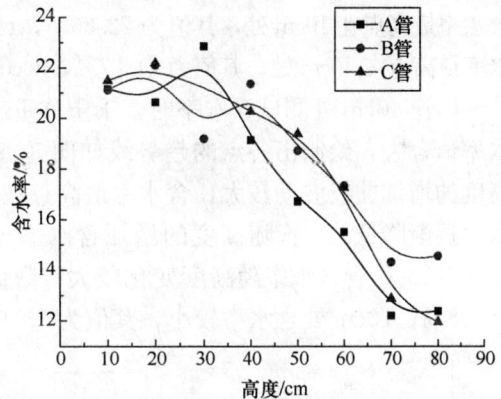

图 3-26　高度-含水率曲线（3d）

C 管 30cm 高处测试含水率时，干土称重出现问题，无法计算其含水率值，故将此处含水率值舍去，绘制出各点的趋势线如图 3-26 所示。由图 3-26 知，A 管含水率随高度近似呈开口向下抛物线状，含水率最高点在 30cm 处，其值为 22.86％，30cm 高处以上，含水率逐渐降低。B 管随高度的增加呈不规则曲线形态，含水率最高点在 20cm 处，其值为 22.11％。C 管含水率随高度近似呈开口向下抛物线状，由于 30cm 处数据丢失，无法确定含水率最高点在哪个位置，对于已有数据来讲，C 管中含水率最高点在 20cm 处，其值为 22.19％，20cm 高处以上含水率逐渐降低。

由图 3-27 知，A 管含水率随高度近似呈开口向下抛物线状，含水率最高点在 30cm 高处，其值为 21.64%，30cm 高处以上含水率逐渐降低。B 管随高度的增加曲线波动较大，含水率最高点在 20cm 处，其值为 22.23%，40cm 处含水率值为 21.61%，40cm 高处以上含水率随高度的增加而降低。C 管随高度的增加曲线波动较大，含水率最高点在 20cm 处，其值为 21.99%，50cm 处含水率值为 20.40%，50cm 高处以上含水率随高度的增加而降低。

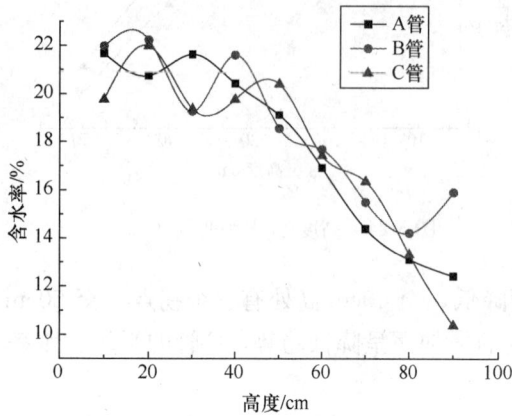

图 3-27　高度-含水率曲线（4d）

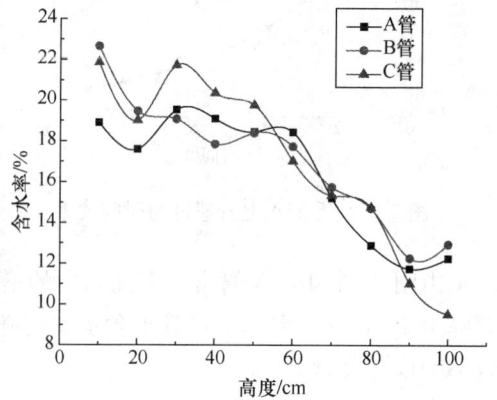

图 3-28　高度-含水率曲线（5d）

由图 3-28 知，A 管 10～50cm 高度范围随高度的增加曲线波动较大，含水率最高点在 30cm 处，其值为 19.53%，30cm 处以上含水率逐渐降低。B 管随高度的增加含水率逐渐降低，含水率最高点在 10cm 处，其值为 22.66%，10cm 处以上含水率随高度的增加而降低。C 管含水率最高点在 10cm 处，其值为 21.87%，30cm 高处以上含水率随高度的增加而降低。

C 管 40cm 处测试含水率时，干土称重出现问题，无法计算其含水率值，故将此处含水率值舍去，绘制出各点的趋势线如图 3-29 所示。由图 3-29 知，A 管 10～40cm 范围随高度的增加曲线波动较大，含水率最高点在 40cm 处，其值为 23.34%，40cm 高处以上含水率逐渐降低。B 管随高度的增加含水率逐渐降低，含水率最高点在 10cm 处，其值为 23.67%。C 管含水率随高度变化较大，数值较离散，含水率最高点在 70cm 处，其值为 28.08%；10cm 处含水率较小，其值为 13.99%。

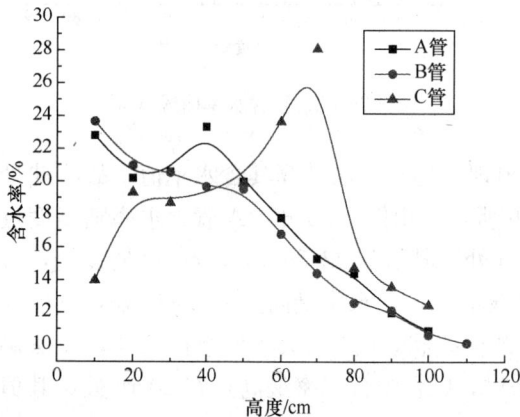

图 3-29　高度-含水率曲线（6d）

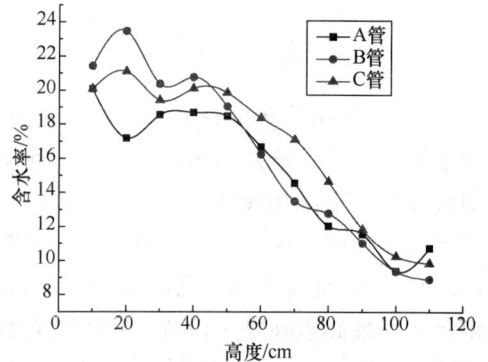

图 3-30　高度-含水率曲线（7d）

由图 3-30 知，A 管 10～50cm 范围随高度的增加曲线波动较大，含水率最高点在 10cm 处，其值为 20.09%，50cm 处以上，含水率逐渐降低。B 管 10～40cm 高度范围随高度的增加曲线波动较大，含水率最高点在 10cm 处，其值为 23.46%，40cm 处以上，含水率逐渐降低。C 管 10～50cm 范围随高度的增加曲线波动较大，含水率最高点在 20cm 处，其值为 21.10%，50cm 高处以上含水率逐渐降低。

由图 3-31 知，A 管整个高度范围随高度的增加曲线均有波动，含水率最高点在 10cm 处，其值为 21.30%。B 管整个高度范围随高度的增加曲线均有波动，含水率最高点在 10cm 处，其值为 21.94%。C 管整个高度范围随高度的增加曲线均有波动，含水率最高点在 10cm 处，其值为 21.32%。

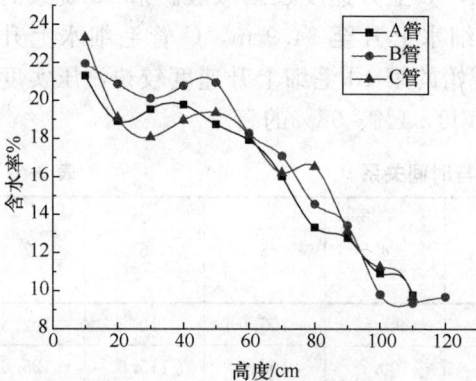

图 3-31　高度-含水率曲线（8d）　　　　图 3-32　高度-含水率曲线（10d）

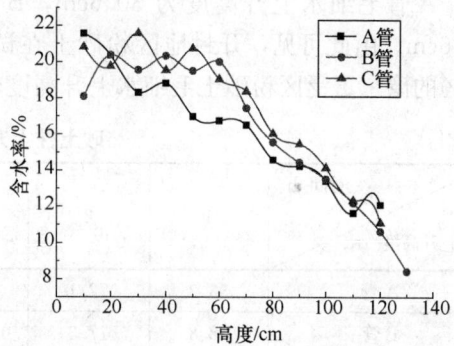

由图 3-32 知，A 管整个高度范围随高度的增加曲线均有波动，含水率最高点在 10cm 处，其值为 21.30%。B 管整个高度范围随高度的增加曲线均有波动，含水率最高点在 20cm 处，其值为 21.94%。C 管整个高度范围随高度的增加曲线均有波动，含水率最高点在 30cm 处，其值为 21.32%。

2. 第二组试验

第二组试验用土与第一组土样相同，取自开封市金明大道慢车道施工现场，粉砂土最佳含水率为 1.5%，根据《公路土工试验规程》（JTG E40—2007）规定，采用过 2mm 筛的风干土样进行试验，试验仪器与试验 1 相同。测得初始含水率为 1.09%，取填土高度 $h=5$cm，可以算得，质量分别为 290.1g，296.3g，302.4g 的土填入有机玻璃管中，振捣压实至 5cm 厚，即达到压实度分别为 94%、96%、98% 的要求，经过多次试填与压实，确定可以保证击实后土的压实度分别为 94%、96%、98% 要求的击实次数分别为 150 次，200 次，250 次，并以此标准进行分层填土并振捣压实，填土入管至 140cm 高。

试验于 2012 年 5 月 26 日上午 8 点开始，A、B、C 三根管开始通水的时间间隔为 15min，通水后第 1d 每隔 1h 进行一次观测记录，从第 2d 以后，每天对毛细水上升高度及对应含水率进行观测记录，直至毛细水上升至管顶观测结束。根据观测记录数据绘制出毛细水时间-高度，高度-含水率的关系曲线，第 1d 观测结果如表 3-5 及图 3-33 所示。

时间/h 毛细 水上升高度/cm	0	1	2	3	4	5	6	7	8	9
A管	0	7.9	12.7	15.9	19.1	22.0	24.4	26.8	28.6	30.6
B管	0	11.6	16.7	20.1	23.4	26.6	28.7	31.2	33.1	34.9
C管	0	10	13.9	17.1	20.2	22.9	24.9	27.7	29.7	31.6

由图 3-33 可知，供水后的第 1h，A 管毛细水上升至 7.9cm，B 管毛细水上升至 11.6cm，C 管毛细水上升至 10.0cm，同时，上升数据初步显示不同压实度毛细水的上升高度不同，毛细水上升高度随时间增长而增加，其上升速度逐渐减缓。第 1d 观察的第 9h，A 管毛细水上升高度为 30.6cm，B 管毛细水上升至 34.9cm，C 管毛细水上升至 31.6cm。由此可见，开封地区粉砂土在试验开始的第 1d 毛细上升速度较快，压实度为 96％的豫东黄泛区粉砂土毛细水上升高度较压实度 94％、98％的高。

砂土柱上升高度与时间关系　　　　　　表 3-6

时间/h 毛细 水上升高度/cm	1	2	3	4	5	6	7
A管	53.3	72.1	85.5	95.6	103.9	110.2	122.5
B管	58.8	77.3	90.5	100.7	108.6	115.8	125.6
C管	53.5	72.3	85.4	95.6	103.1	109.5	120.5

时间/h 毛细 水上升高度/cm	8	9	10	11	12	13	14	15
A管	126.7	130.2	134.1	136.8	138.8	141.2	143.5	144.7
B管	130.1	133.4	136.8	139.5	142.2	143.9	145.8	147.1
C管	123.4	126.9	130.4	132.6	135.4	137.6	139.9	142.4

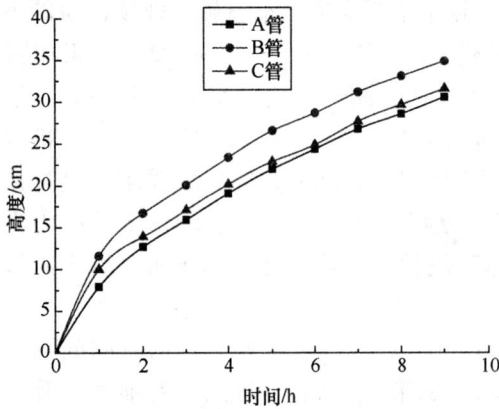

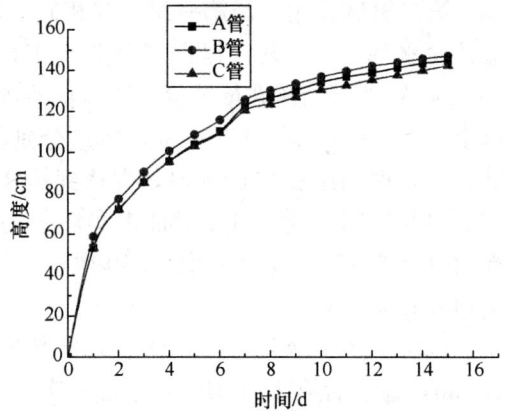

图 3-33　砂土柱第 1d 上升高度与时间曲线　　　图 3-34　砂土柱上升高度与时间曲线

由表 3-6、图 3-34 可知，试验土柱内毛细水上升高度持续升高，在第 15d，最终到达标定的土柱高度 140cm 处。整体上压实度为 96% 的 B 管土柱毛细水上升高度较高。由于有机玻璃管高度的限制，没有将土柱装至足够高，故试验只观测至 15d 高度处。图中毛细水上升的速度用曲线的斜率表示，前 2d 曲线斜率较大，表明毛细水上升速度快，第 7d 后曲线斜率开始逐渐变小，但并未停止。因此如果可以将土柱高度装至足够高，并且保证观察足够长的时间，毛细水上升高度将会继续增加，并且上升的幅度将越来越小，直至最终将趋于稳定状态。

由此可知，毛细水并不是无限制的上升，即使土柱有足够的高度，毛细水的上升高度逐渐趋于稳定，直到上升至毛细水达到平衡不再上升为止。通过试验可知，开封地区粉砂土的毛细水上升速度较快。

利用 ORIGIN 软件，对图 3-34 进行幂函数的拟合，可得到拟合曲线图 3-35 及拟合公式（3-29）。

由此可得，

$$y = 36.06406x^{0.5} + 17.47604 \tag{3-29}$$

毛细水上升高度与时间关系的导数为毛细水的上升速度，将式（3-29）的两边分别对时间求导，可以得到式（3-30）。

$$v = 18.03203x^{-0.5} \tag{3-30}$$

式中 v——毛细上升速度，cm/d；

x——毛细水上升时间，d。

由式（3-30）可以计算出试验土柱第 1d 毛细水上升速度 $v = 18.03$ cm/d，同理，可以计算出每天的毛细水上升速度，其结果如表 3-7 及图 3-36 所示。

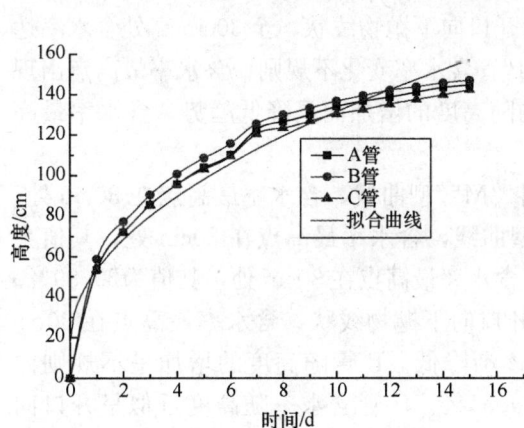

图 3-35　砂土柱（第二组）
上升高度与时间拟合曲线

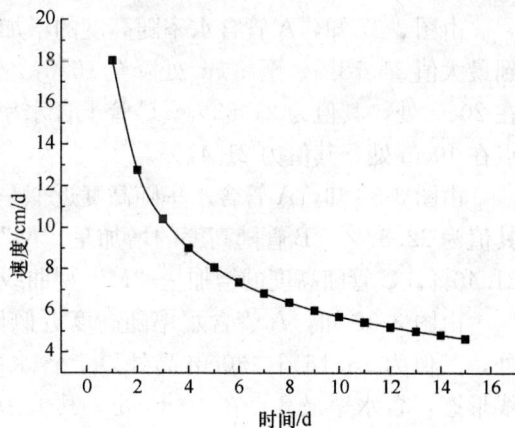

图 3-36　毛细水上升速度与
时间关系曲线

砂土柱上升速度与时间关系　　　　　　　　　　　　　　　　表 3-7

时间/d	1	2	3	4	5	6	7
速度/cm/d	18.03	12.75	10.41	9.02	8.06	7.36	6.82

时间/d	8	9	10	11	12	13	14	15
速度/cm·d	6.38	6.01	5.70	5.44	5.21	5.00	4.82	4.66

由图 3-36 可知，开封地区粉砂土毛细水上升速度随着时间的增加是一个逐渐衰减的过程。其速度由 18.03cm/d 经过 15d 降至 4.66cm/d，如果观测土柱足够高，观察时间足够长，其上升速度将持续减小，最终达到稳定状态毛细水停止上升。

以下是对不同日期观测的含水率与高度之间关系。

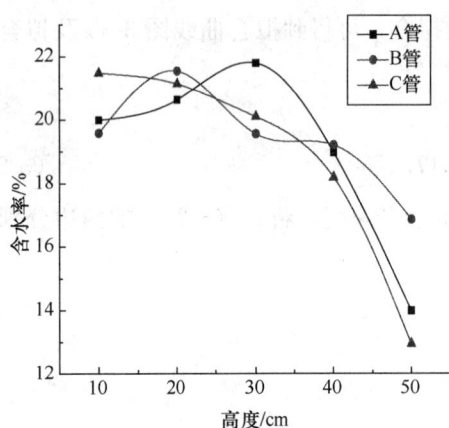

图 3-37　高度-含水率曲线（1d）　　　　图 3-38　高度-含水率曲线（2d）

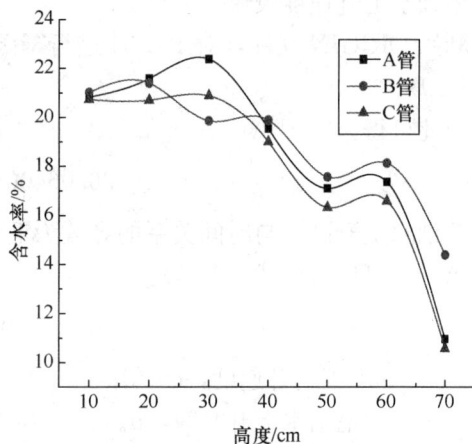

由图 3-37 知，A 管含水率随高度的增加呈开口向下抛物线状，至 30cm 高处含水率达到最大值 21.78％，至 50cm 处降至 16.87％。B 管含水率变化不规则，含水率最高点出现在 20cm 处，其值为 21.53％。C 管土含水率均随高度的增加而呈降低趋势，含水率最高点在 10cm 处，其值为 21.47％。

由图 3-38 知，A 管含水率随高度近似呈斜"M"型曲线，含水率最高点在 30cm 处，其值为 22.37％。B 管随高度的增加呈"M"型曲线，含水率最高点在 20cm 处，其值为 21.40％。C 管随高度的增加呈"M"型曲线，含水率最高点在 30cm 处，其值为 20.89％。

由图 3-39 知，A 管含水率随高度近似呈开口向下抛物线状，含水率最高点在 30cm 处，其值为 23.16％，30cm 高处以上含水率逐渐降低。B 管随高度的增加呈不规则曲线形态，含水率最高点在 10cm 处，其值为 20.51％。C 管含水率随高度近似呈开口向下抛物线状，由含水率最高点在 30cm 处，其值为 21.16％，30cm 高处以上含水率逐渐降低。

由图 3-40 知，A 管含水率随高度近似呈开口向下抛物线状，含水率最高点在 20cm 处，其值为 24.81％，20cm 高处以上含水率逐渐降低。B 管随高度的增加曲线波动较大，含水率最高点在 30cm 处，其值为 22.74％，30cm 处以上，含水率随高度的增加而降低。C 管随高度的增加曲线波动较大，含水率最高点在 40cm 处，其值为 23.85％，40cm 高处以上含水率随高度的增加而降低。

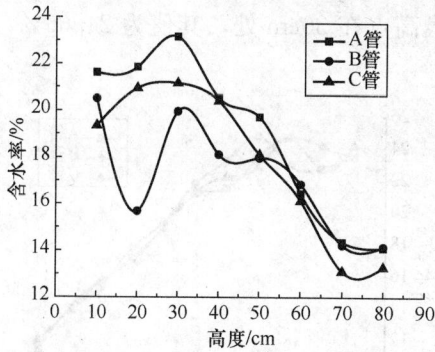

图 3-39　高度-含水率曲线（3d）

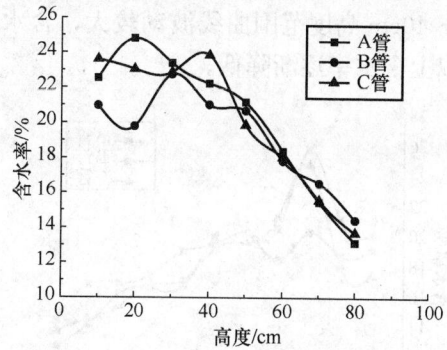

图 3-40　高度-含水率曲线（4d）

由图 3-41 知，A 管随高度的增加曲线波动幅度不大，含水率最高点在 10cm 处，其值为 24.39%，10cm 高处以上含水率逐渐降低，至 40cm 处有一个拐点，40cm 处以上，含水率逐渐降低。B 管随高度的增加曲线波动较大，含水率最高点在 30cm 处，其值为 24.55%，30cm 高处以上含水率随高度的增加而降低。C 管含水率最高点在 10cm 处，其值为 29.90%，其值超过饱和含水率值，可能为测量过程中出现错误，10cm 高处以上含水率随高度的增加而降低。

由图 3-42 知，A 管随高度的增加曲线波动幅度不大，含水率最高点在 20cm 处，其值为 24.60%，20cm 高处以上含水率逐渐降低。B 管 40cm 以上随高度的增加含水率逐渐降低，含水率最高点在 10cm 高处，其值为 23.75%。C 管 50cm 以上随高度的增加含水率逐渐降低，含水率最高点在 10cm 处，其值为 26.38%。

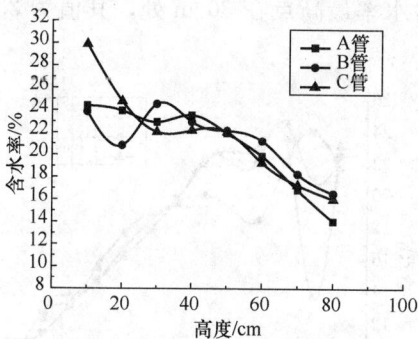

图 3-41　高度-含水率曲线（5d）

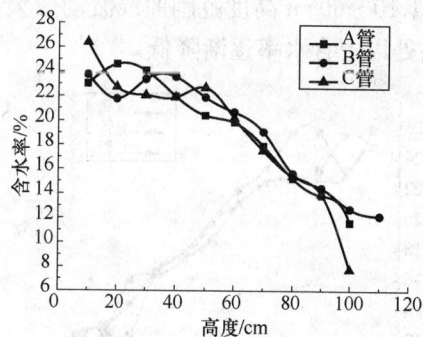

图 3-42　高度-含水率曲线（6d）

由图 3-43 知，A 管 10～40cm 高度范围曲线呈开口向下抛物线状，含水率最高点在 30cm 处，其值为 25.84%，40cm 高处以上含水率逐渐降低。B 管随高度的增加曲线波动较大，含水率最高点在 50cm 高处，其值为 20.52%。C 管 10～40cm 高度范围曲线呈开口向下抛物线状，含水率最高点在 30cm 处，其值为 24.84%，40cm 高处以上含水率逐渐降低。A、C 两管曲线形态相似。

由图 3-44 知，A 管曲线近似呈开口向下抛物线状，含水率最高点在 30cm 处，其值为 24.72%，30cm 高处以上含水率逐渐降低。B 管 10～30cm 高度范围曲线呈开口向上抛物线状，含水率最高点在 40cm 处，其值为 24.79%，40cm 处高以上含水率逐渐降低。C 管在 10～40cm 高度范围曲线波动较大，含水率最高点在 30cm 处，其值为 24.66%，40cm 高处以上含水率逐渐降低。

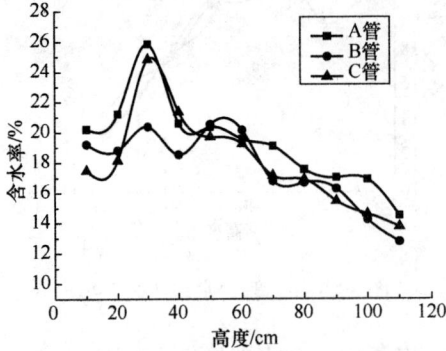

图 3-43　高度-含水率曲线（7d）

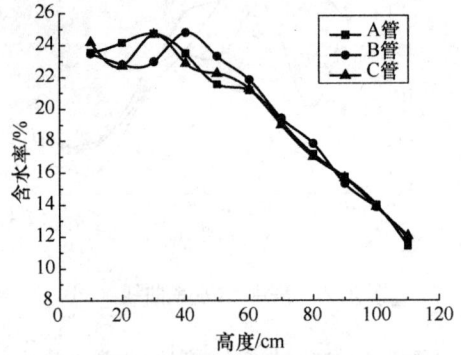

图 3-44　高度-含水率曲线（8d）

由图 3-45 知，A 管 10～30cm 高度范围曲线呈开口向下抛物线状，含水率最高点在 20cm 处，其值为 25.57%，20cm 高处以上含水率逐渐降低。B 管 10～50cm 高度范围曲线波动较大，含水率最高点在 10cm 处，其值为 26.07%，50cm 高处以上，含水率逐渐降低。C 管含水率最高点在 10cm 处，其值为 25.89%，含水率随高度的增加逐渐降低。

由图 3-46 知，A 管 10～60cm 高度范围随高度的增加曲线波动较大，含水率最高点在 20cm 处，其值为 24.07%，60cm 高处以上含水率逐渐降低。B 管 10～60cm 高度范围曲线波动较大，含水率最高点在 30cm 处，其值为 24.62%，60cm 高处以上含水率逐渐降低。C 管 10～60cm 高度范围曲线波动较大，含水率最高点在 30cm 处，其值为 23.61%，60cm 高处以上含水率逐渐降低。

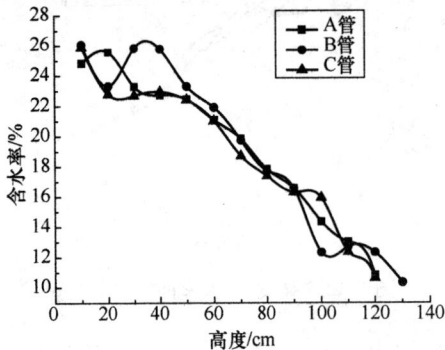

图 3-45　高度-含水率曲线（9d）

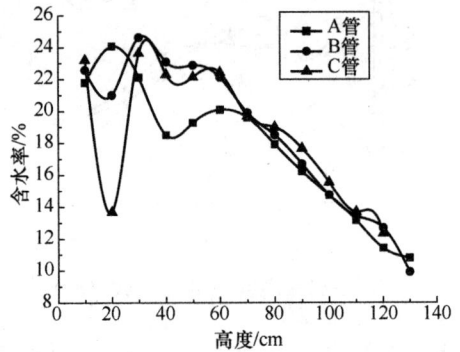

图 3-46　高度-含水率曲线（10d）

由图 3-47 知，A 管 10～50cm 高度范围随高度的增加曲线波动较大，含水率最高点在 20cm 处，其值为 27.05%，50cm 高处以上含水率逐渐降低。B 管 10～50cm 高度范围曲线波动较大，含水率最高点在 30cm 处，其值为 25.57%，50cm 高处以上含水率逐渐降低。C 管除第 6 点处有一个升高点外，随高度的增加含水率逐渐降低，含水率最高点在 10cm 处，其值为 24.15%。

由图 3-48 知，A 管 10～60cm 高度范围曲线呈开口向下抛物线状，含水率最高点在

10cm 处，其值为 24.49％，60cm 处高以上含水率逐渐降低。B 管 10～50cm 高度范围曲线波动较大，含水率最高点在 30cm 处，其值为 22.86％，50cm 高处以上含水率逐渐降低。C 管随高度的增加含水率逐渐降低，含水率最高点在 10cm 处，其值为 22.01％。

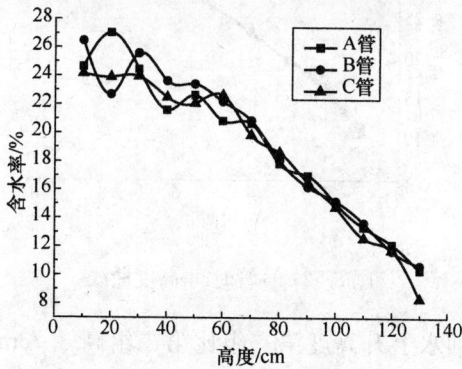

图 3-47　高度-含水率曲线（11d）

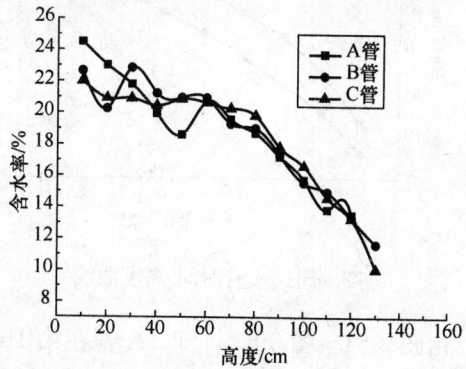

图 3-48　高度-含水率曲线（12d）

由图 3-49 知，A 管 10～60cm 高度范围曲线呈开口向下抛物线状，含水率最高点在 20cm 处，其值为 25.43％，60cm 高处以上含水率逐渐降低。B 管 10～90cm 高度范围曲线波动较大，含水率最高点在 50cm 处，其值为 22.79％，90cm 高处以上含水率逐渐降低。C 管 10～50cm 高度范围曲线波动较大，含水率最高点在 20cm 处，其值为 25.65％，50cm 高处以上含水率逐渐降低。

由图 3-50 知，A 管曲线近似呈开口向下抛物线状，含水率最高点在 40cm 处，其值为 24.93％，40cm 高处以上含水率逐渐降低。B 管随高度的增加含水率逐渐降低，含水率最高点在 10cm 处，其值为 24.70％。C 管 10～60cm 高度范围曲线波动较大，含水率最高点在 20cm 处，其值为 24.90％，60cm 高处以上含水率逐渐降低。

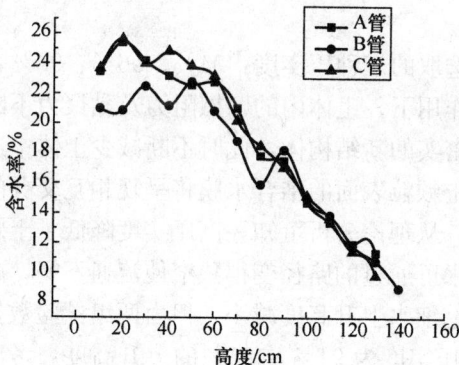

图 3-49　高度-含水率曲线（13d）

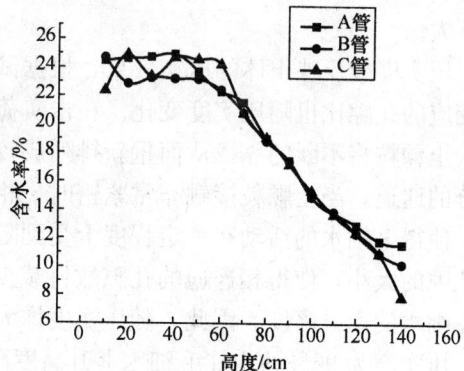

图 3-50　高度-含水率曲线（14d）

3. 对比分析

（1）毛细水上升高度—时间之间的关系

首先分析两组土柱第 1d 上升高度与时间关系，其数据对比如下图 3-51～图 3-53 所示。

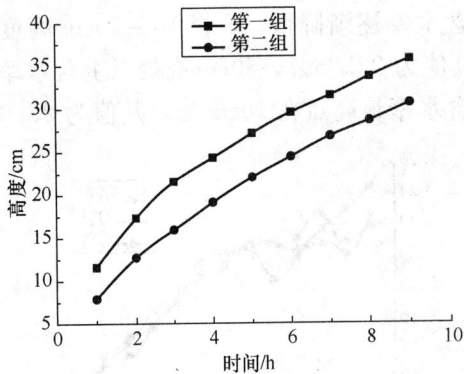

图 3-51　A 管时间-高度曲线

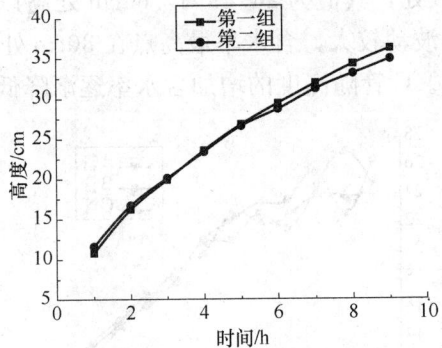

图 3-52　B 管时间-高度曲线

由图 3-51～图 3-53 可知，A 管在第 1h 毛细水上升高度第一组比第二组高 3.7cm，B 管在第 1h 毛细水上升高度第一组比第二组低 0.8cm，C 管在第 1h 毛细水上升高度第一组比第二组低 2.3cm，随后的时间里 A 管的上升高度差距呈增大趋势，B 管 C 管分别在 4～5d，5～6d 期间两组毛细水上升高度出现一个交点，即此时其高度相同，总体来说 B、C 两管的毛细水上升高度相差不大。据此，我们可以推断，试验选土的颗粒组成对毛细水上升高度产生一定影响，但同一种土质，一定压实度的情况下，颗粒组成对毛细水上升高度的影响不大，因此我们根据豫东黄泛区粉砂土实际颗粒组成选土样，与按试验规程选土样试验得到的毛细水上升高度差别不大。

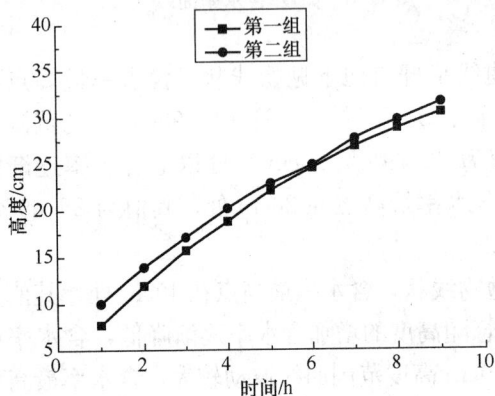

图 3-53　C 管时间-高度曲线

压实度能反映土体的压实效果，根据试验选取的三种压实度：94%、96%、98%，土柱相应的孔隙比也随压实度变化。在击实荷载作用下，土体内的摩擦阻力及黏聚力不断增加，土颗粒将不断的靠拢从而重新排列成较为密实的新结构体，此时不断减少土体中进入水分的通道；当土颗粒接触非常紧密时，相邻土颗粒表面的结合水膜将呈现相互交叠的形式，使得毛细水的活动在一定程度上受到阻碍。从理论分析可知，高压实度降低了土颗粒间孔隙的大小，使得相连通的孔隙数目减少，水可通过的路径变得狭窄使流通不畅，减少了毛细水的上升高度。因此，随压实度增大，毛细水上升高度减小，但由两组试验数据可知，压实度为 96% 的土柱毛细水上升高度高于压实度为 94% 及 98% 的上升高度。考虑其与土质有关，在工程应用中，应根据不同的土质采用适当的压实度来降低路基毛细水的影响破坏作用。

（2）毛细水上升时间—速度之间的关系

前两节我们分别绘制出了两组不同颗粒组成的豫东黄泛区粉砂土柱毛细水上升速度与时间的关系曲线，将两组数据进行比较，如图 3-54 所示。

由图 3-54 速度-时间曲线知，所选两组土的毛细水上升速度第 1d 差距最大，其后二者上升速度不断接近，两种方案无论是哪种，两个图所显示的走向趋势是一致的。据此可知第一组过 0.6mm 筛和第二组过 2mm 筛土样的毛细管水上升速度所遵循的规律相同，即毛细管水的上升速度均是先快后慢，并且随着上升高度的逐渐升高及上升时间的增长其上升速度越来越慢。根据毛细水上升有关理论分析出现此规律的原因如下：研究非饱和土的毛细水上升规律时一般不考虑气压势，因此，总的土水势就由基质势和重力势组成，在毛细水上升高度不高的时候基质势远大于水分重

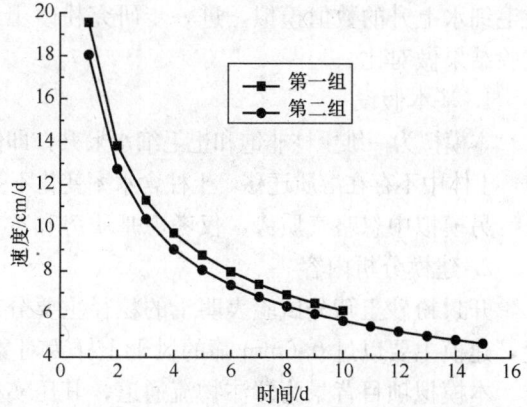

图 3-54　粉砂土柱毛细水上升时间与速度关系

力势，因而导致毛细水上升速度较快，随着毛细水上升高度的升高，重力势不断增加直至与基质势相等，此时毛细水上升速度减慢，并且逐渐趋于稳定速度甚至不再上升。

（3）毛细水上升高度—含水率之间的关系

毛细水上升高度与含水率之间的关系我们得到数据较多，根据已有数据可以得到以下结论：

1）试验时对毛细水管进行稳定的水源补给，初始时刻土体较干燥，存在较大的基质吸力，土体吸水速度也较快，水沿土体孔隙上升较快，其含水率随高度的不同呈现出不同数值。

2）经过一定时间以后，土体负压力减小，水充满底部土体的孔隙，位于下部的土体逐渐达到一定的饱和状态，使得水汽运移的速度变慢，整体来讲，土柱出现随高度增加含水率减小的趋势。

3）不同时间，在同一位置处取土，得到土柱的含水率的值不同，这说明土体内部在不断进行水汽运移，试验结果显示，土柱含水率随毛细水上升高度的升高所呈现的趋势为在一定高度范围内土柱含水率随高度的增加波动较大，含水率值最高点通常在 10cm、20cm、30cm、40cm 处，在一定高度以上含水率逐渐降低。

（4）观测局限性

由于试验时间和仪器的限制，很难通过室内试验直接观测粉砂土土样的毛细水最终上升高度。造成这种情况的原因有以下 3 点：

1）仪器制作困难。要加长拼接制作可供试验观测的足够高度的有机玻璃管非常困难；

2）外界因素影响。有很多不易控制的外界因素影响毛细水的上升高度，如湿度、温度以及试验水的矿物组成等；

3）观测时间长。要达到毛细水上升的最终稳定状态需要经历长时间的不间断试验，本试验研究并不是为了得到两种样土的最终毛细高度，而是希望通过直接观测的试验方法，直观的了解豫东黄泛区粉砂土中的毛细水的上升性能，从而得到毛细上升特性及规律，并为指导该地区防水及排水系统设计提供参考依据。

3.2.3　毛细水上升的数值模拟

结合室内试验结果，运用 GEO-STUDIO 软件中 SEEP/W 模块进行豫东黄泛区粉砂

土毛细水上升的数值模拟，进一步研究粉砂土毛细水上升迁移规律，并与室内毛细水上升试验结果做对比。

1. 基本假设

本模拟为一维土柱非饱和土毛细水上升，即假定毛细水上升仅为竖向迁移，不存在水平渗流，土体中不存在溶质迁移，土柱含水率变化不受温度影响，土体为均质连续各向同性体。

另模拟中忽略气质势，仅考虑基质势和重力势。

2. 建模分析内容

开封粉砂土筛分试验表明土的粒径主要分布在 0.75～1mm 之间，含量高达 95%。因此，建模主要以过 0.6mm 筛的风干土样为对象进行分析，其初始含水率为 0.83%。

本模拟项目背景为郑汴物流通道，其压实标准如表 3-8 所示。因此，与豫东黄泛区粉砂土路基毛细水上升室内试验条件相对应，模拟三个土柱 A、B、C 分别采用压实度为 94%、96%、98% 的过 0.6mm 筛的素土。

高速公路压实标准　　　　　　　　　表 3-8

项目类型	路槽以下深度/m	压实度/%
上路床	0～0.3	≥96
下路床	0.3～0.8	≥96
上路堤	0.8～1.5	≥94
下路堤	1.5 以下	≥93

与毛细水上升室内试验条件相对应，建模分析主要包括以下三部分内容：

(1) 考察 10h 土柱中毛细水运移规律

与室内试验模型相对应，建立的土柱模型的宽度为 0.6m，高度为 1.5m（见图3-55）。

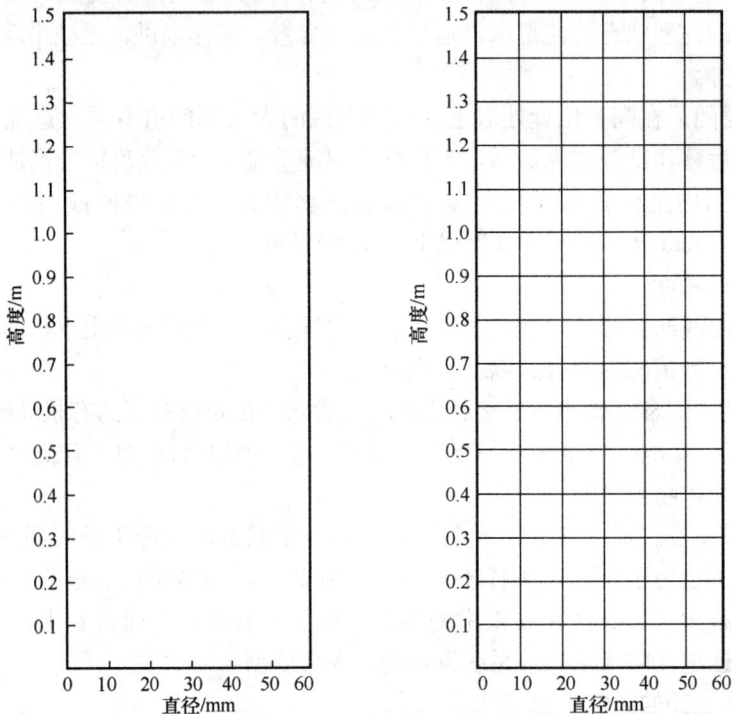

图 3-55　1.5m 高度砂（土）柱模型及有限元划分示意图

建立模型水力边界条件：地下水位线在砂（土）柱的最底端，保持稳定，砂（土）柱的顶端设置为自由边界。共划分 225 个正方形有限元单元，单元边长 0.02m，节点个数 304 个，如图 3-55 所示。

计算各砂（土）柱在 1h、2h、5h、10h 土柱含水率变化与高度之间的关系及各砂（土）柱在 10h 时毛细水可达到的最大高度。模型分析采用瞬态分析（Transient），以小时为步长共设置 10 个时步。

（2）考察 30d 土柱中毛细水运移规律

考虑到毛细水的充分上升，建立的土柱模型的高度为 10m，模型宽度取为 0.5m，以方便模型建立过程中，模型高宽比的选择及有限元网格的划分。

地下水位线位于砂（土）柱的最底端，保持稳定。砂（土）柱的顶端设置为自由边界。共划分 100 个有限元单元，节点个数 202 个，如图 3-56 所示。

与所做的具体试验条件相对应，计算各土柱在 1d、2d、3d、4d、5d、6d、7d、8d、9d、10d 土柱含水率变化与高度之间的关系，及土柱在 10d 时毛细水可以达到的最大高度。模型分析采用瞬态分析（Transient），以天为步长共设置 10 个时步。

（3）模拟毛细水上升最大高度

3. 建模分析结果

各砂柱粉砂土物理力学参数值，见表 3-9。

通过 Van Genuchten 关系式拟合，得出试验用黄泛区粉砂土的土-水特征曲线（即基质吸力-导水率特征曲线），以及基质吸力-导水率特征曲线（见图 3-57、图 3-58）。

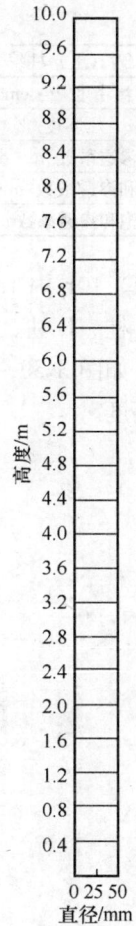

图 3-56　10m 高度砂（土）柱模型及有限元划分示意

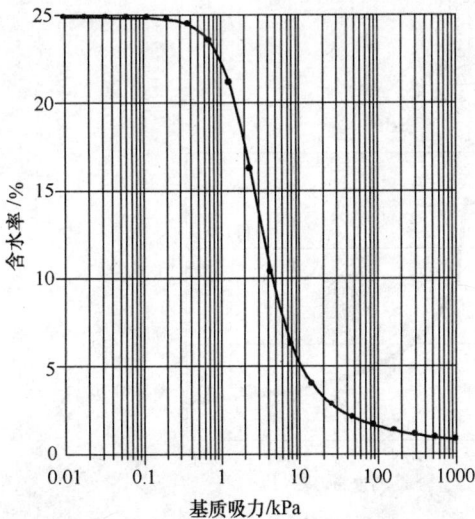

图 3-57　基质吸力-含水率特征曲线

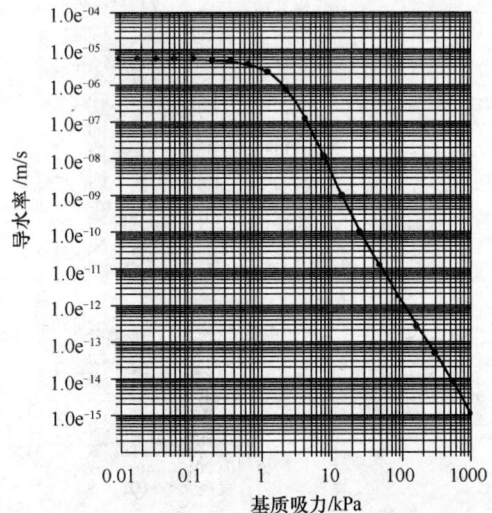

图 3-58　基质吸力-导水率特征曲线

砂（土）柱编号	A	B	C
湿密度/g·cm^{-3}	1.745	1.782	1.820
压实度/%	94	96	98
渗透系数/m·d^{-1}	0.38	0.36	0.35
饱和渗透系数/m·d^{-1}	0.432	0.423	0.415
饱和渗透系数 m/s	$5×10^{-6}$	$4.9×10^{-6}$	$4.8×10^{-6}$

（1）10h 内 1.5m 砂土柱毛细水上升规律

A柱、B柱、C柱在 10h 时毛细水可以达到的高度及 10h 时各粉砂土柱含水率和高度的关系如图 3-59～图 3-61 所示。图中各砂柱模型图中蓝色粗虚线表示为 10h 时毛细水可上升高度。

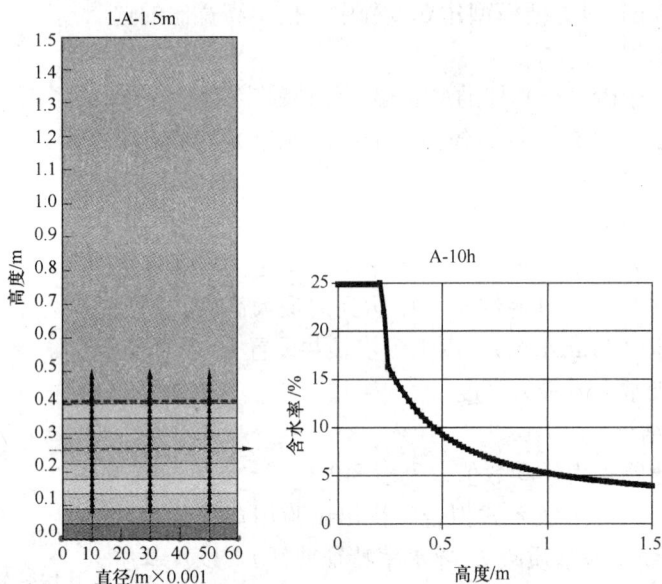

图 3-59　A柱毛细水上升高度及含水率-高度关系（10h）

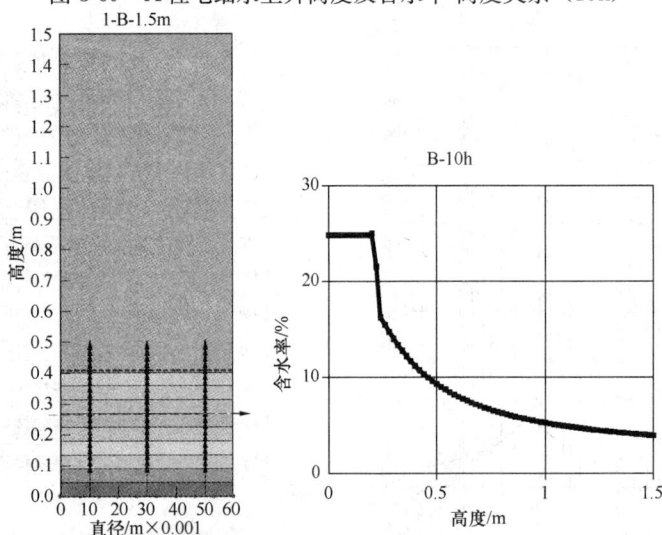

图 3-60　B柱毛细水上升高度及含水率-高度关系（10h）

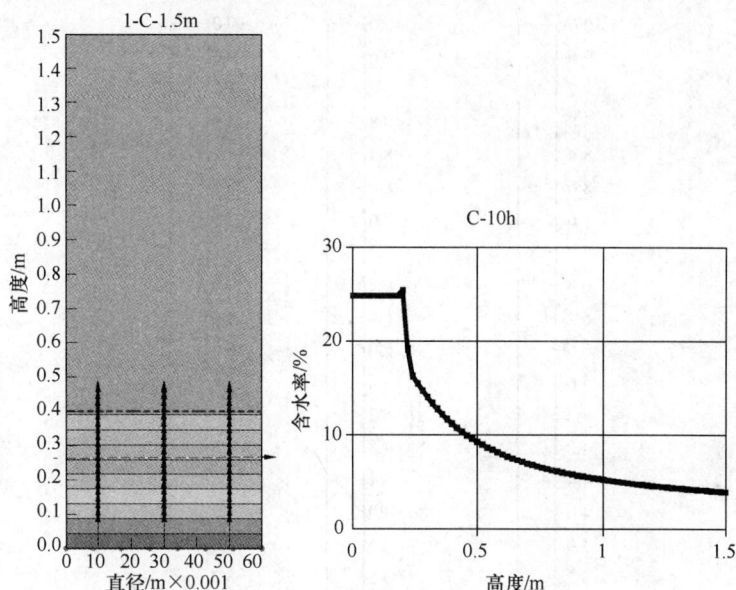

图 3-61　C柱毛细水上升高度及含水率-高度关系（10h）

由图 3-59 知，A 柱在 10h 时毛细水可以达到的高度为 0.42m，最大含水率出现在 0.2m 高度处，其值为 25.1%。

由图 3-60 知，B 柱在 10h 时毛细水可以达到的高度为 0.41m，最大含水率出现在 0.22m 高度处，其值为 24.8%。

由图 3-61 知，C 柱在 10h 时毛细水可以达到的高度为 0.40m，最大含水率出现在 0.24m 高度处，其值为 25.3%。

由图 3-59～图 3-61 知，10h 毛细水上升至最大高度处，压实度分别为 94%、96%、98% 的 A 柱、B 柱、C 柱随高度具有相似的含水率变化规律，归纳如下：

在 0～0.2m 高度范围内，随着高度的上升，含水率基本上不变，在 0.2m 高度以下，土柱的含水量几乎为一定值，且都约等于土壤的饱和含水量。0.2～0.25m 高度范围内，A、B、C 管三个管子砂土柱的含水率均出现一个最高点，此高度范围含水率随高度的上升下降幅度较大，下降至约 16.23%～16.25%。继而高度 0.4m 处，含水率缓慢下降至 11.19%～11.23% 左右，此模拟得到的毛细水 10h 的上升规律与室内试验规律基本一致。

（2）10m 砂土柱 10d 毛细水上升规律

10m 高度的 A 柱、B 柱、C 柱在 10d 时毛细水可以达到的高度如图 3-62 所示，分别为 1.35m、1.30m、1.28m。

由 10h 毛细水变化规律可知压实度分别为 94%、96%、98% 的 A 柱、B 柱、C 柱随高度具有相似的含水率变化规律，因此，仅以 A 柱为例，考察了 A 柱 1～10d 中 A 柱毛细水上升速度随时间的变化规律，见图 3-63。

由图 3-63 可以看出随着时间的增加，曲线呈逐渐向右移动的趋势，这表明同一高度处，含水量随着时间的增加而增长，A 管土柱在各时间段的含水率在 1m 高度附近处出现一个最高点，这与前边的室内试验分析结果一致。

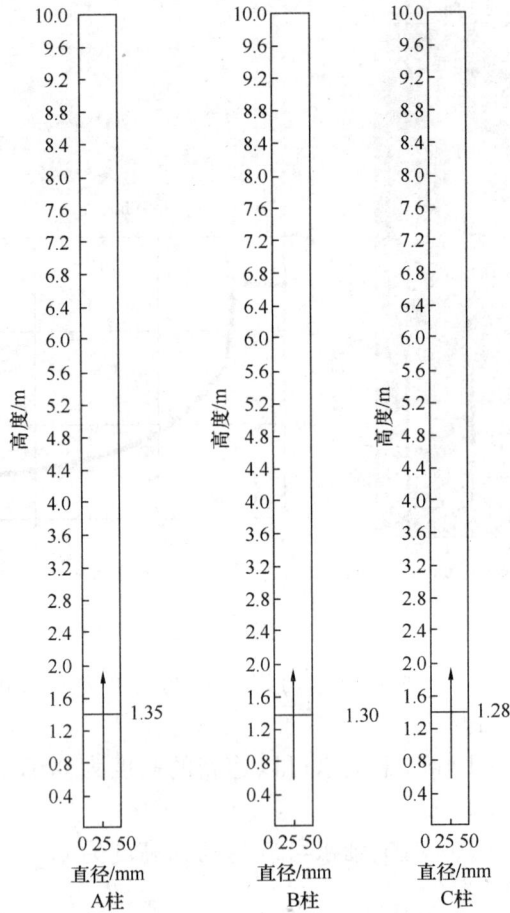

图 3-62　毛细水 10d 上升高度

对于路堤填筑完成后，毛细水上升的速率对于形成路堤的稳定有较大的影响。毛细水上升能尽快完成的路堤，其变形、沉降和固结都能较快完成，对基层和底基层的影响也能尽快反映出来，因此，分析毛细水上升的速率是必要的也是必须的。

由图 3-64 可知，开封地区粉砂土毛细水上升速度随着时间的增加是一个逐渐衰减的过程，其速度由 10.63cm/d 经过 10d 降至 1.36cm/d。毛细水上升速度上先快后慢，随着上升高度的逐渐提升，其速度逐渐减慢，并逐渐趋于稳定。在毛细水上升高度不高的情况下，由于基质吸力做功远大于水分重力势，所以毛细水上升速度较快；但随着高度的上升，重力势逐渐增加，则基质吸力做的功减少，上升的速度就逐渐变慢。软件模拟 A 柱毛细水上升速度随时间变化规律其速度由 10.63cm/d 经过 10d 降至 1.36cm/d 与试验得到的速度由 19.6 cm/d 经过 10d 降至 6.2cm/d，其速度数值误差较大，但上升速度规律基本一致。

用 GEO-STUDIO 软件计算所得到的某些结果与实际的室内试验有所偏差。大概是由于本研究毛细水上升数值计算采用的模型为一维均质模型，边界条件比较简单，鉴于实际问题的复杂性，影响因素的多面性，下一步研究中可采取多种岩土分析软件进行三维模型分析计算。

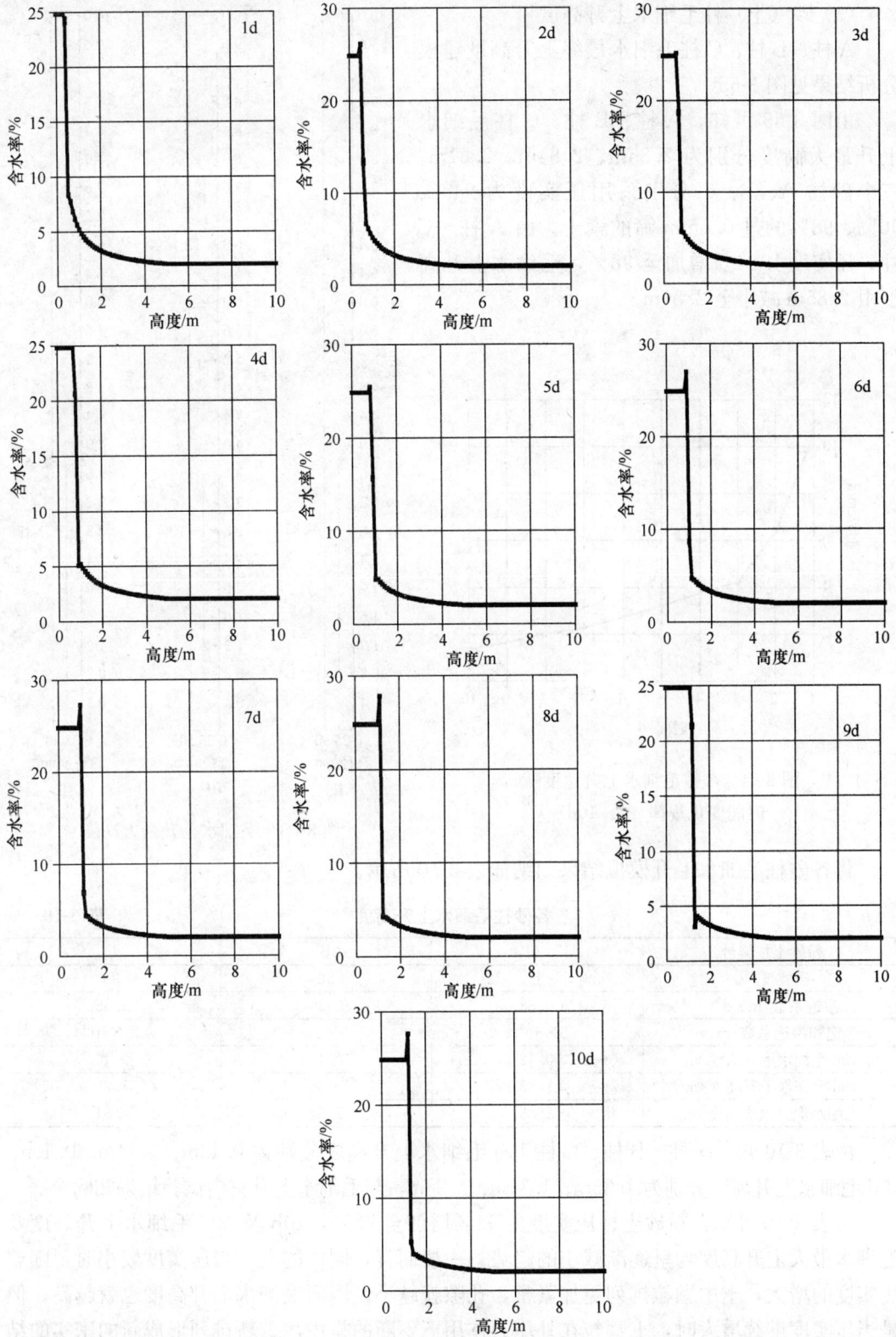

图 3-63　A柱含水率随高度变化规律（1～10d）

(3) 砂（土）柱毛细水上升高度

A柱、B柱、C柱毛细水最终上升高度建模分析结果见图3-65。

由图3-65可知，A柱、B柱、C柱毛细水上升最大高度分别为2.85m、2.84m、2.81m。三个砂柱A、B、C分别采用压实度为94%、96%、98%的过0.6mm筛的素土。由A柱~C柱，压实度由94%增加至98%，毛细水上升高度由2.85m减小至2.81m。

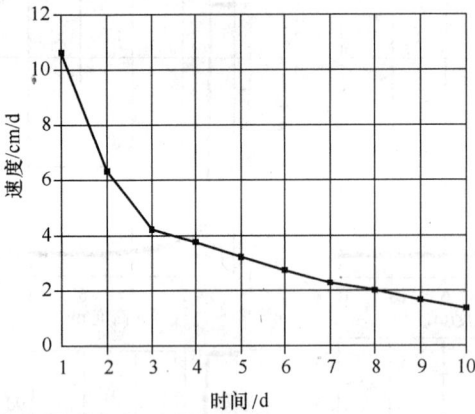

图3-64　A柱毛细水上升速度随时间变化规律（1~10d）

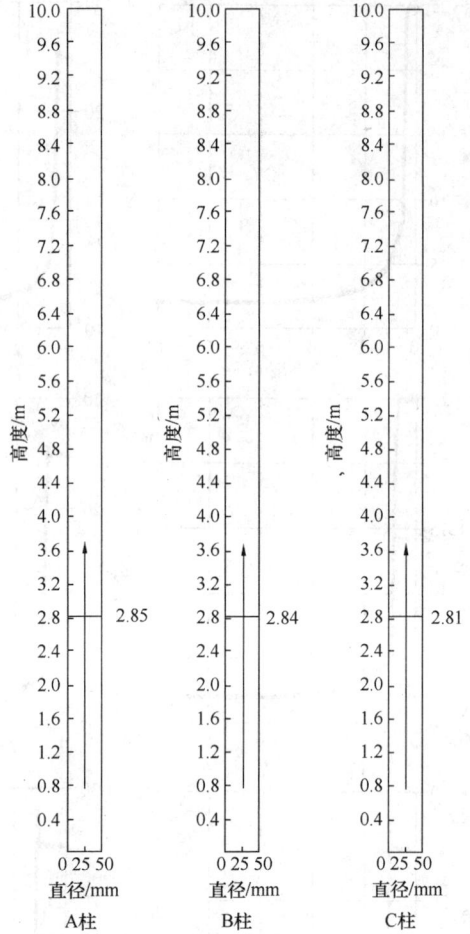

图3-65　毛细水上升最大高度

将各砂柱毛细水上升模拟结果归纳如表3-10所示。

各砂柱毛细水上升高度　　　　　　　　　　　　　　　表3-10

粉砂土柱编号	A	B	C
压实度/%	94	96	98
渗透系数/m·d^{-1}	0.38	0.36	0.35
饱和渗透系数/m/s	5×10^{-6}	4.9×10^{-6}	4.8×10^{-6}
10h毛细水上升高度/m	0.42	0.41	0.40
10d毛细水上升高度/m	1.35	1.30	1.28
毛细水上升最大高度/m	2.85	2.84	2.81

由表3-10知，A柱、B柱、C柱10h毛细水上升高度分别为0.42m、0.41m、0.40m，10d毛细水上升高度分别为1.35m、1.31m、1.28m，与毛细水上升室内试验结果相吻合。

由表3-10可知，粉砂土柱压实度由94%增加至98%，10h及10d毛细水上升高度及毛细水最大上升高度均呈逐渐减小的趋势。一般而言，同样的土，当压实度较小时，随着压实度的增大，土中颗粒排列更加紧密，孔隙就越小，因而毛细水上升高度也就越高；但是当压实度继续增大时，土颗粒在外压力作用下不断靠拢，重新排列形成新的密实的结构，使土的黏聚力和内摩擦阻力不断增加，同时土颗粒的不断靠拢也减少了水分进入土体的通道，增大了阻力。当土颗粒紧接在一起时，相邻相互交叠的土颗粒表面的结合水膜减小了土颗粒中孔隙的有效直径，从而阻碍了毛细水的上升，降低了毛细水的上升高度。

但也可以看出 A 柱、B 柱、C 柱毛细水上升最大高度分别为 2.85m、2.84m、2.81m。从模拟结果可以看出，当土样压实度达至 94％以上时，虽然不同的压实度对毛细水上升造成了一定的影响，但是范围相差并不大。

3.3 毛细水对路用性能的影响

3.3.1 击实试验

1. 试验目的

选取毛细水上升试验所用土样进行击实试验，结合毛细水上升试验结果，选取 8 组毛细水不同上升高度的含水率值进行试验，试验中含水率与高度的选取见表 3-11。通过击实试验得到土样相应含水率的干密度值，并绘制干密度-含水率曲线图，从图中查出所需含水率与干密度值并将其作为无侧向抗压强度试验试块制作的计算数据。

毛细水上升高度与含水率的选取   表 3-11

毛细水上升高度/cm	140	130	最优含水率处	120	110	100	90	80
含水率/％	10.1	10.9	11.5	12.3	13.8	14.9	17.4	18.8

2. 试验过程

（1）试样准备

从施工现场取粉砂土样进行室内击实试验。在击实试验前 1d，取有代表性的试料测定其风干含水率。取试料 8 份，每份试料的质量为 2000g，根据毛细水上升试验选取代表性的 8 个不同含水率，将 1 份试料均匀平铺于金属盘内，将事先计算得到的该份试料中应加的水量均匀洒布在试料上，将试料用小铲充分拌合均匀，然后装入塑料袋中闷料待用。另外几份同样操作。闷好的土样见图 3-66 和图 3-67。

图 3-66　闷好的土样

图 3-67　土样称量

（2）试验过程

用尺子测量击实筒的内径、高度以确定击实筒的体积，称量击实筒的质量 m_1，安装击实筒、护筒。将 1 份闷好的料称量均匀分成 8 份，将其中的 1 份料装入击实筒中，启动击实仪，开始击实，27 次后停止。将第一层的表面打毛，将第 2 份料装入击实筒，启动击实仪开始击实，27 次后停止。如此进行，直到第 5 层击实完为止。详见图 3-68 和图 3-69。

卸下护筒、击实筒，将试件修整好，称量击实筒和试件的总质量 m_2，用脱模器将试件脱出。详见图 3-70 和图 3-71。

图 3-68　启动击实仪

图 3-69　击实

图 3-70　护筒卸下后的情况

图 3-71　修整好的试件称量

称量 2 个铝盒质量 n_1、n_2，从试件的上部、下部分别取出部分料装入 2 个不同的铝盒中。详见图 3-72 和图 3-73。

图 3-72　从试件的下部取出土样

图 3-73　称量铝盒加土样的质量

称量铝盒和料的总质量 n_3、n_4，将铝盒和料放入烘箱，烘干，称量烘干后铝盒和料的质量 n_5、n_6。如此进行，完成其他几份闷好料的试验过程。

（3）数据计算

① 试料的湿密度：

$$\rho = (m_2 - m_1)/v \qquad\qquad (3\text{-}31)$$

式中　ρ——试料的湿密度，g/cm³；

m_1——击实筒的质量，g；

m_2——击实筒和试件的总质量，g；

v——击实筒的容积，cm^3。

② 试料的干密度：

$$\rho_d = \rho/(1+w) \tag{3-32}$$

式中　ρ_d——试料的干密度，g/cm^3；

　　　ρ——试料的湿密度，g/cm^3；

　　$w=$（铝盒和料的总质量－烘干后铝盒和料的质量）/（烘干后铝盒和料的质量－铝盒质量）$\times 100\%$，为试料的含水率，%。

3. 试验结果分析

根据击实试验结果绘制图像，素土、10%水泥稳定土试验结果绘制成击实曲线，如图3-74和图3-75所示。

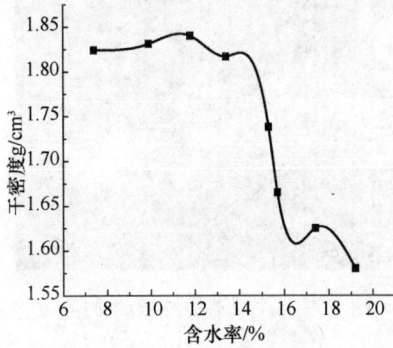

图3-74　素土击实曲线　　　　　　　图3-75　10%水泥稳定土击实曲线

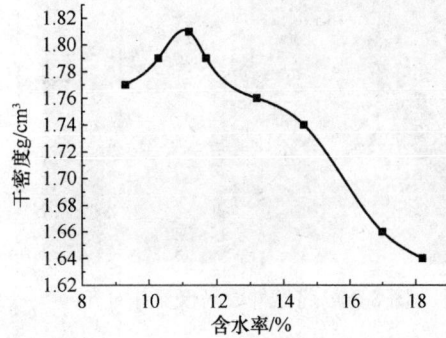

根据素土及10%水泥土的击实曲线得到所用含水率及干密度数值如表3-12所示。

素土含水率与干密度　　　　　　　　　　　　　表3-12

类别	含水率/%	干密度/$g \cdot cm^{-3}$	类别	含水率/%	干密度/$g \cdot cm^{-3}$
素土	10.1	1.832	10%水泥稳定土	10.1	1.784
	10.9	1.838		10.9	1.809
	11.5	1.841		11.5	1.797
	12.3	1.836		12.3	1.771
	13.8	1.806		13.8	1.754
	14.9	1.760		14.9	1.731
	17.4	1.625		17.4	1.651
	18.8	1.590		18.8	1.635

3.3.2　无侧限抗压强度试验

1. 试验过程

根据《公路工程无机结合料稳定材料试验规程》(JTG E51－2009)的相关规定，试块尺寸取为$\Phi 50mm \times 50mm$。制作试块时，先将烘干土料过5mm的筛孔，把烘干粉砂土按所求的干密度称取所需的重量，依据要求的含水量计算所需的加水量，依据试验方案，分别称量一定量的土、水泥、纤维，将素土、水泥土、纤维水泥土分别平铺于不吸水的盘内，喷洒预计的加水量，均匀混合，采用人工搅拌，搅拌时间不超过 20min，然后将试料装入 $\Phi50$ mm $\times 50$mm 试模中进行试块成型，然后将试块装进密封塑料袋进行标准养护 7d、28d 待用。

采用路面材料强度测试仪选取规格为 $5\sim7.5$kN 的应力环进行无侧限抗压强度试验，试验过程如图 3-76～图 3-79 所示。试件的无侧限抗压强度按式（3-33）计算：

$$f_{cu,i} = \mu S \tag{3-33}$$

式中　$f_{cu,i}$——龄期天数 i 的水泥土无侧限抗压强度，MPa；

　　　S——应力环读数，mm；

　　　μ——应力环读数与无侧限抗压强度转换系数，其值为 0.01384MPa /mm。

图 3-76　将试件放入仪器并对齐

图 3-77　使仪器手动慢速下降

图 3-78　压试块

图 3-79　试件出现裂缝后读数并卸载

2. 试验结果分析

根据试验结果绘制出含水率与无侧限抗压强度关系曲线如图 3-80～图 3-81 所示。

由图 3-80 知，水泥稳定土、纤维水泥稳定土的无侧限抗压强度的最大值分别为素土的 14 倍、13 倍，水泥稳定土的平均无侧限抗压强度大于纤维水泥土，随含水率的增加素土的无侧限抗压强度呈逐渐减小趋势，纤维水泥土及水泥土的最大无侧限抗压强度均出现在最佳含水率 11.5% 的右侧，即含水率为 13.8% 处，其值分别为 2.521MPa、2.701MPa，之后随含水率的增加其强度逐渐减小。

由图 3-81 知，水泥稳定土、纤维水泥稳定土的无侧限抗压强度的最大值分别为素土的 28 倍、26 倍，纤维水泥土的平均无侧限抗压强度大于水泥稳定土，随含水率的增加素土的无侧限抗压强度呈逐渐减小趋势，纤维水泥土的最大无侧限抗压强度出现在最佳含水率 11.5％的右侧，即含水率为 13.8％处，水泥土的最大无侧限抗压强度均出现在最佳含水率 11.5％的左侧，即含水率为 10.1％处，其值分别为 4.768 MPa、5.109MPa，在含水率为 13.8％处右侧二者随含水率的增加强度逐渐减小。

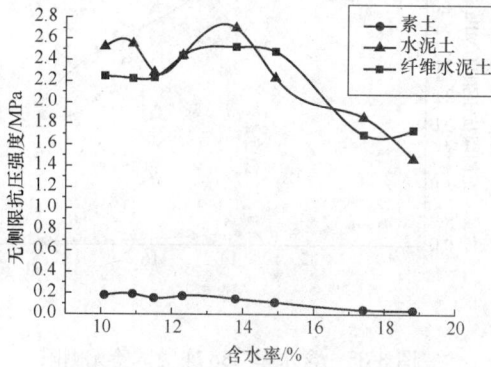

图 3-80　含水率-7d无侧限抗压强度关系曲线对比

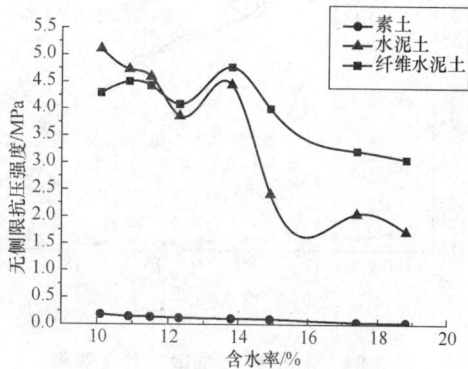

图 3-81　含水率-28d无侧限抗压强度关系曲线对比

3.3.3　冻融试验

1. 试验目的

冻融试验将无侧限抗压强度试验作为对照试验，与之前无侧限抗压强度结果进行比较，得出经过冻融循环后素土、水泥稳定土、纤维水泥稳定土的无侧限抗压强度的情况，近而研究路基发生周期性冻融作用后，路基强度的变化。

2. 试验过程

试块制作方法及强度测试方法与无侧限抗压强度试验方法相同，冻融试验时，将制作好的试块进行标准养护，然后将试块按编号置入冻融箱开始冻融试验。低温箱温度为 −18℃，冻结的时间按规范设置为 16h，冻结试验结束后，取出试件进行质量称量并对高度进行测量记录，然后放入冻融箱，将温度设置为 20℃进行融化，将融化时间设置为 8h。融化完毕，取出试件，量高、称质量，该次冻融循环即结束。然后放入低温箱进行第二次循环。7d、28d试块的冻融循环次数分别为 3d、5d。冻融过程详见图 3-82 和图 3-83。

图 3-82　设定好冻融时间及温度

图 3-83　将试块放入冻融箱进行冻融循环过程

55

3. 试验结果分析

根据试验结果绘制出含水率与无侧限抗压强度关系曲线如图 3-84 和图 3-85 所示。

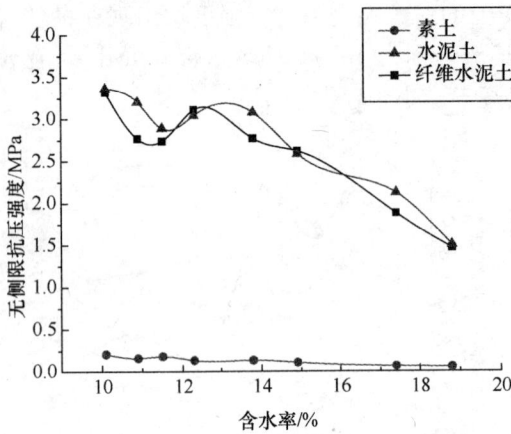

图 3-84　含水率-7d 冻融试验无侧限
抗压强度关系曲线对比

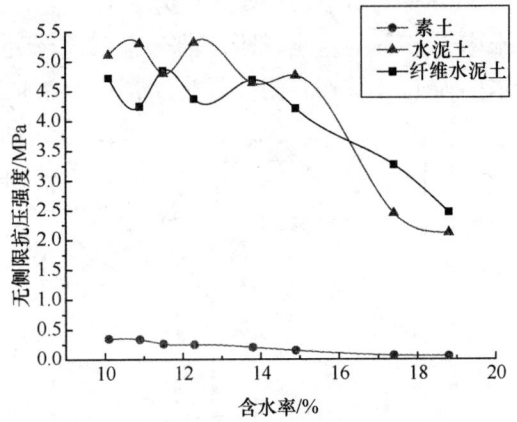

图 3-85　含水率-28d 冻融试验无侧限
抗压强度关系曲线对比

由图 3-84 知，水泥稳定土、纤维水泥稳定土的无侧限抗压强度的最大值分别为素土的 16.2 倍、15.9 倍，水泥稳定土的平均无侧限抗压强度大于纤维水泥土，随含水率的增加素土的无侧限抗压强度呈逐渐减小趋势，纤维水泥土及水泥土的最大无侧限抗压强度均出现在最佳含水率 11.5% 的左侧，即含水率为 10.1% 处，其值分别为 3.319MPa、3.123MPa，在含水率为 13.8% 处右侧二者随含水率的增加强度逐渐减小。

由图 3-85 知，水泥稳定土、纤维水泥稳定土的无侧限抗压强度的最大值分别为素土的 15.4 倍、14.0 倍，水泥稳定土的平均无侧限抗压强度大于纤维水泥土，随含水率的增加素土的无侧限抗压强度呈逐渐减小趋势，纤维水泥土的最大无侧限抗压强度出现在最佳含水率 11.5% 处，水泥土的最大无侧限抗压强度均出现在最佳含水率 11.5% 的右侧，其值分别为 4.849MPa、5.324MPa，在含水率为 13.8% 处右侧二者随含水率的增加强度逐渐减小。

4. 试验结果对比分析

通过无侧限抗压强度试验、冻融试验的试验结果分析可知，冻融循环后及不冻融时水泥稳定土的 7d、28d 平均无侧限抗压强度均大于纤维水泥稳定土，故添加聚丙烯纤维并没有提高水泥稳定土的无侧限抗压强度；冻融循环后及不冻融时随含水率的增加素土的无侧限抗压强度呈逐渐减小趋势；经过冻融循环后水泥土及纤维水泥土的最大无侧限抗压强度出现在最佳含水率 11.5% 的左右侧位置发生变化，最大值出现在最佳含水左侧或右侧。冻融循环后及不冻融时素土、水泥土、纤维水泥土的无侧限抗压强度值随含水率的增大先上下波动，至某含水率处之后逐渐减小。

综上所述，毛细水上升不同高度处含水率不同，其对粉砂土路基的无侧限抗压强度的影响较复杂，总体而言，降低毛细水上升高度，可以降低路基含水率，能够相应提高路基土的无侧限抗压强度，近而提高路基的稳定性。

3.4 粉砂土毛细水上升控制技术

3.4.1 级配碎石垫层对毛细水上升的影响

1. 试验准备

（1）碎石级配的选取

根据我国关于级配碎石的相关规范要求规定，结合表 3-13 选取碎石级配。

级配碎石或级配碎砾石的颗粒组成范围　　　　　　　　表 3-13

通过质量百分率/% 项目	编号	1#	2#
筛孔尺寸/mm	37.5	100	
	31.5	90～100	100
	19	73～88	85～100
	9.5	49～69	52～74
	4.75	29～54	29～54
	2.36	17～37	17～37
	0.6	8～20	8～20
	0.075	0～7	0～7
液限/%		<28	<28
塑性指数		<6（或9）	<6（或9）

试验选取的碎石级配如表 3-14 所示。

碎石级配组成　　　　　　　　表 3-14

筛孔尺寸/mm	19.0	9.5	4.75	2.36	0.6	0.075
质量百分率/%	20	30	22	14	10	4

（2）级配碎石的配置

试验所得碎石毛体积密度试验数据如表 3-15 所示。

碎石密度　　　　　　　　表 3-15

材料规格/mm	表观相对密度/ g/cm³	毛体积相对密度/ g/cm³	表观密度/ g/cm³	毛体积密度/ g/cm³
10～30 碎石	2.845	2.788	2.832	2.776
10～20 碎石	2.827	2.78	2.815	2.768
5～15 碎石	2.833	2.782	2.821	2.77
5～10 碎石	2.838	2.763	2.826	2.751
3～5 碎石	2.781	2.658	2.769	2.646
石粉	2.795	2.433	2.783	2.422
矿粉	2.822		2.816	

由表 3-15 知，碎石的毛体积密度在 $2.422\sim2.776\mathrm{g/cm^3}$ 之间。根据试验得到碎石的毛体积密度值 $2.6\mathrm{g/cm^3}$，有机玻璃管径 $6.5\mathrm{cm}$，由 $m = \rho v = 2.6 \times \left(\dfrac{6.5}{2}\right)^2 \pi \times 30 = 2586.97\mathrm{g}$，即将厚 $30\mathrm{cm}$ 的级配碎石填入有机玻璃管中，大概需要 $2586.9675\mathrm{g}$ 石子，据此，在试验称量时我们取 $3000\mathrm{g}$ 进行配比。按碎石级配进行称量，具体数值如表 3-16 所示。将称好的碎石倒在一起人工拌合均匀待用。

试验配制各级配的碎石质量 表 3-16

筛孔尺寸/mm	19.0	9.5	4.75	2.36	0.6	0.075
碎石质量/g	600	900	660	420	300	120

（3）装入级配碎石及土

将级配碎石及土装入有机玻璃管，其装入方法与之前试验方法一致，压实度选取 96%，因其毛细作用较其他两个压实度明显，故选其进行试验。装入顺序自下至上为 $10\mathrm{cm}$ 土→$30\mathrm{cm}$ 级配碎石→$100\mathrm{cm}$ 土，装置如图 3-86 所示。

2. 试验分析

2012 年 6 月 16 日上午 11：50 开始通水，并记录毛细水上升高度，其结果如表3-17、图 3-87 所示。

图 3-86　级配碎石垫层毛细水试验土柱

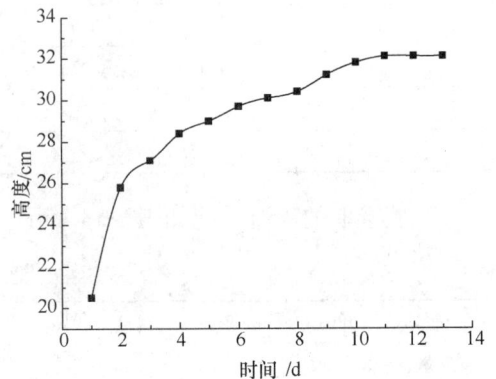

图 3-87　碎石垫层毛细水上升时间-高度曲线

毛细水上升高度 表 3-17

时间/d	1	2	3	4	5	6	7	8	9	10	11	12	13
高度/cm	20.5	25.8	27.1	28.4	29.0	29.7	30.1	30.4	31.2	31.8	32.1	32.1	32.1

由图 3-87 知，毛细水在装有碎石垫层的土柱中初期上升速度快，至第 7d 以后，毛细水上升速度逐渐减小，毛细水上升高度至第 11d 趋于稳定，其值为 32.1cm，由于碎石垫层的厚度为 30cm，下层装入 10cm 土样，即毛细水在碎石垫层中上升了 22.1cm，毛细水并没有到达碎石垫层以上，由此可知，碎石垫层对毛细水的隔离效果很好。

由于土颗粒与碎石颗粒结构的不同，试验中出现纯土柱毛细上升明显而碎石垫层很好的阻隔了毛细水上升的现象。颗粒直径较小的土体颗粒之间存在着较强的基质吸力，而碎石的粒径大部分在 9.5mm 以上，碎石靠细集料之间的细小孔隙和大粒径碎石表面对水的"浸润"来实现对水分的吸持作用，不存在基质吸力。基质吸力的存在，使土体孔隙较易吸持水分，基质吸力越大，则吸持水分的能力越强。因此碎石垫层有很好的阻隔了毛细水上升的效果。

3.4.2 水泥稳定土垫层对毛细水上升的影响

1. 水泥稳定土的制备

水泥土的配置步骤如图 3-88 所示。

由击实试验知，所选水泥土的最佳含水量为 12.4％，最大干密度为 1.9 g/cm³，可计算 $m = \rho v = 1.9 \times \left(\dfrac{6.5}{2}\right)^2 \pi \times 30 = 1890.5\text{g}$，在试验称量时取 1800g 进行配比，其中水泥的质量为 180g，水的质量为 245.52g。

2. 装入水泥稳定土及土

将水泥稳定土及土装入有机玻璃管，其装入方法与之前试验方法一致，压实度选取 96％。装入顺序自下至上为 10cm 土→30cm 水泥稳定土→100cm 土，装置如图 3-89 所示。装好之后，将管子悬挂于木架子之上，通水开始计时观测。

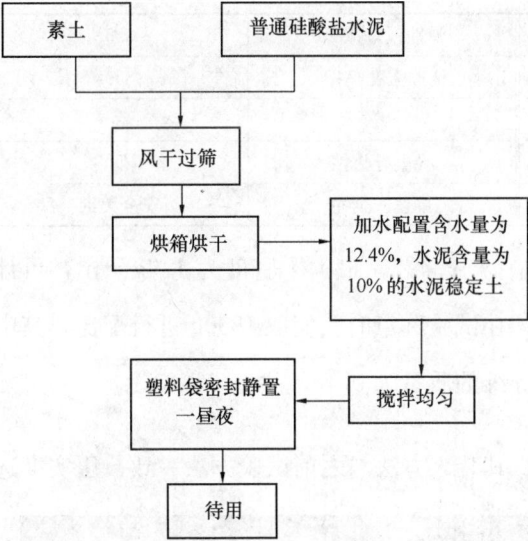

图 3-88　水泥稳定土的制备方法

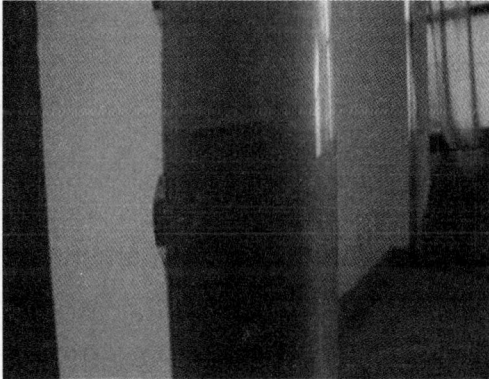

图 3-89　水泥稳定土垫层毛细水试验土柱

3. 试验分析

由于水泥稳定土具有一定含水率，故在水泥稳定土高度范围内，无法肉眼观察毛细水上升高度，经过一个月的观测时间，毛细水仍没有上升到水泥稳定土垫层以上，说明水泥稳定土对毛细水具有一定阻隔作用。具体阻隔程度需进一步研究。

实际工程中采用粉砂土填筑路基时，需对粉砂土路基基底进行换填处理，即设置垫层，以阻隔毛细水的上升，用土水势分析，毛细水上升高度由初始状态下的垫层材料的基质势控制。各种垫层材料在初始含水率相同的情况下，当基质势较大时，水分运移到达垫层顶面时仍没有达到势能的平衡状态，水分将会进一步迁移向粉砂土的填土层中，此时垫

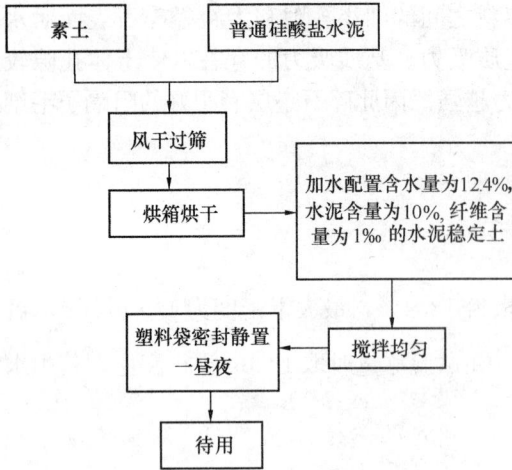

图 3-90　纤维水泥稳定土的制备方法

层已失去了对毛细水上升的阻隔作用；当基质势较小时，水分运移到小于垫层厚度的垫层中的一定高度时已达到势能平衡，水分不再继续向上迁移，从而阻隔了毛细水上升的作用。由此可知，试验所选水泥稳定土垫层基质势较小时，水分运移到小于垫层厚度时，已达到势能平衡，故不再向上迁移，从而起到了阻隔毛细水的作用。

3.4.3　纤维水泥稳定土垫层对毛细水上升的影响

1. 试验准备

（1）水泥稳定土的制备

纤维水泥土的配制步骤如图 3-90 所示。

试验采用聚丙烯纤维，其性能指标如表 3-18 所示。

试验用纤维的性能指标　　　　　　　　　　表 3-18

比重 g/cm³	0.91	弹性模量/GPa	3.5
直径/μm	31	抗拉强度/MPa	350
熔点/℃	165～170	耐酸碱盐性	高
燃点/℃	590	导电导热性	低
断裂伸长率/%	30	单丝安全性	安全无毒

由击实试验知，所选水泥土的最佳含水量为 12.4%，最大干密度为 1.9g/cm³，可计算 $m=\rho v=1.9\times\left(\frac{6.5}{2}\right)^2\pi\times30=1890.5\mathrm{g}$，在试验称量时我们取 1800g 进行配比，其中水泥的质量为 180g，水的质量为 245.52g，纤维的质量为 0.18g。

（2）装入纤维水泥稳定土及土

将纤维水泥稳定土及土装入有机玻璃管，其装入方法与之前试验方法一致，压实度选取 96%。装入顺序自下至上为 10cm 土→30cm 纤维水泥稳定土→100cm 土，装置如图3-91所示。装好之后，将管子悬挂于木架子之上，通水开始计时观测。

2. 试验分析

由于纤维水泥稳定土具有一定含水率，故在纤维水泥稳定土高度范围内，无法肉眼观察毛细水上升高度，经过一个月的观测时间，毛细水仍没有上升到纤维水泥稳定土垫层以上，说明纤维水泥稳定土对毛细水具有一定阻隔作用。其具有阻隔

图 3-91　纤维水泥稳定土垫层毛细水试验土柱

毛细水作用的原因与水泥稳定土垫层相同，即垫层基质势较小时，水分运移到小于垫层厚度时，已达到势能平衡，故不再向上迁移，从而起到了阻隔毛细水的作用。具体阻隔程度以及与水泥稳定土垫层阻隔作用的区别需进一步研究。

3.5 本章小结

综合运用理论分析、试验及数值模拟等多种手段，对豫东黄泛区粉砂土基本性质，粉砂土毛细水上升规律进行研究，最后针对豫东黄泛区粉砂土，提出毛细水控制技术及方案。主要结论如下：

（1）毛细水是由水-气分界面处的张力作用引起的。土水势、土-水特征曲线、表面张力等理论与毛细水上升密切相关。土中毛细水上升高度与土-水特征曲线有直接联系，是重力势与基质势的平衡高度。

（2）由毛细水上升室内试验可知，不同时间在土柱同一位置土的含水率不同。在同一时间，随土柱高度的升高，含水率总体呈逐渐减小的趋势。

（3）过 0.6mm 筛土柱毛细水上升高度第 10d 可达 130cm 左右，94％、96％、98％的压实度的粉砂土柱毛细水上升高度分别为 128.3cm、132.2cm、126.1cm。

（4）过 2.0mm 筛土柱毛细水上升高度第 15d 可达 140cm 左右，94％、96％、98％的压实度的粉砂土柱毛细水上升高度分别为 144.7cm、147.1cm、142.4cm。

（5）对于 94％的压实度，过 0.6mm 筛土样毛细水上升高度大于过 2mm 筛土样。对于 96％、98％的压实度，过 0.6mm 筛土样和过 2mm 筛土样毛细水上升高度无显著差别。

（6）毛细水在装有碎石垫层的土柱中初期上升速度快，至第 7d 以后，毛细水上升速度逐渐减小，毛细水上升高度至第 11d 趋于稳定，其值为 32.1cm，毛细水未到达碎石垫层以上，碎石垫层对毛细水的隔离效果很好。由于垫层基质势较小，水泥稳定土、纤维水泥稳定土对毛细水具有一定阻隔作用，毛细水未到达水泥稳定土、纤维水泥稳定土垫层以上。

（7）采用 GEO-STUDIO 软件 SEEP/W 模块，对 94％、96％、98％三种压实度的过 0.6mm 筛的黄泛区粉砂土毛细水上升规律进行了数值模拟分析可知：

1）10h 毛细水上升高度可达 0.40m，10d 毛细水上升高度可达 1.30m 左右。毛细水上升最大高度可达 2.80m。当土样压实度达至 94％以上时，压实度对毛细水上升高度影响不显著。

2）黄泛区粉砂土中毛细水上升速度随着时间的增加是一个逐渐衰减的过程，其上移速度由 10.63cm/d 经过 10d 降至 1.36cm/d。

3）10h 压实度分别为 94％、96％、98％的粉砂土柱含水率随高度变化规律相似：在 0～0.2m 高度范围内，随着高度的上升，含水率基本上不变，在 0.2m 高度以下，土柱的含水量几乎为一定值，且都约等于土壤的饱和含水量；0.2～0.25m 高度范围内，含水率随高度的上升下降幅度较大，下降约 16.23％～16.25％；继而高度 0.4m 处，含水率缓慢下降 11.19％～11.23％左右。

第 4 章　粉砂土路基沉降控制技术

4.1　工程概况

本工程依托郑州至开封物流通道工程，工程起点位于郑州市郑东新区的商鼎路与京港澳高速公路分离式立交东侧，终点位于开封市金明大道与宋城路交叉口转盘处，路线全长44.661km，其中郑州境内长 32.063km，开封境内长 12.598km。

根据岩性特征、原位测试及岩土的物理、力学性质差异等，该路段共分 4 个工程地质单元，自上而下描述见表 4-1。

各层厚度、深度、层顶底标高　　　　　表 4-1

地层编号	岩性名称	厚度/m	深度/m	层底标高
A	含细粒土砂	0.60～2.10	0.60～2.10	75.49
B	低液限粉土	0.80～4.10	0.80～5.50	73.06
C	细砂	0.70～1.30	2.80～6.60	71.83
D	低液限黏土	0.80～6.60	未揭穿	未揭穿

4.2　模型建立

4.2.1　计算模型

郑汴物流通道采用一级公路标准建设，规划红线宽度70m，道路规划总宽69m，路基宽44m，双向 8 车道，设计行车速度 100km/h。边坡坡率＝1：1.5。

1. 模型简化基本假设

（1）路基沉降变形为轴对称的平面应变问题；

（2）土的本构模型按弹塑性模型（Elastic-Plastic）考虑。路基土为各向同性连续介质，为理想弹塑性体；

（3）不考虑温度对路基变形的影响。

2. 模型建立

路基沉降变形为轴对称的平面应变问题，在建立几何模型时只取右半部分为研究对象，选取试验段某一断面作为计算断面。结合郑汴物流通道开封标段的路基结构参数，建立模型及具体尺寸如图 4-1 所示，x 方向、y 方向单位均以"m"计。道路横断面的计算宽度取80m，路基计算宽度取30m，地基计算深度取20m，边坡按1：1.5放坡。图 4-1中 A、B、C、D 分别对应于由上至下四个地层。

模型边界条件为位移边界条件，分别如下：

①模型左右边界，即 $x=0$m 和 $x=40$m 平面上采用位移边界条件，竖向自由，水平约束；

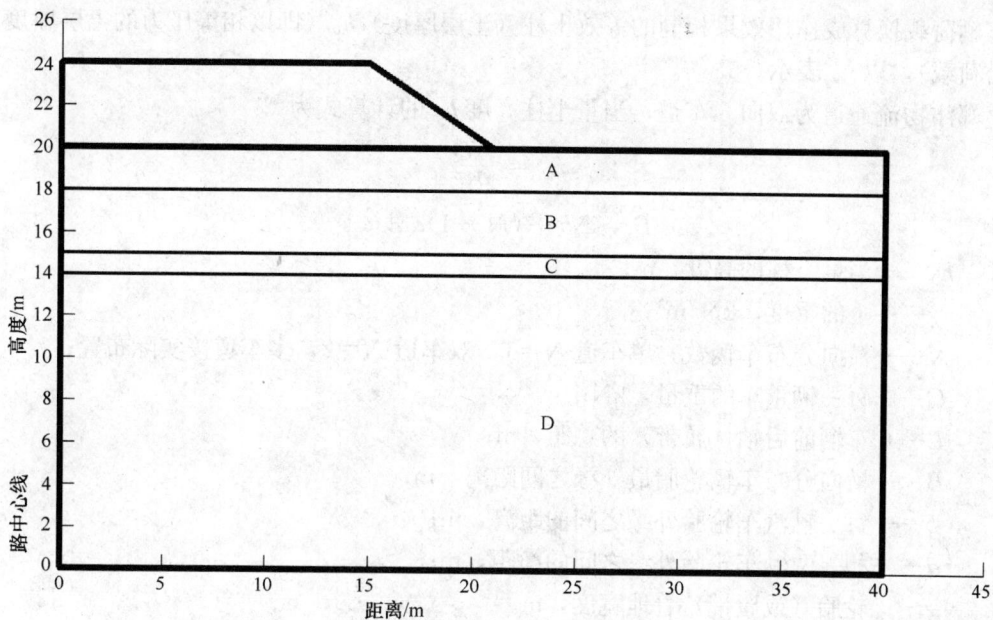

图 4-1　试验路段计算简图

②在 $y=0m$ 平面上采用位移边界条件，竖向及水平方向均固定，无竖向及水平位移。$y=20m$ 平面上，即地面为自由边界。

4.2.2　计算参数

在 20m 地基深度范围内，地层 A、B、C、D 厚度结合工程地质勘察资料（见表 4-1），在模型计算时分别取值为 2m、3m、1m、14m，数值计算中具体地质单元力学参数如表 4-2 所示。各地层参数采用文献[79]所推荐的经验值。多篇文献试验表明随着含水率的变化，土体内摩擦角变化不大。因此，在本数值模拟中，对路基以及各地层的内摩擦角予以了简化，各土层的毛细水强烈上升区以及地下水位线以下均按饱和土内摩擦角进行计算。

各地层力学计算参数　　　　　　　　　　　表 4-2

层位	土质	计算厚度/m	泊松比	重度/kN·m⁻³	黏聚力/kPa	内摩擦角/°	压缩模量/MPa	备注
路基	粉砂土		0.2	17	10	33	80	—
				18	8	33	60	毛细水强烈上升区
A	含细粒土砂	2	0.3	20	4	26	10	饱和
				19	5	26	12	毛细水强烈上升区
				18	6	26	14	地下水位以上
B	低液限粉土	3	0.3	19	15	17	16	饱和
C	细砂	1	0.3	20	0	30	18	饱和
D	低液限黏土	14	0.3	20	24	16	12	饱和

4.2.3　计算荷载

路基的荷载是指作用在路基面上的应力。它包括两部分：一部分是线路上部结构的重量作用在路基面上的应力，即静荷载；另一部分是汽车行驶时车轮荷载通过上部结构传递到路基面上的动应力，即动荷载。

1. 车辆荷载

车辆荷载属于动荷载，在路基稳定性验算时，需将车辆荷载按最不利的情况排列，并将车辆荷载换算成作用效果相同的等效土柱（土层厚度）h_0（即以相等压力的土层厚度来代替荷载），以 h_0 表示。

郑汴物流通道为双向 8 车道，当量土柱高度 h_0 的计算式为[80]

$$h_0 = \frac{NQ}{\gamma BL} \tag{4-1}$$

其中

$$B = Nb + (N-1)d + e$$

式中 h_0——当量土柱的高度，m；

　　　γ——土的重度，kN/m³；

　　　N——横向分布车辆数，单车道 $N=1$，双车道 $N=2$，多车道按实际布置；

　　　Q——每一辆重车的重量，kN；

　　　L——车辆前后轴（履带）的总距，m；

　　　B——横向分布车辆轮胎最外缘之间距离，m；

　　　b——每一辆汽车轮胎外缘之间的距离，m；

　　　d——相邻两辆车轮胎外缘之间的净距，m；

　　　e——轮胎（或履带）着地宽度，m。

对于 8 车道，并列车辆数 $N=8$；其余参数取值参照《公路工程技术标准》（JTG B01—2003）[81] 一辆重车的重力 Q 按标准车辆荷载取值，$Q=550$kN；前后轮最大轴距 L 对于标准车辆荷载为 12.8m；$b=1.8$m；相邻两辆车后轮的中心间距，取 $d=1.3$，轮胎着地宽度 $e=0.6$，则根据填土层的容重将车辆荷载换算成 0.7m 高的当量土层（土柱重度为 17kN/m³）。

$$h_0 = \frac{NQ}{\gamma BL} = \frac{8 \times 550}{20 \times 24.1 \times 12.8} = 0.7\text{m} \tag{4-2}$$

2. 路面结构层荷载

选取计算参数如下：路面结构层 68cm，包括沥青面层及二灰土层，根据路面结构层的容重将路面层换算成当量土层（土柱重度为 17kN/m³）。

$$h_0 = \frac{23.6 \times 0.48 \times 21 \times 0.2}{17} = 0.9\text{m} \tag{4-3}$$

因此，可将车辆荷载及路面荷载等效为高度 1.6m 填土，换算得路基面上荷载为 1.6×17＝27.2kPa 的均布荷载。数值模拟时计算荷载取 30kPa。

4.2.4　计算方案

根据郑汴黄泛区勘察资料结合现场对地下水位的观测情况，数值计算时，地下水位的范围取 0.5～2m，即最高水位为地表下 0.5m。地基水位线以下为饱和土。路堤填土高度分别取值 1m、2m、3m、4m、5m、6m 进行计算。

根据试验结果，毛细水强烈上升高度为 1.5m，因此毛细水影响区域设定为地下水位以上 1.5m 的范围。当毛细水上升时，由于土体含水率的改变，导致受影响区域土体各项参数改变，从而影响土体强度和变形。

4.3　计算结果

地下水位分别取值地表以下 0.5m、1m、1.5m、2m。路堤填土高度分别取值 1m、2m、3m、4m、5m、6m 进行计算。计算方案如表 4-3 所示。

方案编号	地下水位/m	路堤填土高度/m
1#	0.5	1、2、3、4、5、6
2#	1.0	1、2、3、4、5、6
3#	1.5	1、2、3、4、5、6
4#	2.0	1、2、3、4、5、6

以路堤填土高度 4m，地下水位线 0.5m 为例，模型建立及有限单元网格划分见图
4-2，共划分 3539 个正方形有限元单元，单元边长 0.5m，节点个数 3413 个。地下水位线
0.5m，所以毛细水影响区域为地下 0.5m 深度及路堤下部 1m 深度。数值计算有限元网格变
形结果如图 4-3 所示，定性表示在相应地下水位高度及填土高度工况下，路基所产生的竖向
位移变形情况。此外，图 4-3 中箭头所指路堤中实心圆为路堤竖向位移所取计算点。

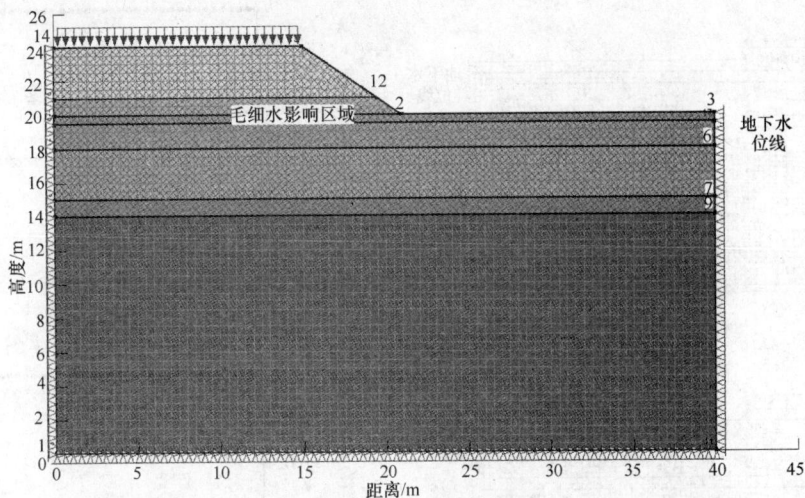

图 4-2 模型建立及有限元划分（路堤填土高度 4m，地下水位线 0.5m）

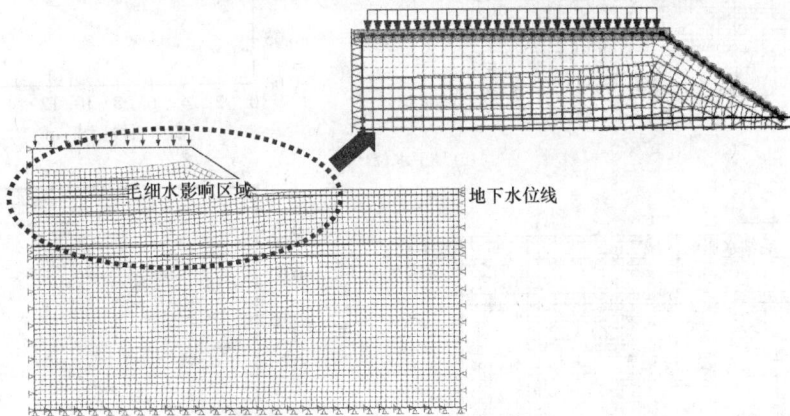

图 4-3 竖向位移变形图

改变路堤高度及初始地下水位线高度进行计算，毛细水上升至最大高度后，各计算方
案对应的路堤变形及数值计算结果如图 4-4（填土高度 1m）、图 4-5（填土高度 2m）、图
4-6（填土高度 3m）、图 4-7（填土高度 4m）、图 4-8（填土高度 5m）、图 4-9（填土高度
6m）所示。图 4-4～图 4-9 中实心点表示路堤发生位移前状态。

65

4.3.1 填土高度 1m

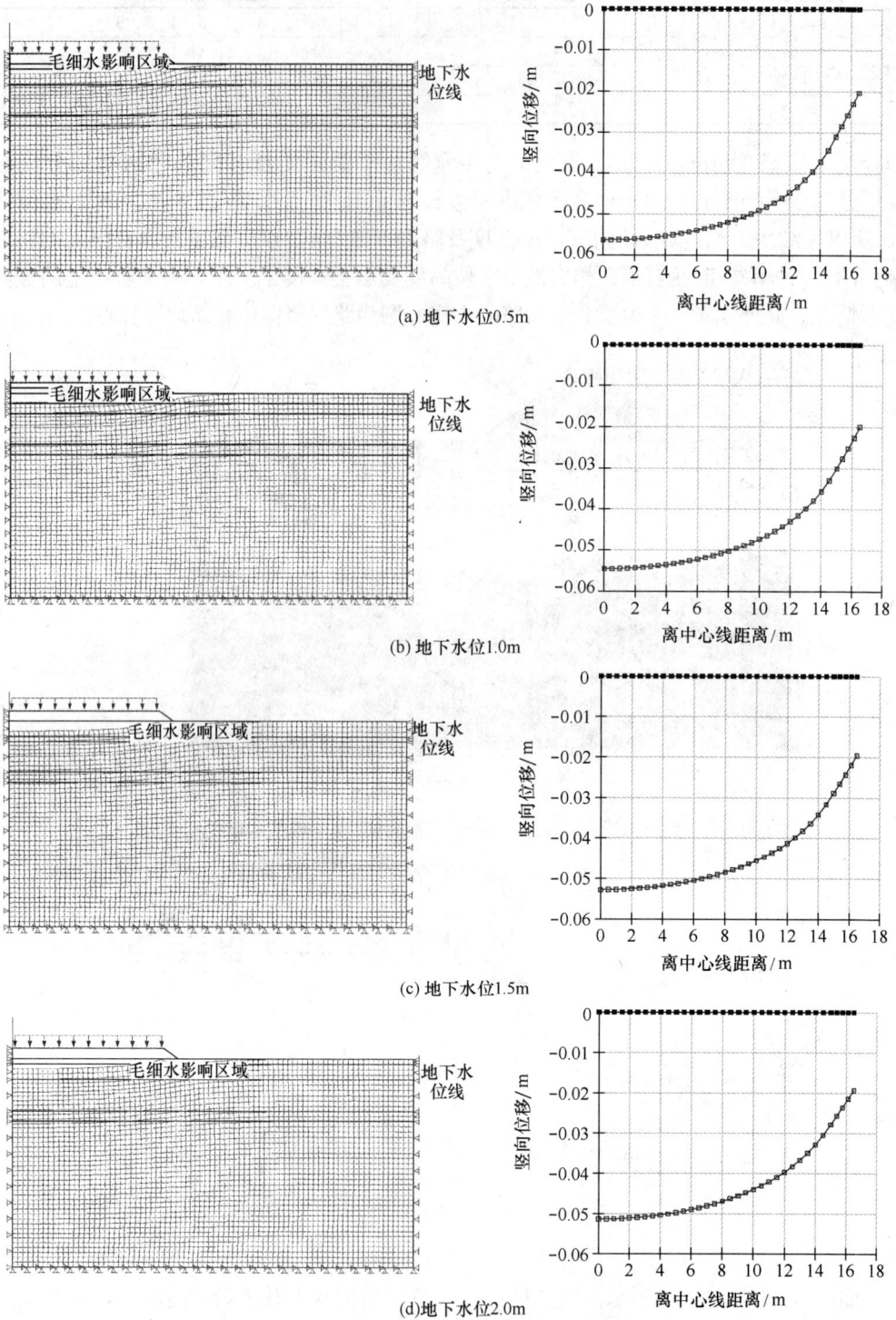

(a) 地下水位0.5m

(b) 地下水位1.0m

(c) 地下水位1.5m

(d)地下水位2.0m

图 4-4　填土高度 1m 路基竖向位移

4.3.2 填土高度 2m

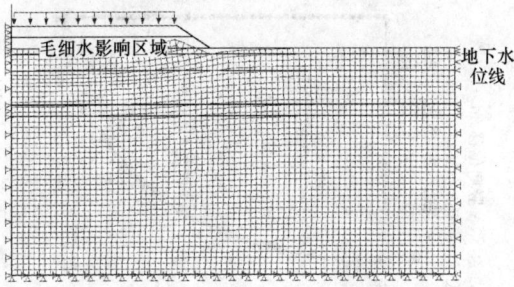

(a) 地下水位0.5m

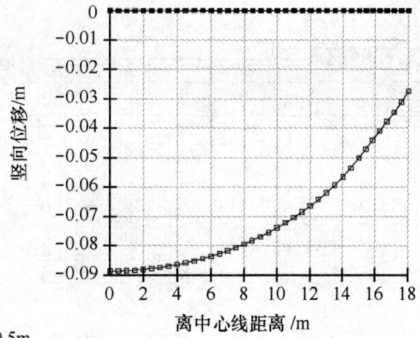

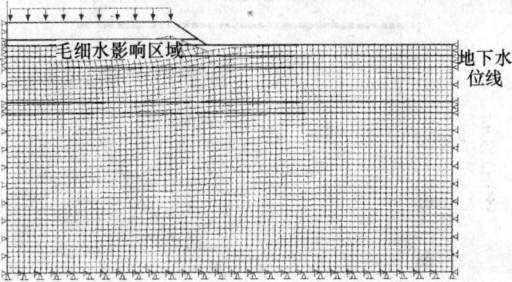

(b) 地下水位1.0m

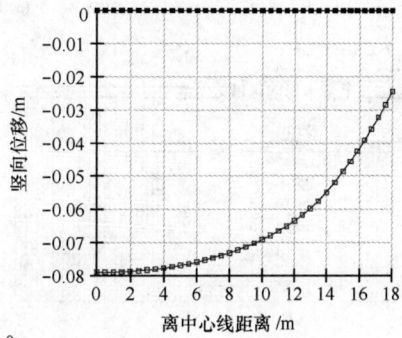

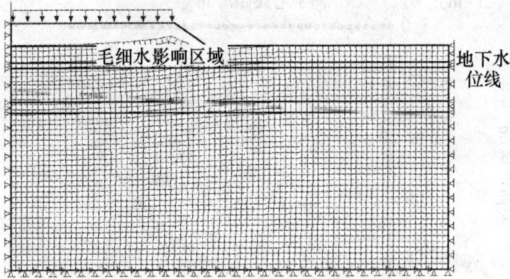

(c) 地下水位1.5m

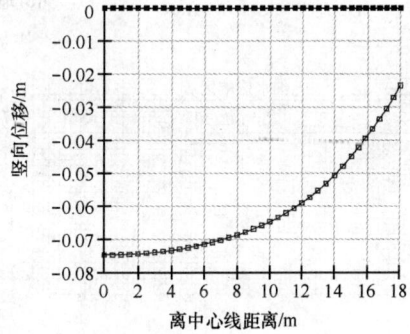

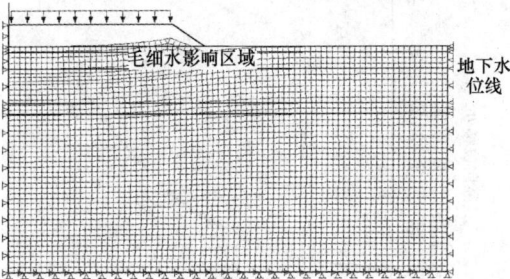

(d) 地下水位2.0m

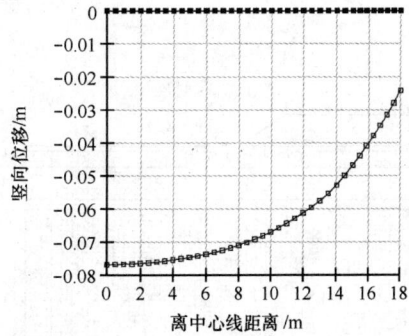

图 4-5 填土高度 2m 路基竖向位移

4.3.3 填土高度 3m

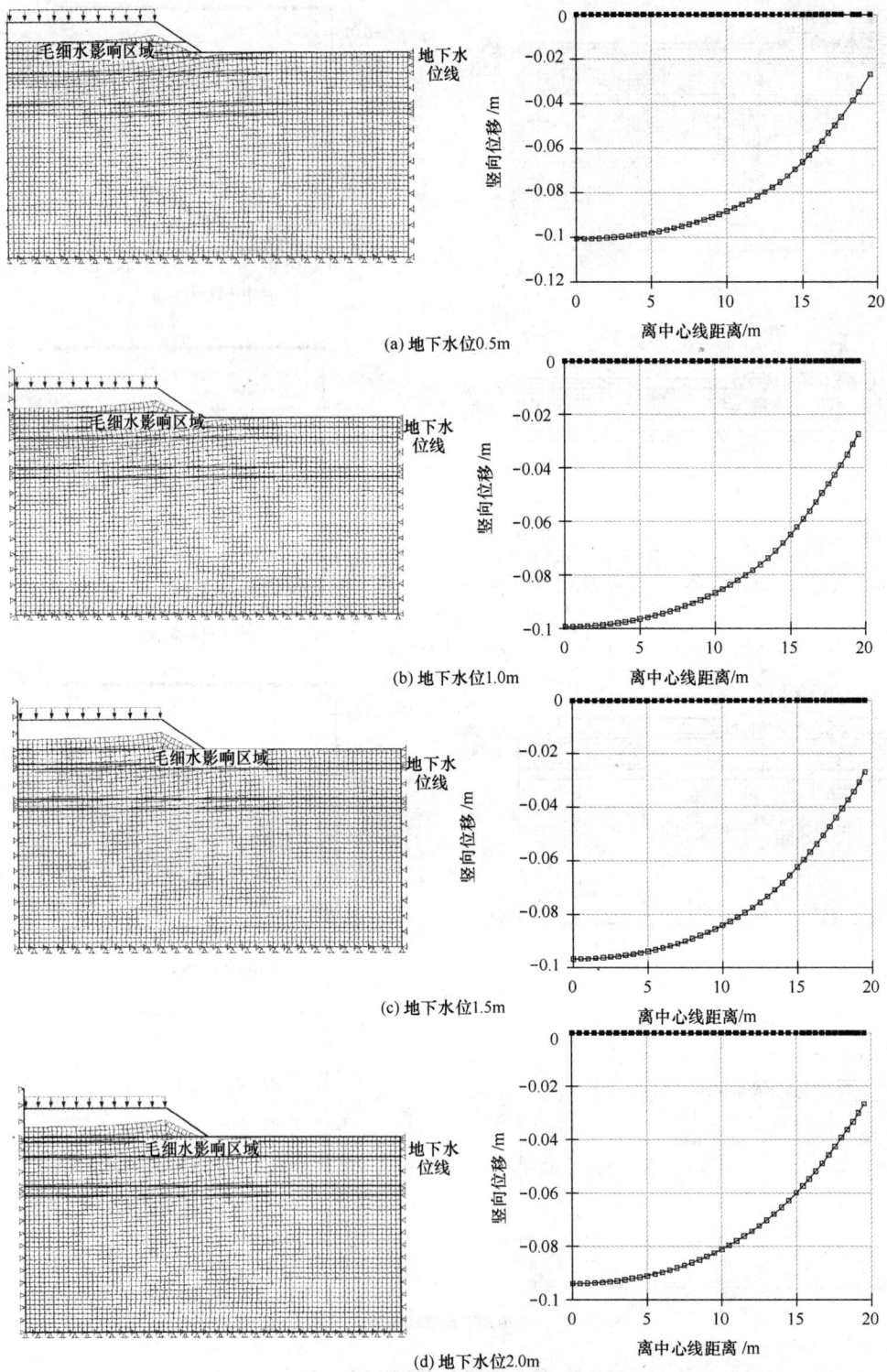

(a) 地下水位0.5m

(b) 地下水位1.0m

(c) 地下水位1.5m

(d) 地下水位2.0m

图 4-6 填土高度 3m 路基竖向位移

4.3.4 填土高度 4m

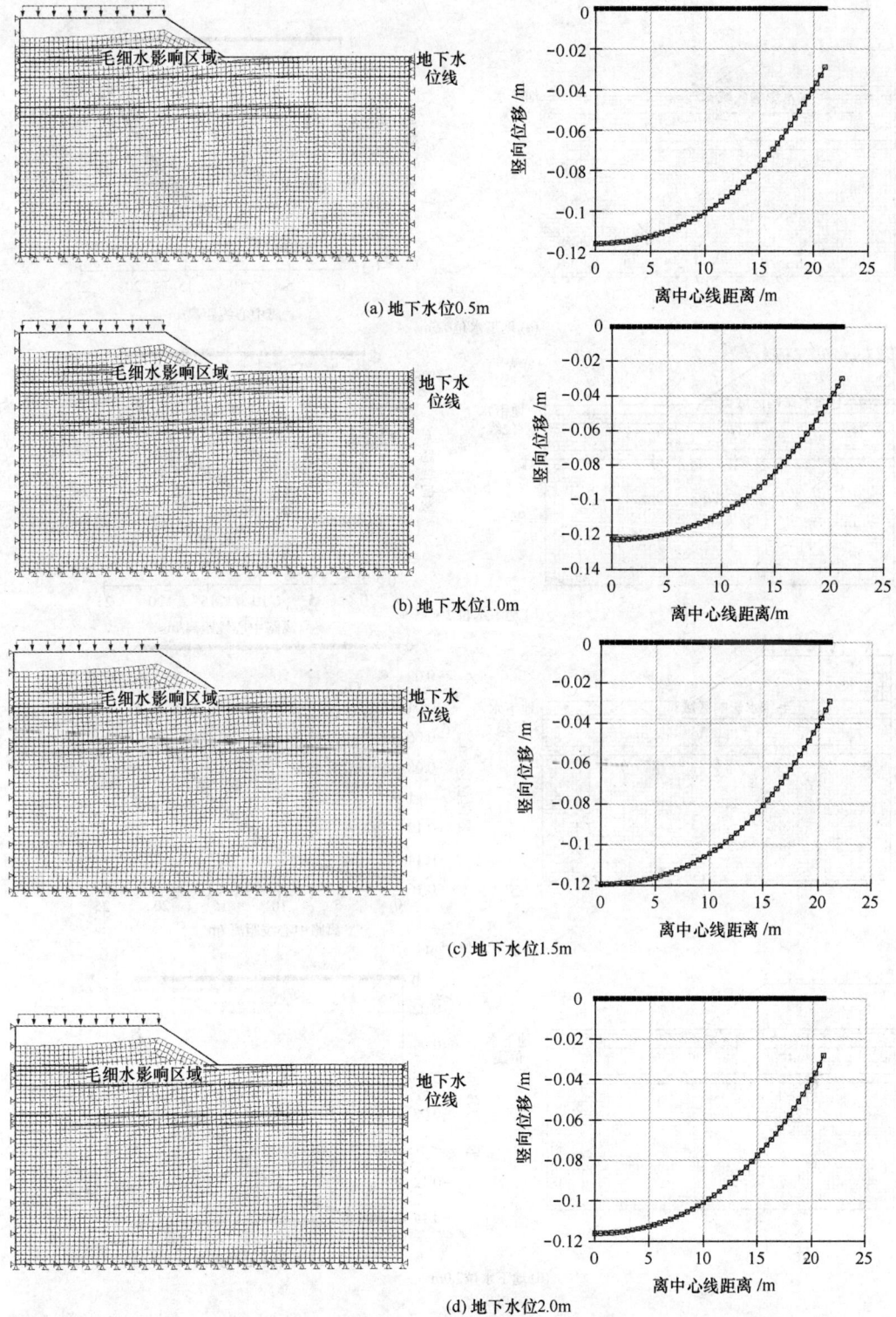

(a) 地下水位0.5m

(b) 地下水位1.0m

(c) 地下水位1.5m

(d) 地下水位2.0m

图 4-7 填土高度 4m 路基竖向位移

4.3.5 填土高度 5m

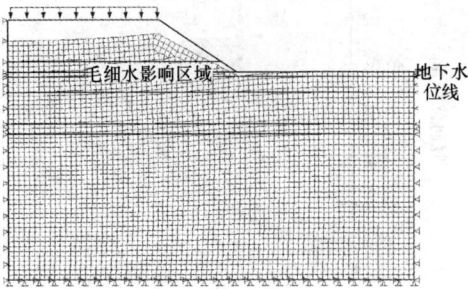

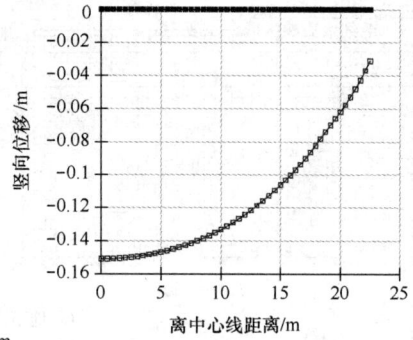

(a) 地下水位0.5m

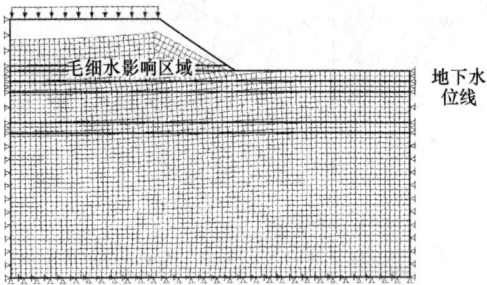

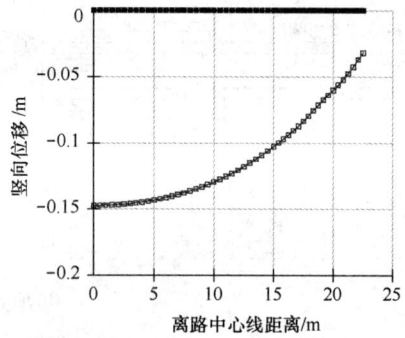

(b) 地下水位

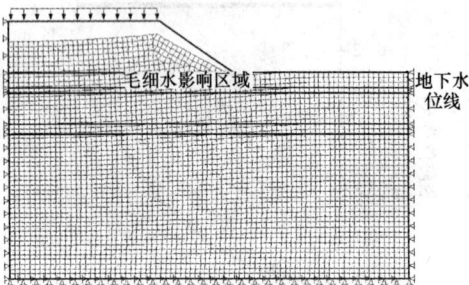

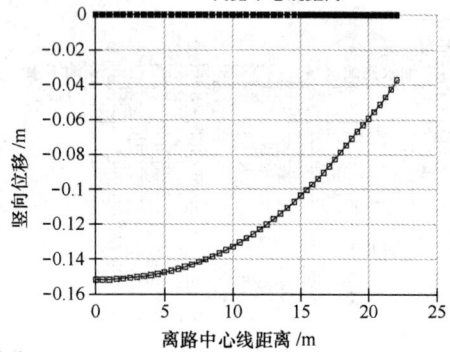

(c) 地下水位1.5m

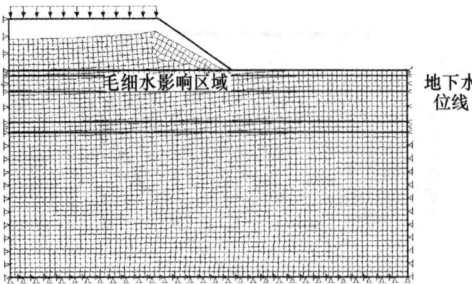

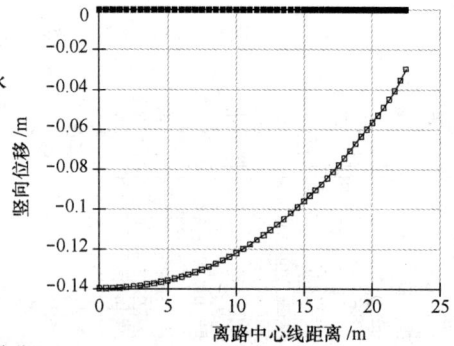

(d) 地下水位2.0m

图 4-8 填土高度 5m 路基竖向位移

4.3.6 填土高度 6m

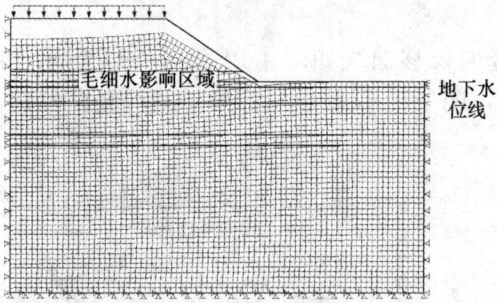

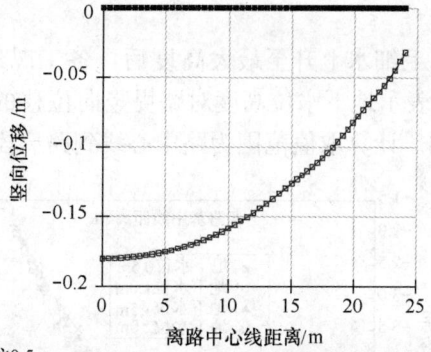

(a) 地下水位0.5m

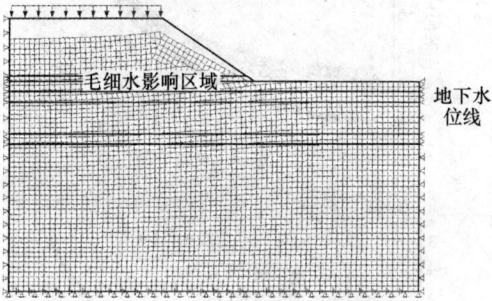

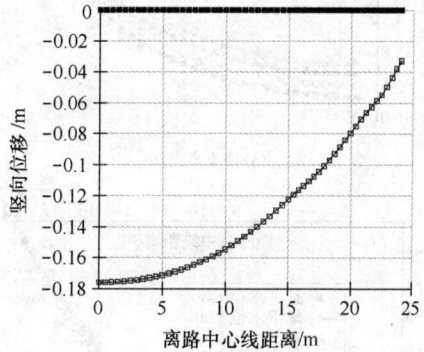

(b) 地下水位1.0m

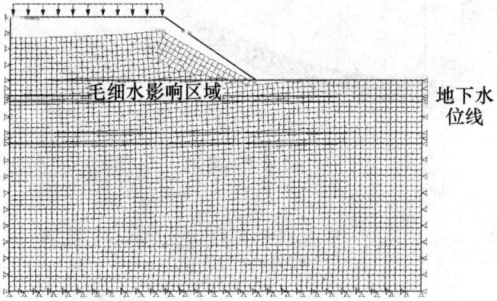

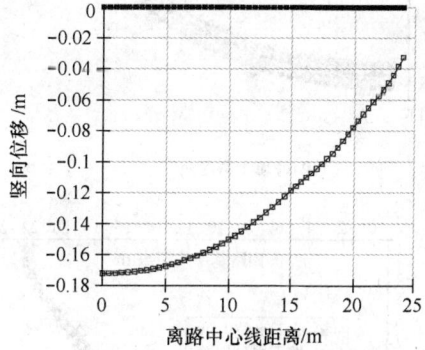

(c) 地下水位1.5m

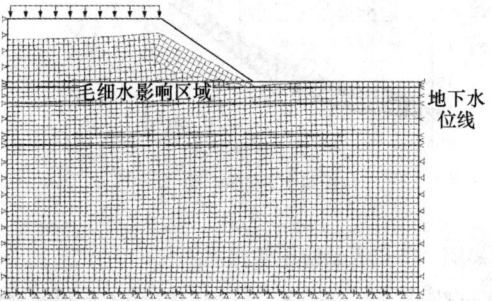

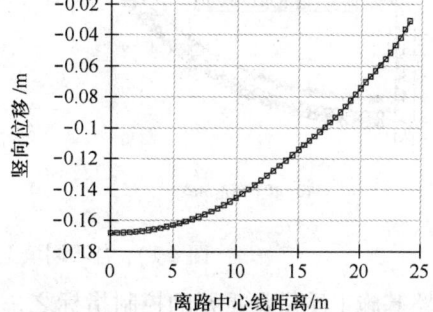

(d) 地下水位2.0m

图 4-9 填土高度 6m 路基竖向位移

4.4 结果分析

毛细水上升至最大高度后，各工况地表竖向位移曲线如图4-10及图4-11所示，图4-10表示地下水位高度对路堤竖向位移的影响，图4-11反映填土高度对路堤竖向位移的影响。计算取值范围为路中心线到路肩段。

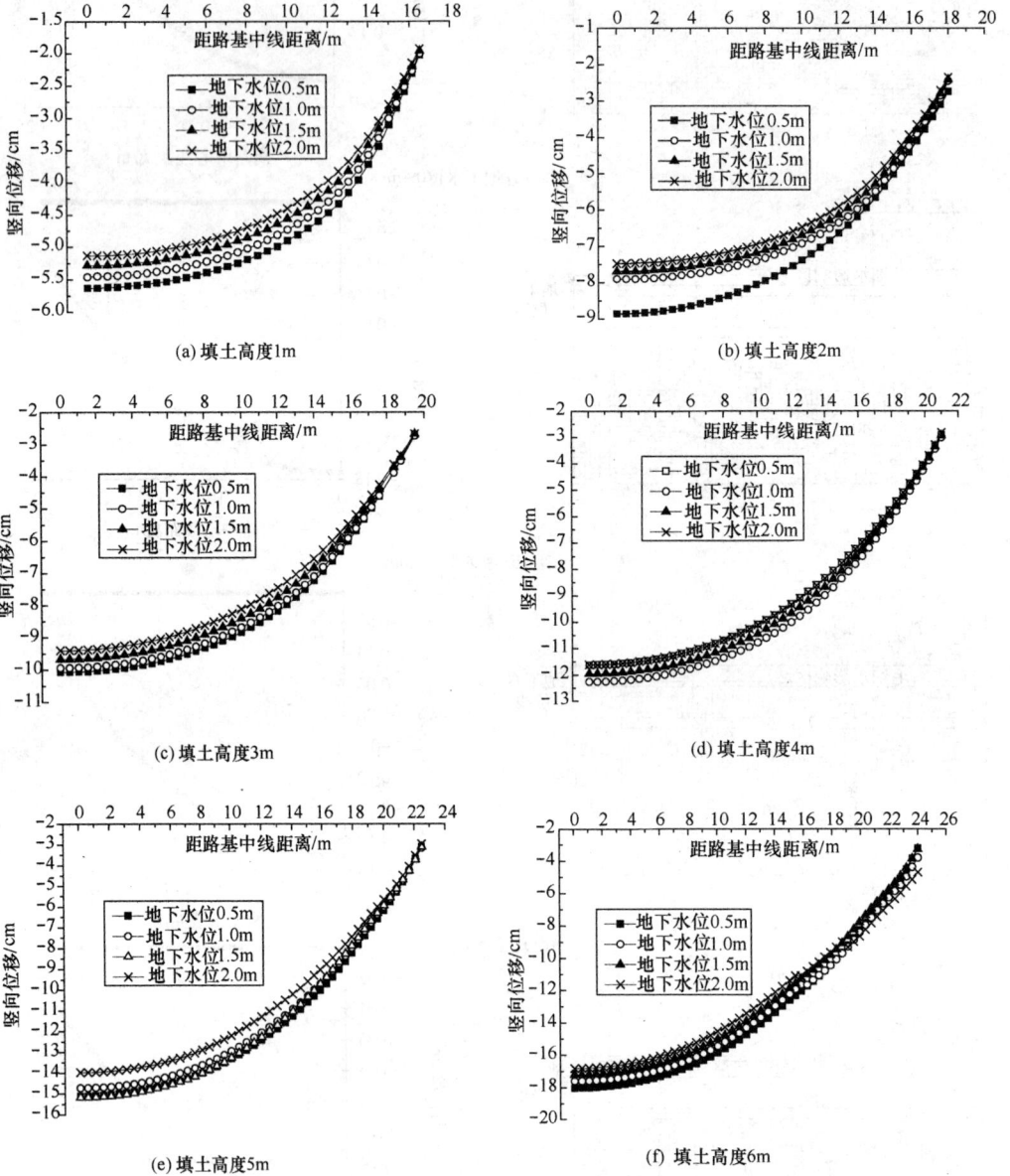

(a) 填土高度1m

(b) 填土高度2m

(c) 填土高度3m

(d) 填土高度4m

(e) 填土高度5m

(f) 填土高度6m

图4-10　各不同填土高度影响下的地表竖向位移

路基施工质量最重要的控制指标之一就是沉降量[82]，沉降过大或产生较为明显的不均匀沉降都会给行驶的车辆带来安全隐患。图4-10、图4-11中路基竖向位移为路基土自

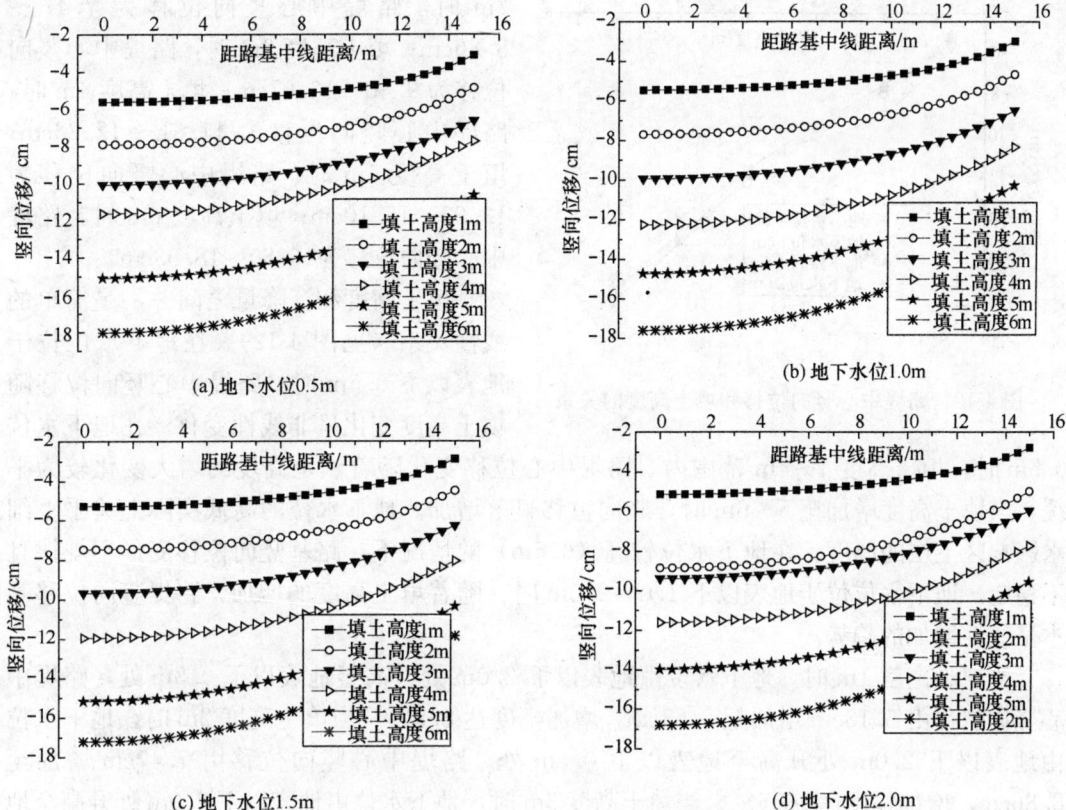

(a) 地下水位0.5m (b) 地下水位1.0m

(c) 地下水位1.5m (d) 地下水位2.0m

图 4-11　各不同地下水位影响下的路基竖向位移

重作用导致的路基变形以及毛细水作用所引起的变形的综合反应。

　　由图 4-10、图 4-11 知，距离路基中线距离越小，沉降越大，路基中线处沉降最大。路基填土高度一定，各不同地下水位工况下，路基顶面横断面沉降分布较为一致。随着地下水位线的降低，路堤竖向位移值总体上呈降低的趋势（见图 4-10）。在地下水位一定的情况下，随着填土高度的增加，路堤中心竖向位移值增大的趋势明显（见图 4-11）。

　　不同工况路堤中心点竖向位移见表 4-4。将表中位移计算值与路堤填土高度的关系整理后如图 4-12 所示。

路堤中心点竖向位移（单位：mm）　　　　　　　表 4-4

位移　　填土高 地下水位	1m	2m	3m	4m	5m	6m
0.5m	5.63	8.86	10.07	11.62	15.10	18.03
1.0m	5.46	7.90	9.94	12.26	14.72	17.61
1.5m	5.28	7.69	9.67	11.95	15.17	17.21
2.0m	5.13	7.47	9.40	11.61	13.97	16.80

　　由表 4-4 可知，填土高度 1m 时，路堤中心点竖向位移为 5.13～5.63cm；填土高度

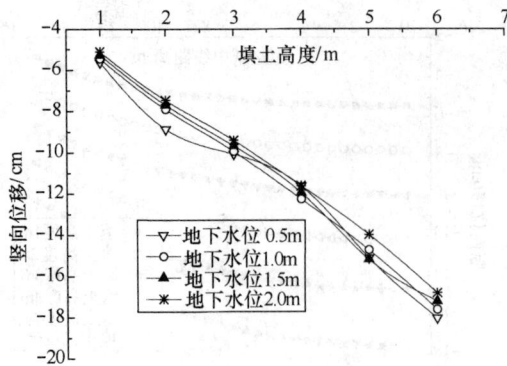

图 4-12 路堤中心竖向位移和填土高度的关系

2m 时，路堤中心竖向位移为 7.47～8.86cm；填土高度 3m 时，路堤中心竖向位移为 9.40～10.07cm；填土高度 4m 时，路堤中心竖向位移为 11.61～12.26cm；填土高度 5m 时，路堤中心竖向位移为 13.97～15.10cm；填土高度 6m 时，路堤中心竖向位移为 16.80～18.03cm。

填土高度和沉降量之间并不是简单的线性关系（见图 4-12）。在地下水位位于地表以下 0.5m 时，路堤中心竖向位移随填土高度变化呈非线性变化。在地下水位 0.5m 时，填土高度 1～4m 范围内，路堤中心位移变化随着填土高度的增大变化较为平缓，当填土高度增加至 5～6m 时，竖向位移显著增加。地下水位的高低实际上关乎毛细水影响区土层的厚度。在地下水位较高（0.5m）的情况下，路基竖向位移变形不规律且不稳定。地下水位位于地表以下 1.0～2.0m 时，随着填土高度的增加，路堤竖向位移基本呈线性增加的趋势。

当填土高度 1m 时，地下水位由地表以下 2.0m 处升高至地表以下 0.5m 处，路堤中心竖向位移由 5.13cm 增加至 5.63cm，增加幅度达 8.9%。当填土高度 2m 时，地下水位由地表以下 2.0m 处升高至地表以下 0.5m 处，路堤中心竖向位移由 7.47cm 增加至 8.86cm，增加幅度达 18.6%。当填土高度 3m 时，地下水位由地表以下 2.0m 处升高至地表以下 0.5m 处，路堤中心竖向位移由 9.40cm 增加至 10.07cm，增加幅度达 7.1%。当填土高度 4m 时，最小沉降量 11.61cm 在 2.0m 地下水位处，最大沉降量 12.26cm 在 1.0m 地下水位处，由于水位的改变，沉降量增加幅度为 5.6%。当填土高度 5m 时，地下水位由地表以下 1.5m 处升高至地表以下 0.5m 处，路堤中心竖向位移由 13.97cm 增加至 15.17cm，增加幅度为 8.5%。当填土高度 6m 时，地下水位由地表以下 2.0m 处升高至地表以下 0.5m 处，路堤中心竖向位移由 16.80cm 增加至 18.03cm，增加幅度为 7.3%。填土高度 1～6m 工况下，当地下水位由 2.0m 升至 0.5m 时，路堤中心竖向位移增量达 5.6%～18.6%，由毛细作用引起的路堤沉降明显。

另取坡脚点 M（见图 4-13），考察不同工况 M 点竖向位移，如表 4-5、图 4-14 所示。

坡脚点 M 竖向位移（单位：cm）   表 4-5

位移 填土高 水位	1m	2m	3m	4m	5m	6m
0.5m	2.03	2.74	2.69	2.90	3.11	3.18
1.0m	2.00	2.45	2.74	2.99	3.18	3.26
1.5m	1.96	2.41	2.68	2.92	3.18	3.24
2.0m	1.93	2.35	2.67	2.81	2.97	3.07

填土高度和坡脚竖向位移之间并不是简单的线性关系（见图 4-14）。在地下水位较高（0.5m）的情况下，坡脚点 M 竖向位移变形不规律且不稳定。地下水位位于地表以下 1.0～2.0m 时，随着填土高度的增加，坡脚点 M 竖向位移总体呈增加的趋势。

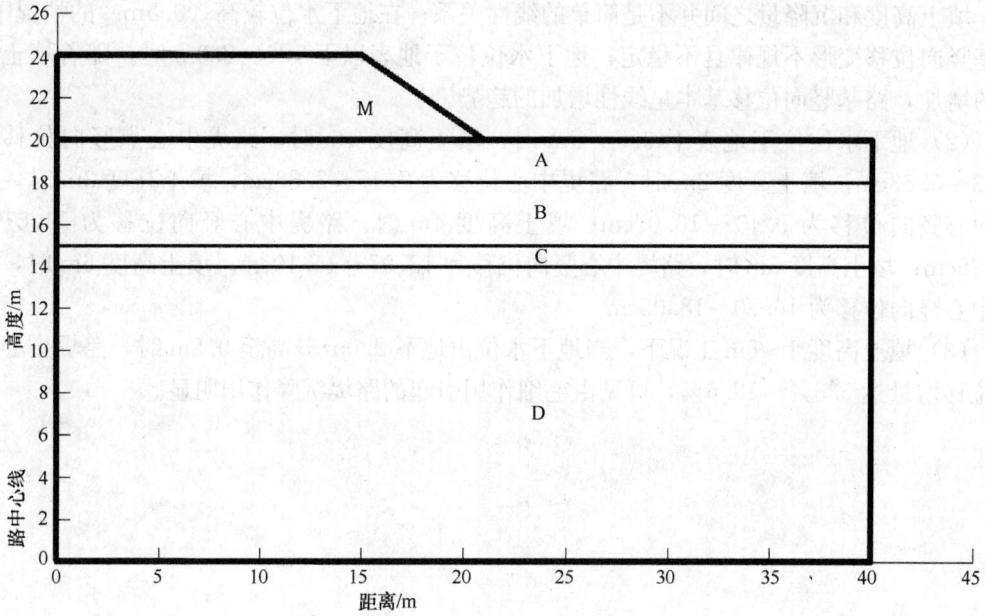

图 4-13 坡脚点 M 位置

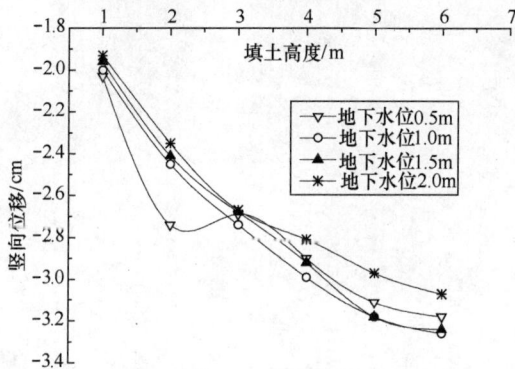

图 4-14 坡角点 M 竖向位移和填土高度的关系

由表 4-5 可知,填土高度 1m 时,坡脚点竖向位移为 1.93~2.03cm;填土高度 2m 时,坡脚点竖向位移为 2.35~2.74cm;填土高度 3m 时,坡脚点竖向位移为 2.67~2.74cm;填土高度 4m 时,坡脚点竖向位移为 2.81~2.99cm;填土高度 5m 时,坡脚点竖向位移为 2.97~3.18cm;填土高度 6m 时,坡脚点竖向位移为 3.07~3.26cm。

4.5 本章小结

采用 GEO-STUDIO 软件中 SIGMA/W 模块,对黄泛区粉砂土毛细水作用下路堤变形量进行了数值模拟,系统计算了地下水位位于地表以下 0.5~2m 以及路堤填土高度 1~6m 工况下,粉砂土路堤的变形规律,主要结论如下:

(1)地下水位一定的情况下,随着填土高度的增加,路基竖向位移值总体呈增大的趋势；填土高度和沉降量之间并不是简单的线性关系；在地下水位较高（0.5m）的情况下，路基竖向位移变形不规律且不稳定；地下水位位于地表以下 1.0～2.0m 时，随着填土高度的增加，路基竖向位移基本呈线性增加的趋势。

（2）地下水位位于地表下 0.5～2m 时，填土高度 1m 时，路堤中心点竖向位移为 5.13～5.63cm；填土高度 2m 时，路堤中心位移为 7.47～8.86cm；填土高度 3m 时，路堤中心竖向位移为 9.40～10.07cm；填土高度 4m 时，路堤中心竖向位移为 11.61～12.26cm；填土高度 5m 时，路堤中心竖向位移为 13.97～15.10cm；填土高度 6m 时，路堤中心竖向位移为 16.80～18.03cm。

（3）填土高度 1～6m 工况下，当地下水位由地下 2.0m 升高至 0.5m 时，路堤中心竖向位移增量达 5.6%～18.6%，可见由毛细作用引起的路堤沉降作用明显。

第5章 粉砂土综合稳定技术及应用

5.1 水泥稳定粉砂土

水泥稳定土就是把一定数量的硅酸盐水泥、土，加水拌合后，压实到高密度的一种地基材料，可作为沥青混凝土和水泥混凝土路面下的基层材料，还可应用在大坝和路堤的边坡加固，沟槽、水库和浅湖的衬垫，大体积水泥土筑堤和地基稳定。粉砂土颗粒松散，下层土含水量较大，工程分类属于含砂低液限粉土，符合水泥稳定土的处治要求。

5.1.1 水泥土强度形成机理

普通硅酸盐水泥熟料中的主要化学成分是 CaO、SiO_2、Al_2O_3、Fe_2O_3 四种氧化物。普通硅酸盐水泥的水解和水化是一个复杂的物理、化学变化过程。在此过程中，不断生成新的水化产物并且放出热量，产生体积变化和强度增大。水泥土的强度构成是多层次的，水泥土的硬化机理主要有以下化学反应构成。

(1) 水解和水化反应

水泥稳定硬化过程中首先发生水解和水化反应，其熟料矿物的硅酸三钙、硅酸二钙、铝酸三钙、铁铝酸四钙和硫酸钙即与水发生水解和水化反应，生成水化硅酸钙凝胶、氢氧化钙、水化铝酸钙、水化铁酸钙和水化硫铝酸钙晶体。

硅酸三钙反应过程：

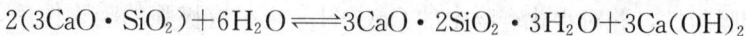

$$2(3CaO \cdot SiO_2) + 6H_2O \Longrightarrow 3CaO \cdot 2SiO_2 \cdot 3H_2O + 3Ca(OH)_2$$

硅酸二钙反应过程：

$$2(2CaO \cdot SiO_2) + 4H_2O \Longrightarrow 3CaO \cdot 2SiO_2 \cdot 3H_2O + Ca(OH)_2$$

铝酸三钙反应过程：

$$3CaO \cdot Al_2O_3 + 6H_2O \Longrightarrow 3CaO \cdot Al_2O_3 \cdot 6H_2O$$

铁铝酸四钙反应过程：

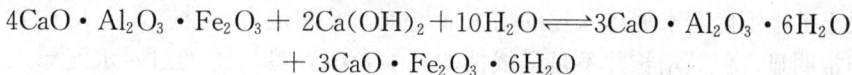

$$4CaO \cdot Al_2O_3 \cdot Fe_2O_3 + 2Ca(OH)_2 + 10H_2O \Longrightarrow 3CaO \cdot Al_2O_3 \cdot 6H_2O$$
$$+ 3CaO \cdot Fe_2O_3 \cdot 6H_2O$$

硫酸钙常与铝酸三钙一起与水发生水化反应，生成"水泥杆菌"，其反应过程为：

$$3CaSO_4 + 3CaO \cdot Al_2O_3 + 3H_2O \Longrightarrow 3CaO \cdot Al_2O_3 + 3CaSO \cdot 3H_2O$$

(2) 离子交换和团粒化作用

由于水泥水化生成 $Ca(OH)_2$ 等凝胶粒子，其比表面积比原水泥颗粒的表面积大 1000 倍，表面能较大，吸附活性十分强烈，其结果是使大量的土粒形成土团。同时，除了水泥的水化和硬化过程外，水泥水化产物还会和黏土发生反应，生成更多的固化产物。

(3) 碳酸化作用

水泥水化物中的 $Ca(OH)_2$ 能吸收水中的 $HCO_3{}^-$ 和并与空气中的 CO_2 作用生成

$CaCO_3$。这种反应也能使土固结，提高土的强度。

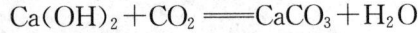

$$Ca(OH)_2 + CO_2 \xrightarrow{\quad} CaCO_3 + H_2O$$

（4）结晶作用

随着水化产物中的各种盐类结晶进行的同时，结晶析出端也就是露出晶边的 Al^{3+} 的正电荷将吸引结合与析出晶面的 OH^- 的负电荷，而晶面之间则发生排斥，从而形成所谓的"晶边—晶面结合"的蜂窝状结构。

（5）改良原状土

水泥土中的剩余 $Ca(OH)_2$ 会电离出 Ca^{2+}，Ca^{2+} 与土颗粒周围的阳离子发生交换。接着 $Ca(OH)_2$ 开始侵蚀黏土矿物，溶解黏粒中的 Al_2O_3 和 SiO_2，黏粒成分参加这样的反应，导致了黏土中的 Al_2O_3 和 SiO_2 矿物成分含量的减少会直接降低其本身的塑性和遇水膨胀性。

5.1.2 水泥稳定土机理

水泥稳定法是利用水泥等材料作为固化剂，通过特制的搅拌机械，将土和固化剂强制搅拌，使土硬结成具有整体性、水稳定性和一定强度的水泥加固土，从而提高土体强度和增大变形模量。同时，粉砂土中含有大量的砂，地下水位高，含水率较大，在水的参与下，水泥与砂发生一系列的物理化学作用，主要包括以下几种：

物理作用：土块的机械粉碎作用，混合料的拌合、压实作用等。

化学作用：水泥颗粒的水化、硬化作用，有机物的聚合作用，水泥水化产物与黏土矿物之间的化学作用等。

物理-化学作用：黏土颗粒与水泥及水泥水化产物之间的吸附作用，微粒的凝聚作用，水及水化产物的扩散、渗透作用，水化产物的溶解、结晶作用等。

由于开封粉砂土含水率较高，水泥的水化和水解作用较为充分，产生具有胶结能力的水化产物。粉砂土中大量存在细粒土，具有非常高的比表面积，虽然对水化产生的胶凝产物具有强烈的吸附性，并对水化产物中的 $Ca(OH)_2$ 也具有极强的吸附作用，影响水泥水化产物的稳定性，但同时大量颗粒细小、比表面积大的土的存在，使其具有较高的活性，离子交换作用较为明显，在一定程度上改变土的塑性。最主要的是水泥分布在砂中形成坚固的核心，在所有的孔隙中形成水化水泥的骨架借以约束砂粒。

5.1.3 影响因素分析

（1）水泥掺入量

水泥土的强度随着水泥掺入比的增大而增加，尤其是当水泥掺入比大于 10% 后，强度增长非常明显，但其增长并不是呈线性的。学者汪海鸥[88]等通过对水泥掺入量分别为 0%、5%、12.5%、10%、15%、20% 的 6 种配比的水泥土所进行的 7d、28d、90d 无侧限抗压强度试验验证了这一现象，见图 5-1。但水泥用量过多，虽能获得强度的增加，但在经济上却不一定合理，效果上也不一定显著，而且刚性过大容易开裂。在水泥掺入比较小时，水泥土性质和土比较接近，表现为塑性破

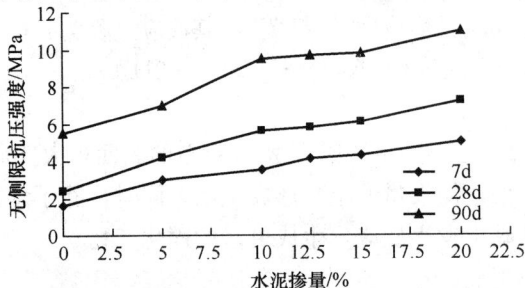

图 5-1 不同水泥掺入比的无侧限抗压强度

坏；水泥掺入比较大时，水泥土表现为脆性破坏，这在工程设计时应引起足够的重视。

试验研究表明：开封粉砂土用掺入比 6% 的水泥进行稳定，水泥土劈裂强度为 0.20 MPa，7d 抗压强度不小于 0.6MPa，均能满足强度要求，见表 5-1。

水泥土无侧限抗压强度试验 表 5-1

取样位置	试件尺寸	试件压实度/%	强度平均值/MPa	设计抗压强度/MPa
1#	直径：高=5：5	95	0.84	0.6
2#	直径：高=5：5	95	0.80	0.6
3#	直径：高=5：5	95	0.88	0.6

当水泥剂量太小时，不能保证水泥稳定土的质量。而剂量太大时，既不经济，还会使基层的裂缝增多、增宽，从而引起沥青面层的反射裂缝。所以，必须科学控制水泥用量，做到技术经济最优，以确保工程质量。

（2）龄期

在水泥稳定粉砂土中，水泥掺量很小，含水率高，并且含有大量粉土，水泥的水解和水化反应完全是在具有一定活性的介质－土围绕下进行，砂也对这一过程起着较大影响，砂的强度增长速率显然要比水泥混凝土的强度增长速率慢。其主要原因是在水泥加固砂中，水泥用量相对较少，水泥的水化完全是在砂的围绕下进行的，砂具有相对较高的亲水性，在水泥加固砂中出现"与砂争水"的现象。同时，砂颗粒中的粉黏粒成分对 Ca^{2+} 具有吸附作用，因此表现出水泥加固砂的强度增长要比水泥混凝土的强度增长慢。高含水率对水泥稳定粉砂土强度增长速度是有利的，但作用有限，其凝结速度和强度增长过程都比水泥混凝土缓慢。水泥土的强度随着龄期的增长而提高，并且早期强度增长较快，龄期超过 28d 后仍有明显增长。

（3）含水率

含水率对水泥稳定土强度影响很大，当含水率不足时，水泥不能在混合料中完全水化和水解，发挥不了水泥对土的稳定作用，影响强度形成。同时，含水率达不到最佳含水率也影响水泥稳定土的压实度。因此，使含水率达到最佳含水率的同时，还要满足水泥完全水化和水解作用的需要。开封粉砂土含水率大，部分地区尚需要井点降水才能进行正常施工，完全满足水泥正常水化所需的水量。但是开封地区常年多风，砂土表面极易失水，在施工过程中，必须定期洒水养生，以利于水泥土强度增长。

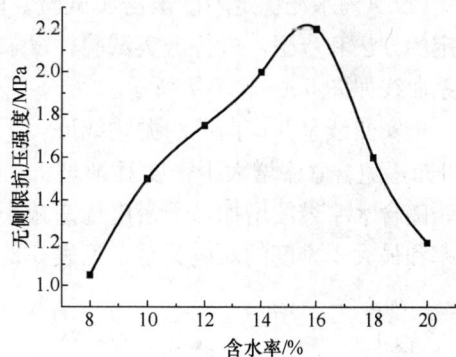

图 5-2　含水率对无侧限抗压强度的影响

由图 5-2 可知，在含水率较低时水泥水化反应不充分，随着含水率的提高其强度明显提高。当含水率超过 16% 时，不利于水泥土的压实，其强度反而下降。

在水泥土施工拌合过程中，试验人员应及时测定混合料的含水率，力求在最佳含水率条件下碾压，尽量避免由于含水率过大出现"弹软"、"波浪"等现象，影响混合料可能达到的密度和强度，增大混合料的干缩性，使结构层容易产生干缩裂缝，或由于含水率偏小使混合料容易松散，不易碾压，影响混合料可能达到的密度和强度。所以只有严格按规范施工，加强每一施工环节的质量控制，才能保证施工质量。

（4）有机质含量

有机质使土体具有较大的水溶性和塑性，并使土具有酸性，有机质特殊的结构特征会阻碍和延缓水泥水化产物的形成及水泥水化产物与黏土颗粒间的相互作用。随着有机质含量的增加，内摩擦角有明显的减小趋势，抗剪强度和无侧限抗压强度呈下降趋势，而压缩系数变化不大，因此，有机质含量高的土单纯用水泥加固的效果一般较差。

5.1.4 击实试验

依据《公路工程无机结合料稳定材料试验规程》（JTG E51—2009），在规定试筒内，对水泥稳定材料进行击实试验，以绘制稳定材料的含水率-干密度关系曲线，从而确定最佳含水率和最大干密度。首先进行料的配制和准备（见图 5-3），接下来进行击实试验。

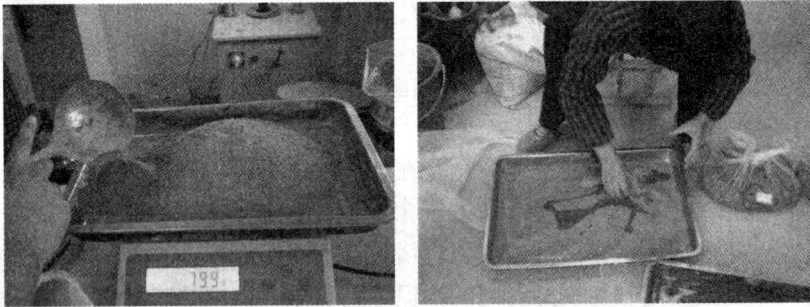

图 5-3　击实土样准备

（1）4%水泥稳定粉砂土击实试验。取施工现场的粉砂土，掺加 4%的水泥，按规范规定的方法和步骤，进行击实试验，以求得最大干密度与最佳含水率。含水率与干密度的关系曲线如图 5-4～图 5-7 所示。

击实曲线呈开口向下的抛物线形，干密度随含水率变化有一个峰值。由图 5-4～图 5-7 可知，随含水率增大干密度逐渐增大，当含水率达到一定值时干密度达到最大值。而后，随水率继续增加，干密度逐渐减小。由图 5-4～图 5-7 可得每个试验砂样的最佳含水率和最大干密度的对应关系，见表 5-2。

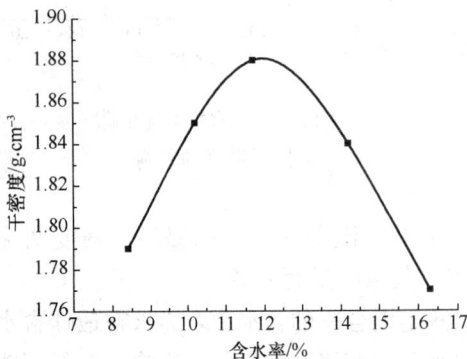

图 5-4　试样 JS_9 击实曲线

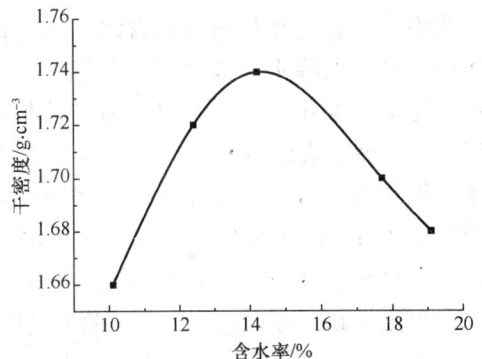

图 5-5　试样 JS_{10} 击实曲线

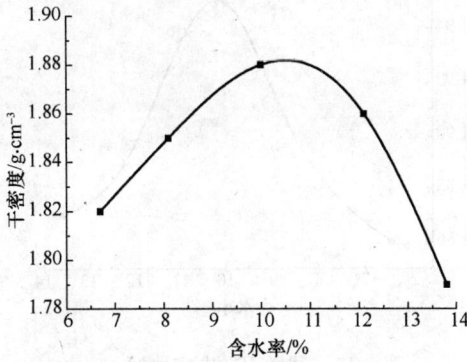

图 5-6 试样 JS_{11} 击实曲线

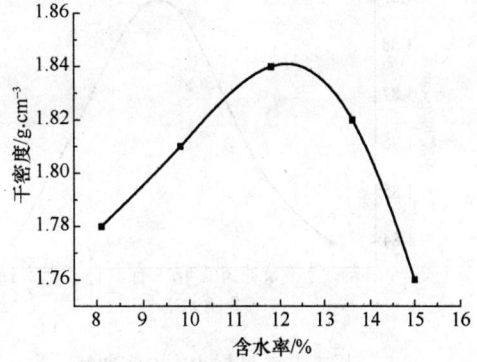

图 5-7 试样 JS_{12} 击实曲线

4%水泥稳定粉砂土最佳含水率与最大干密度   表 5-2

序号	试样	最佳含水率/%	最大干密度/g·cm⁻³
1	JS_9	12.1	1.88
2	JS_{10}	14.5	1.74
3	JS_{11}	10.5	1.88
4	JS_{12}	12.2	1.84

由表 5-2 可知，不同试样的最佳含水率和最大干密度略有不同，不同的最佳含水率对应于不同的最大干密度。依托工程 4%水泥稳定粉砂土最佳含水率在 10.5%～14.5%之间，最大干密度在 1.74～1.88g/cm³ 之间。

（2）6%水泥稳定粉砂土击实试验。取施工现场的粉砂土，掺加 6%的水泥，按规范规定的方法和步骤，进行击实试验，以求得最大干密度与最佳含水率。含水率与干密度的关系曲线如图 5-8～图 5-11 所示。

击实曲线呈开口向下的抛物线形，干密度随含水率变化有一个峰值。由图 5-8～图 5-11 可知，随含水率增大干密度逐渐增大，当含水率达到一定值时干密度达到最大值。而后，随水率继续增加，干密度逐渐减小。由图 5-8～图 5-11 可得每个试验砂样的最佳含水率和最大干密度的对应关系，见表 5-3。

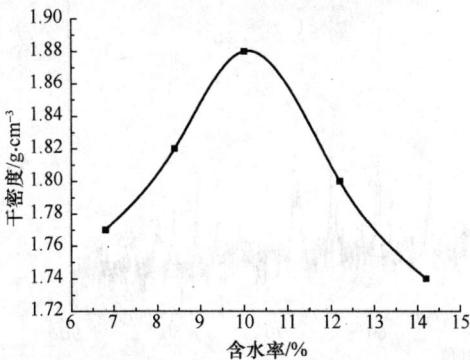

图 5-8 试样 JS_{13} 击实曲线

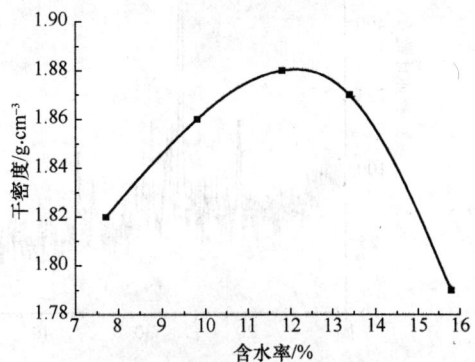

图 5-9 试样 JS_{14} 击实曲线

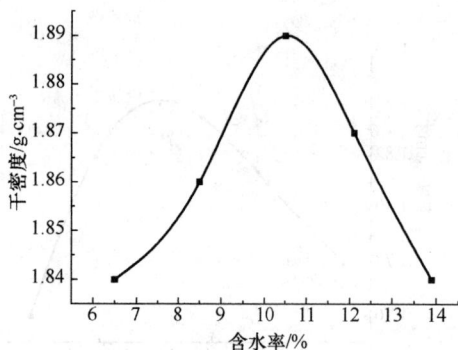

图 5-10　试样 JS_{15} 击实曲线

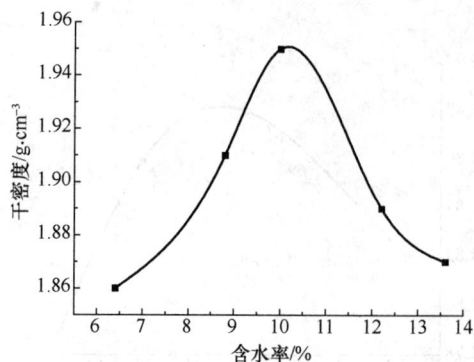

图 5-11　试样 JS_{16} 击实曲线

6％水泥稳定粉砂土最佳含水率与最大干密度　　　　　表 5-3

序号	试样	最佳含水率/％	最大干密度/$g \cdot cm^{-3}$
1	JS_{13}	10	1.88
2	JS_{14}	11.9	1.88
3	JS_{15}	10.5	1.89
4	JS_{16}	10	1.95

由表 5-3 可知，不同试样的最佳含水率和最大干密度略有不同，不同的最佳含水率对应于不同的最大干密度。依托工程 6％水泥稳定粉砂土最佳含水率在 10％～11.9％之间，最大干密度在 1.88～1.95g/cm³ 之间。

5.1.5　XRD 分析

水泥稳定粉砂土的配合比，采用水泥：土＝5：95，将未养生与养生 3d 的材料研磨成粉末状，然后进行 X 射线衍射（X-ray Diffractometer，下文简称为 XRD）试验，进行高精度的物相定性分析，结果如图 5-12～图 5-15 所示。

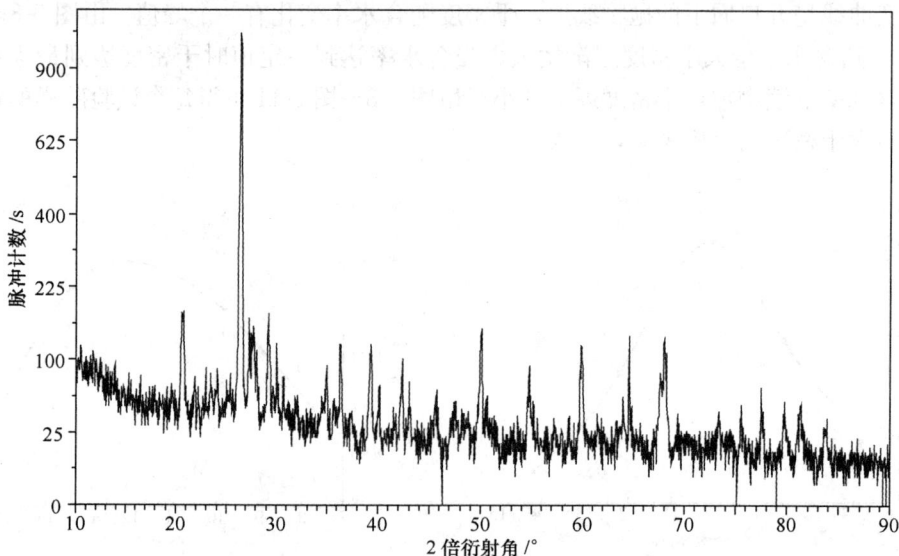

图 5-12　未养生的水泥稳定粉砂土 X 射线衍射分析

(1) 未养生试样检测

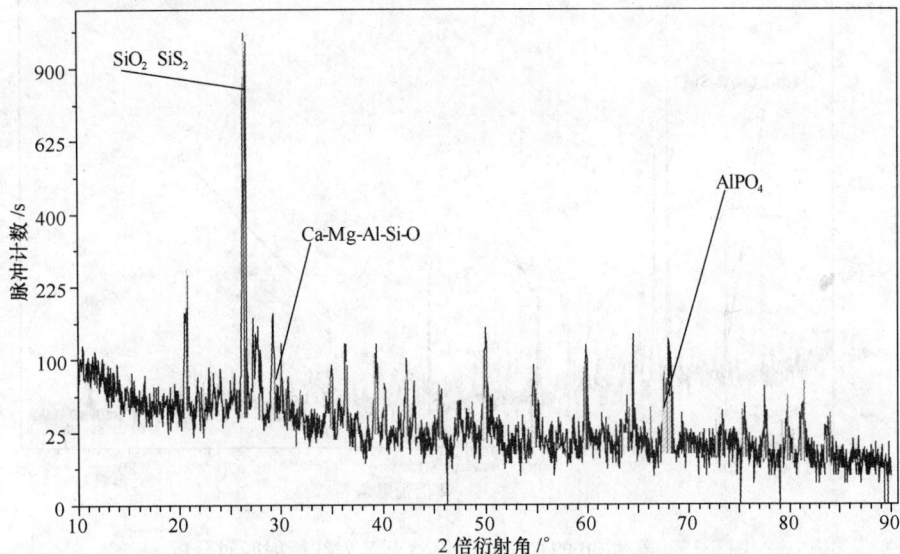

图 5-13　未养生的水泥稳定粉砂土 X 射线衍射匹对分析

图 5-12～图 5-13 给出未养生的水泥稳定粉砂土 X 射线衍射和匹对分析结果。在此试样中，存在 SiO_2、SiS_2、$AlPO_4$、Ca-Mg-Al-Si-O 等化合物。在 X 射线衍射图中，SiO_2 和 SiS_2 的最强峰在 26°左右，二者最强峰重叠，Ca-Mg-Al-Si-O 最强峰在 28°左右，$AlPO_4$ 的最强峰在 68°左右。

(2) 养生 3d 试样检测

图 5-14～图 5-15 给出养生 3d 的水泥稳定粉砂土的 X 射线衍射和匹对分析结果。在此试样中，存在 SiO_2、SiS_2、Ca-Mg-Al Si O 等化合物。在 X 射线衍射图中，SiO_2 的最强峰在 39°左右，Ca-Mg-Al-Si-O 最强峰在 21°左右，SiS_2 的最强峰在 60°左右。

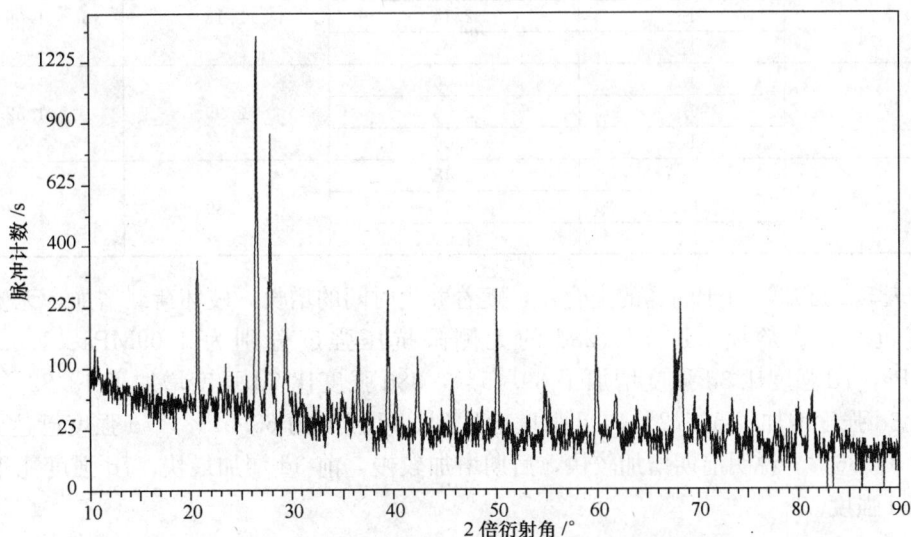

图 5-14　养生 3d 的水泥稳定粉砂土 X 射线衍射分析

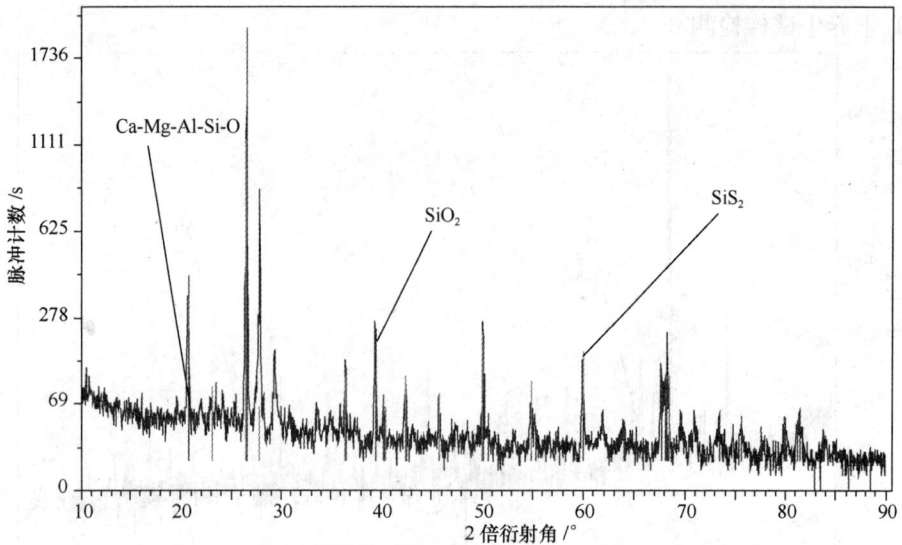

图 5-15　养生 3d 的水泥稳定粉砂土 X 射线衍射匹对分析

5.1.6　强度试验

根据工程经验，取水泥的掺加量为 5%，最大干密度为 1.9g/cm³，最优含水率为 12.4%。将风干并过 5mm 筛的土 700g，水泥 35g，水 78.7g，放入不吸水托盘中，人工拌合均匀，按一个标准试件 203.1g，称取三份，分别制成 Φ50mm×50mm 试块，编号、密封进行标准养生。待到设定的养生龄期后，从标养室取出。采用电脑恒应力压力试验机，以 0.05kN/s 的速度连续均匀地对试件加荷，直至试件破坏，记录破坏荷载 P。分别得到 3d、7d、28d 的无侧限抗压强度，见表 5-4。

水泥稳定粉砂土强度测试　　　　　　　　　　　　　　　　表 5-4

龄期/d	试样编号	破坏时荷载 P/kN	压力平均值/kN	强度/MPa
3	$I_{3,1}$	2.24	2.13	1.09
	$I_{3,2}$	2.14		
	$I_{3,3}$	2.02		
7	$I_{7,1}$	3.06	2.99	1.52
	$I_{7,2}$	2.86		
	$I_{7,3}$	3.06		
28	$I_{28,1}$	2.48	3.39	1.73
	$I_{28,2}$	3.64		
	$I_{28,3}$	4.04		

由表 5-4 可知，对于同样的配合比，随着养生时间的增长，破坏荷载增加，无侧限抗压强度也增加。龄期 3d、7d、28d 的无侧限抗压强度分别为 1.09MPa、1.52MPa、1.73MPa，7d 强度比 3d 强度增加了 39.45%，28d 强度比 7d 强度增加了 13.82%，28d 强度比 3d 强度增加了 58.72%，3d 强度已达到 28d 强度的 63.01%，7d 强度已达到 28d 强度的 87.86%。说明前期增加较快，后期增加较慢，前 3d 增加最快，7d 强度能很好地代表 28d 强度。

5.2 纤维稳定粉砂土

黄泛区地基和路基土质主要为粉粒含量很高的粉质土,近年来对水泥稳定土作为路基材料的路用性能研究很多,但对掺加聚丙烯纤维的水泥稳定土性能的研究较少。针对黄泛区粉土,研究掺加聚丙烯纤维对水泥稳定土性能的影响,从而为工程实际提供较好的参考依据。

5.2.1 纤维增韧抗裂作用

聚丙烯纤维均匀且无规则分布在粉砂土中,因此聚丙烯纤维粉砂土不仅可以限制粉砂土的侧向变形,也可以控制粉砂土的竖向变形,以及可以限制各个方向可能出现的变形,它具有一般加筋粉砂土所没有近似各向同性的力学性质以及良好的工程特性;聚丙烯纤维加固粉砂土由上往下分层,当受外力作用时,由于层与层之间纤维的连接,必然受到上一层土的牵制,使其不能变形,依次类推,从上到下一层一层牵制下去,使得下一层土体对上一层土体有着制约作用,这种层层的连锁制约束,就可使土体变形减小,整体稳定性增强,从而起到控制变形的作用。

聚丙烯纤维以其高强度与粉砂土良好的结合性,使纤维起到很好的加筋作用,明显改善土体的抗剪和抗拉强度,其后期强度也有明显提高。除此之外,纤维还可以减少土样峰值强度损失,增加土样破坏后的残余强度,提高土样的破坏韧性,显著提高土体的黏聚力,增强土体的塑性,限制粉砂土变形,提高土体的强度和工程性质。

5.2.2 试验过程

(1) 液塑限试验

用 SYS-1 液塑限联合测定仪测定素土的界限含水率,求出锥入深度与界限含水率的关系,然后计算得到素土液限为 24.06%,塑限为 16.48%,塑性指数 I_P 为 7.58。参照《岩土工程勘察规范》(GB 50021-2001),$I_P < 10$ 的土属于粉土,因此本试验所用的素土为粉土。液塑限试验结果见表 5-5。

表 5-5

液塑限试验结果

入土深度/mm	湿土质量/g	干土质量/g	含水率/%	塑限/%
10.8	50.3	41.5	21.2	
15.1	35.2	28.6	23.1	16.48
7.9	36.9	31.0	19.0	

(2) 天然含水率试验

为了确定击实试验中的含水率,先测定素土天然含水率,然后按式(5-1)计算出击实试验所需含水率的加水量,见表 5-6。

$$m_w = \frac{m_0}{1 + 0.01 w_0} \times 0.01 \times (w_1 - w_0) \tag{5-1}$$

式中 m_w——制备试样所需要的加水量,g;

m_0——湿土质量,g;

w_0——湿土含水率,%;

w_1——制样要求的含水率,%。

含水率/%	8	10	12	14	16
加水质量/g	184	230	292.7	351.5	410.3

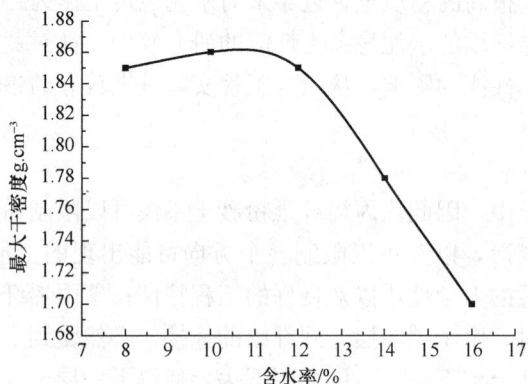

图 5-16　纤维土试样 JS_{17} 击实曲线

（3）击实试验

进行击实试验，以测定最大干密度及最佳含水率，从而确定纤维稳定粉砂土的配合比。采用多功能电动击实仪，小试筒，填土分 5 层，击锤重 4.5kg，落距为 45cm。击实曲线见图 5-16。

根据击实试验曲线，利用数值分析及 MATLAB 软件拟合出该曲线方程：

$$y = a_0 + a_1 x + a_2 x^2 + a_3 x^3 + a_4 x^4 \tag{5-2}$$

式中　a_0——5.55999996；

a_1——－1.39291665；

a_2——0.19031249；

a_3——-0.01114583；

a_4——0.00023437。

由式（5-2）可得到最大干密度为 $1.87g/m^3$，最佳含水率为 10.7%。

（4）无侧限抗压强度试验

根据《公路工程无机结合料稳定材料试验规程》（JTG E51—2009）的相关规定，试块尺寸取为 $\Phi50mm \times 50mm$。将烘干土料过 5mm 孔的筛。采用聚丙烯纤维，其性能指标见表 5-7。

试验用纤维的性能指标　　　　　　　　　　　　表 5-7

指标	单位	数值	指标	单位	数值
比重		0.91	弹性模量	GPa	3.5
直径	μm	31	抗拉强度	MPa	350
熔点	℃	165~170	耐酸碱盐性	—	高
燃点	℃	590	导电导热性	—	低
断裂伸长率	%	30	单丝安全性		安全无毒

选取纤维长度、纤维含量、水泥掺量这 3 个影响因素，按最佳含水率 10.7% 计算水泥稳定土配合比，设计方案如表 5-8 所示。

纤维水泥稳定土试验方案　　　　　　　　　　　表 5-8

试组编号	水泥掺入比/%	配制含水率/%	聚丙烯含量/‰	聚丙烯长度/mm
一	6（8/10）	10.7	0	/
二	6（8/10）	10.7	1	3（9/12）
三	6（8/10）	10.7	2	3（9/12）
四	6（8/10）	10.7	3	3（9/12）

采用电脑恒应力压力试验机，以 0.05kN/s 的速度连续均匀地对试件加荷，直至试件破坏，记录破坏荷载 P，精确至 10N。试件的无侧限抗压强度按式（5-3）计算：

$$f_{cu,i} = \frac{P}{A} \tag{5-3}$$

式中　$f_{cu,i}$——龄期第 1d 的水泥土无侧限抗压强度，MPa；

　　　P——破坏荷载，N；

　　　A——试件的承载面积，mm^2。

图 5-17　加载过程

图 5-18　试件破坏

5.2.3　聚丙烯纤维长度及掺量分析

在最佳含水率及最大干密度条件下，掺入不同长度和不同掺量的纤维。测定水泥含量为 6％、8％、10％时，纤维掺量为 0、1‰、2‰、3‰的试块 7d 无侧限抗压强度，见图 5-19～图 5-21。

由图 5-19 可知水泥含量为 6％时各种纤维长度与掺量的水泥土无侧限抗压强度。若纤维掺量为 0 则水泥土无侧限抗压强度最小，纤维掺量为 2‰时水泥土无侧限抗压强度呈线性上升趋势，而纤维掺量为 1‰、3‰时线性趋势不明显。当纤维长度为 3mm 时，水泥土无侧限抗压强度随纤维掺量增加而增长，当纤维长度为 9mm 和 12mm 时，纤维掺量为 2‰的水泥土无侧限抗压强度最大，而纤维掺量为 1‰、3‰的强度差别不大且不规则。总体来讲，纤维掺量为 2‰时水泥土的 7d 无侧限抗压

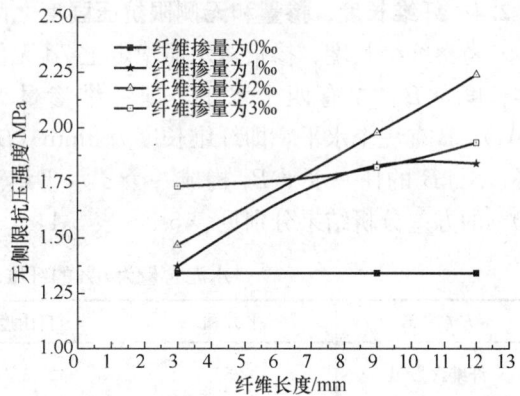

图 5-19　水泥含量为 6％时 7d 无侧限抗压强度

强度较其他掺量值增长快，纤维长度为 12mm 时水泥土的无侧限抗压强度较其他长度值大，工程应用中可考虑选取长度为 12mm，掺量为 2‰的纤维来提高水泥含量为 6％的水泥土的强度。

由图 5-20 可知当水泥含量为 8％时各种纤维长度与掺量的水泥土无侧限抗压强度。若

纤维掺量为 0 则水泥土无侧限抗压强度最小，纤维掺量为 1‰时水泥土无侧限抗压强度呈开口向上抛物线趋势，而纤维掺量为 2‰时呈开口向下抛物线趋势，纤维掺量为 3‰时水泥土无侧限抗压强度呈线性上升趋势。除纤维掺量为 2‰的水泥土无侧限抗压强度有一个下降点外，纤维长度为 12mm 时水泥土的无侧限抗压强度较其他长度值大，施工中可考虑选取长度为 12mm，掺量为 3‰的纤维来提高水泥含量为 8%的水泥土的强度。

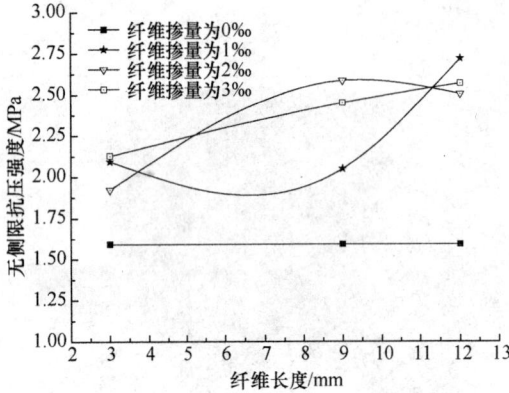

图 5-20 水泥含量为 8%时 7d 无侧限抗压强度　　图 5-21 水泥含量为 10%时 7d 无侧限抗压强度

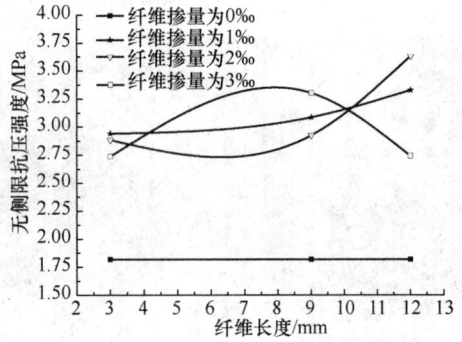

由图 5-21 可知当水泥含量为 10%时各种纤维长度与掺量的水泥土无侧限抗压强度。若纤维掺量为 0 则水泥土无侧限抗压强度最小，纤维掺量为 1‰、2‰时水泥土无侧限抗压强度呈不规则上升趋势，纤维掺量为 3‰时，水泥土无侧限抗压强度呈开口向下抛物线趋势。除纤维掺量为 3‰的水泥土无侧限抗压强度有一个下降点外，纤维长度为 12mm 时，水泥土的无侧限抗压强度较其他长度值大。施工中可考虑选取长度为 12mm，掺量为 1‰的纤维来提高水泥含量为 10%的水泥土的强度。

5.2.4 纤维长度、掺量和无侧限抗压强度之间的方差分析

考察纤维长度、掺量对水泥稳定土 7d 无侧限抗压强度的影响，记纤维掺量为 A，纤维长度为 B。A 有四个水平，即纤维掺量为 0‰（A_1）、1‰（A_2）、2‰（A_3）、3‰（A_4），B 有三个水平，即纤维长度为 3mm（B_1）、9mm（B_2）、12mm（B_3），A 的任一水平 A_i 与 B 的任一水平 B_j 构成一个"水平组合"，记为（A_iB_j）。水泥含量为 6%、8%、10%的方差分析结果分别见表 5-9～表 5-11。

水泥含量为 6%的纤维水泥稳定土方差分析　　　　　　　　　　　表 5-9

方差来源	平方和	自由度	F 值	临界值
纤维含量 A	0.55	3	$F_A=5.79$	$F_{0.05}$（3，6）=4.76 $F_{0.01}$（3，6）=9.78
纤维长度 B	0.28	2	$F_B=4.42$	$F_{0.05}$（2，6）=5.14 $F_{0.01}$（2，6）=10.92
随机误差	0.19	6		
总和	1.02	11		

由表 5-9 知，$F_{0.05}(3，6)=4.76 < F_A=5.79 < F_{0.01}(3，6)=9.78$，故纤维掺量对水泥含量为 6%的水泥稳定土 7d 无侧限抗压强度有显著影响；$F_B=4.42 < F_{0.05}(2，6)=5.14$，故纤维长度对水泥含量为 6%的水泥稳定土 7d 无侧限抗压强度影响不显著。

水泥含量为 8%的纤维水泥稳定土方差分析   表 5-10

方差来源	平方和	自由度	F 值	临界值
纤维含量 A	1.26	3	$F_A=8.4$	$F_{0.05}$（3，6）=4.76 $F_{0.01}$（3，6）=9.78
纤维长度 B	0.34	2	$F_B=3.4$	$F_{0.05}$（2，6）=5.14 $F_{0.01}$（2，6）=10.92
随机误差	0.30	6		
总和	1.90	11		

由表 5-10 知，$F_{0.05}$（3，6）=4.76＜F_A=8.4＜ $F_{0.01}$（3，6）=9.78，故纤维掺量对水泥含量为 8%的水泥稳定土 7d 无侧限抗压强度有显著影响；F_B=3.4＜$F_{0.05}$（2，6）=5.14，故纤维长度对水泥含量为 8%的水泥稳定土 7d 无侧限抗压强度影响不显著。

水泥含量为 10%的纤维水泥稳定土方差分析   表 5-11

方差来源	平方和	自由度	F 值	临界值
纤维含量 A	3.58	3	$F_A=15.2$	$F_{0.05}$（3，6）=4.76 $F_{0.01}$（3，6）=9.78
纤维长度 B	0.17	2	$F_B=1.1$	$F_{0.05}$（2，6）=5.14 $F_{0.01}$（2，6）=10.92
随机误差	0.47	6		
总和	4.22	11		

由表 5-11 知，F_A=15.2＞$F_{0.01}$（3，6）=9.78，故纤维掺量对水泥含量为 10%的水泥稳定土 7d 无侧限抗压强度有特别显著影响；F_B=1.1＜ $F_{0.05}$（2，6）=5.14，故纤维长度对水泥含量为 10%的水泥稳定土 7d 无侧限抗压强度影响不显著。

由以上分析可知，纤维掺量对水泥稳定土 7d 无侧限抗压强度的影响大于纤维长度对其影响，纤维掺量对水泥含量为 10%的水泥稳定土 7d 无侧限抗压强度有特别显著影响，施工中可优先考虑通过提高纤维掺量来有效提高水泥稳定土无侧限抗压强度。

5.2.5 不同长度纤维水泥稳定土的破坏形态分析

当水泥稳定土中掺加纤维长度不同时，可以观察到水泥土呈现出不同的破坏形态，以水泥含量为 6%，纤维掺量为 2‰的一组水泥土试块为例，破坏形态见图 5-22。

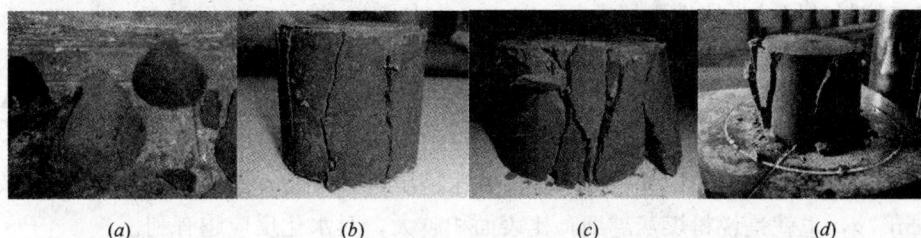

(a)   (b)   (c)   (d)

图 5-22 掺加不同长度纤维时的破坏形态

（a）未掺纤维；（b）掺 3mm 长纤维；（c）掺 9mm 长纤维；（d）掺 12mm 长纤维

由图 5-22a 可知，当水泥土中不加纤维时，试块发生脆性破坏，即试块随压力增大出现竖向裂缝，进而整体被压碎。由图 5-22 b、c、d 可知，纤维水泥土破坏时，试块尚能保持基本形状，但有较多贯穿的纵向和斜向裂缝。这是因为纤维水泥土具有一定的塑性，随着压力增大，纤维与水泥土之间的摩阻力也随之变大，由于纤维互相交织，使得颗粒间及颗粒与纤维间结构变得更加紧密。同时，随着纤维与水泥土接触处的摩阻力重分布，空间交织结构重新排列及不同位置纤维抗拉强度的发挥，使得纤维与土体之间咬合摩擦力和纤维在土体中交织形成的空间约束力不断增加，即使错动以后，纤维与土之间的摩阻力和空间约束力仍然存在，并随应力应变的变化维持在某一水平之上。因此，试样破坏后产生裂缝，但仍可保持原有圆柱状。

5.3 石灰粉煤灰稳定粉砂土

5.3.1 强度形成机理

（1）石灰土强度形成机理

掺入石灰的细粒土经拌合、碾压形成的石灰土之所以能有一定的强度，主要是由于石灰与土中的硅酸盐矿物发生了强烈的化学反应，并形成结晶骨架结构，使土的板体性、强度、稳定性提高。反应机理如下：

与钙长石的化学反应：

$$Ca(Al_2Si_2O_8) + 2Ca(OH)_2 === 2CaSiO_3 + CaAl_2O_4 + 10H_2O$$

与高岭石的化学反应：

$$Al_4(Si_4O_{10})(OH)_8 + 6Ca(OH)_2 === 4CaSiO_3 + 2CaAl_2O_4 + 10H_2O$$

与云母的化学反应：

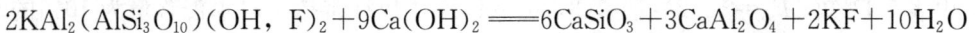

$$2KAl_2(AlSi_3O_{10})(OH,F)_2 + 9Ca(OH)_2 === 6CaSiO_3 + 3CaAl_2O_4 + 2KF + 10H_2O$$

与石英和铝土的化学反应：

$$SiO_2 + Ca(OH)_2 === CaSiO_3 + H_2O$$

$$Al_2O_3 + Ca(OH)_2 === CaAl_2O_4 + H_2O$$

（2）石灰粉煤灰土水化强度形成机理

石灰粉煤灰粒料基层中的 $Ca(OH)_2$ 和粉煤灰中的 $SiO_2 \cdot Al_2O_3 \cdot Fe_2O_3$ 等活性物质进行水化反应，生成水化硅酸钙等胶凝物，并在基层粒料间隙中构成空间网格结构，包裹着大小粒料颗粒，形成一个强度较高的整体。粒料表面凹凸不平和多孔结构能和胶体更好地结合，甚至超浓度 $Ca(OH)_2$ 溶液还能和粒料表面处的氧化物进行缓慢的水化反应，使石灰粉煤灰粒料基层的板体性更好。

石灰粉煤灰能进行快速完善水化反应是有条件的：

1）$Ca（OH)_2$ 和 $Mg（OH)_2$ 必须形成超浓度碱溶液才能激活粉煤灰中 SiO_2、Al_2O_3、Fe_2O_3 等活性物质，才能快速完善地进行水化反应生成水化硅酸钙等胶凝物。

2）粉煤灰中 SiO_2、Al_2O_3、Fe_2O_3 等活性物质含量不得小于 70％，比表面积要大于 2 500 cm^2/g，也就是说粉煤灰越细，比表面积越大，对水化反应越有利。

3）石灰粉煤灰的水化反应只有在正温度下才能进行，并随着环境温度的提高而加快，其强度也随之提高。

（3）石灰粉煤灰土碳化强度形成

石灰粉煤灰粒料中尚未参与水化反应的游离 $Ca(OH)_2$ 和空气中 CO_2 进行反应生成 $CaCO_3$。其实，这种碳化反应是有条件的：水环境和与 CO_2 接触面。有水条件下 $Ca(OH)_2$ 溶于水，空气中 CO_2 遇水后生成碳酸钙，然后进行酸碱中和反应。

$$Ca(OH)_2 + H_2O + CO_2 = CaCO_3 + 2H_2O$$

5.3.2 击实试验

采用石灰、粉煤灰稳定粉砂土，并进行击实试验。取施工现场的粉砂土，掺加不同量的石灰和粉煤灰，按规范规定的方法和步骤，进行击实试验，以求得最大干密度与最佳含水率。含水率与干密度的关系曲线如图 5-23～图 5-24 所示。

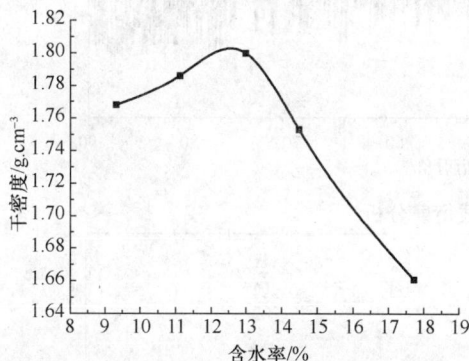

图 5-23 试样 JS_{19} 击实曲线

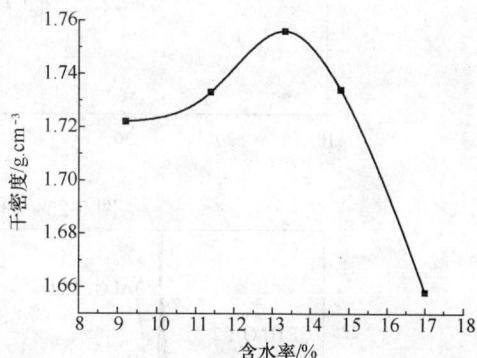

图 5-24 试样 JS_{20} 击实曲线

图 5-23～图 5-24 击实曲线呈开口向下的抛物线形，干密度随含水率变化有一个峰值。由图 5-23～图 5-24 可知，随含水率增大干密度逐渐增大，当含水率达到一定值时干密度达到最大值。而后，随含水率继续增加，干密度逐渐减小。由图 5-23～图 5-24 可得每个试验砂样的最佳含水率和最大干密度的对应关系，见表 5-12。

二灰稳定粉砂土最佳含水率与最大干密度 表 5-12

序号	试样	石灰：粉煤灰：砂	最佳含水率/%	最大干密度/g·cm⁻³
1	JS_{19}	2：4：94	12.5	1.805
2	JS_{20}	5：15：80	13.3	1.756

由表 5-12 可知，不同试样的最佳含水率和最大干密度略有不同，不同的最佳含水率对应于不同的最大干密度。配比不同，试样的最佳含水率与最大干密度也不同。试样 JS_{19} 的最佳含水率为 12.5%，最大干密度为 1.805g/cm³。试样 JS_{20} 的最佳含水率为 13.3%，最大干密度为 1.756g/cm³。

5.3.3 粉煤灰 XRD 测试

取试验用粉煤灰，进行 XRD 测试，了解其主要化学成分，分析其活性成分。详细见图 5-25、图 5-26。

图 5-25、图 5-26 给出试验用粉煤灰 X 射线衍射和匹对分析结果。在粉煤灰中存在 $3Al_2O_3 \cdot 2SiO_2$、Al_2SiO_5、MnO 等化合物。在 X 射线衍射图中，$3Al_2O_3 \cdot 2SiO_2$ 的最强峰在 27°左右，Al_2SiO_5 最强峰在 42°左右，MnO 最强峰在 58°左右。

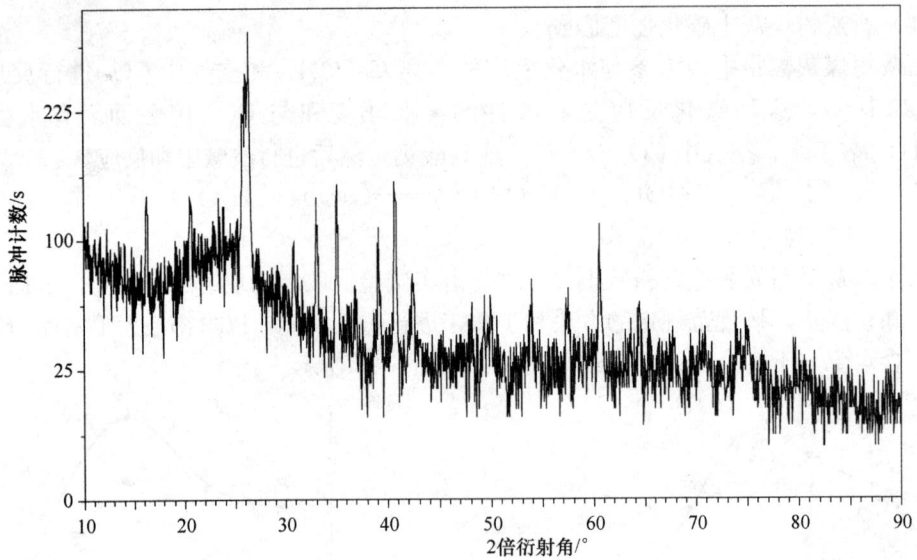

图 5-25 粉煤灰 X 射线衍射分析

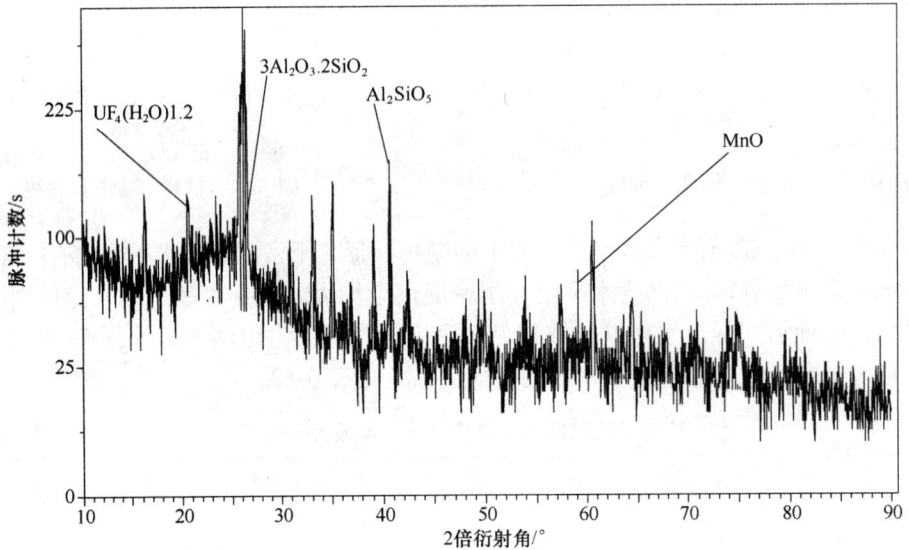

图 5-26 粉煤灰 X 射线衍射匹对分析

5.3.4 二灰土 XRD 测试

取二灰土的配合比，石灰：粉煤灰：土＝5：15：80，将未养生与养生 3d 的材料研磨呈粉末状，然后进行 X 射线衍射试验，结果如图 5-27、图 5-28 所示。

(1) 未养生二灰土

图 5-27、图 5-28 给出未养生的石灰：粉煤灰：土＝5：15：80 的 X 射线衍射和匹对分析结果。在此试样中，存在 SiS_2、SiO_2、$CaCO_3$、$AlPO_4$、$MgO-MnC$、$Ca-Mg-Al-Si-C$、$CuFeS_2$ 等化合物。在 X 射线衍射图中，SiO_2 的最强峰在 49°左右，SiS_2 最强峰在 54°左右，$CaCO_3$ 最强峰在 29°左右，$AlPO_4$ 最强峰在 20°左右。

(2) 养生 3d 二灰土

图 5-29、图 5-30 给出养生 3d 的石灰：粉煤灰：土＝5：15：80 的 X 射线衍射和匹对

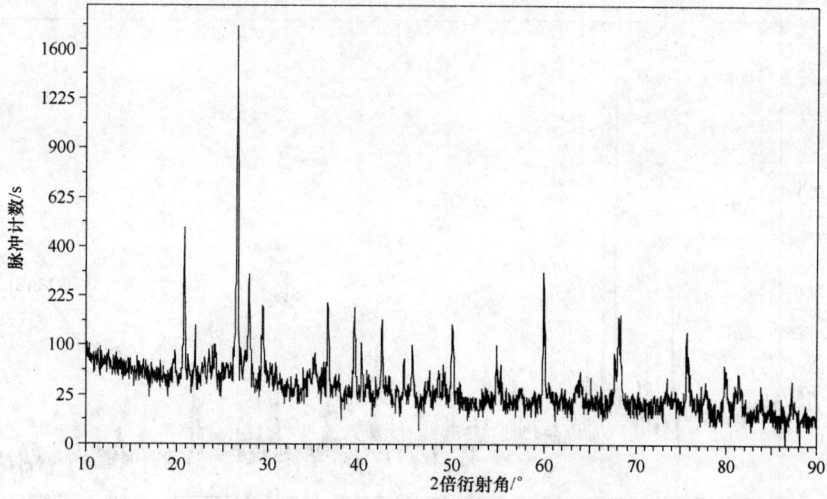

图 5-27　未养生二灰土 X 射线衍射分析

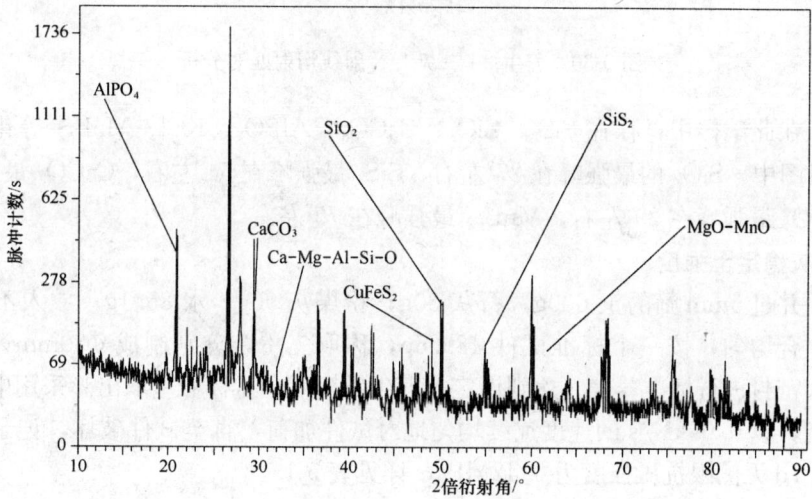

图 5-28 未养生二灰土 X 射线衍射匹对分析

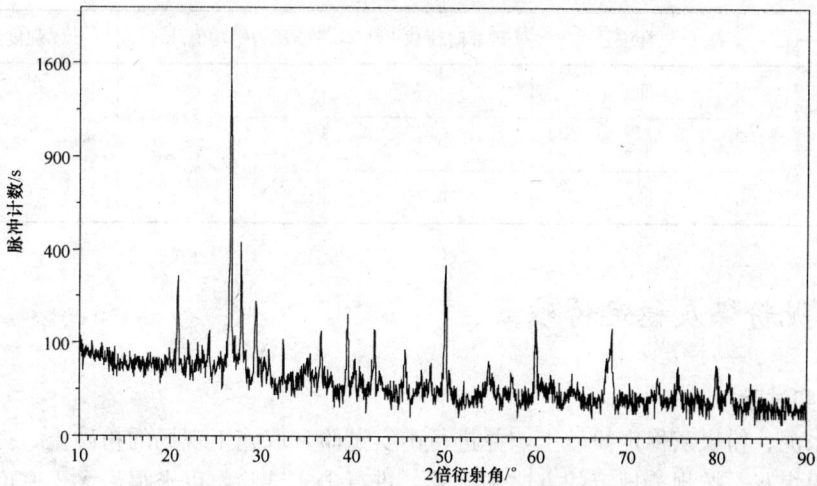

图 5-29　养生 3d 二灰土 X 射线衍射分析

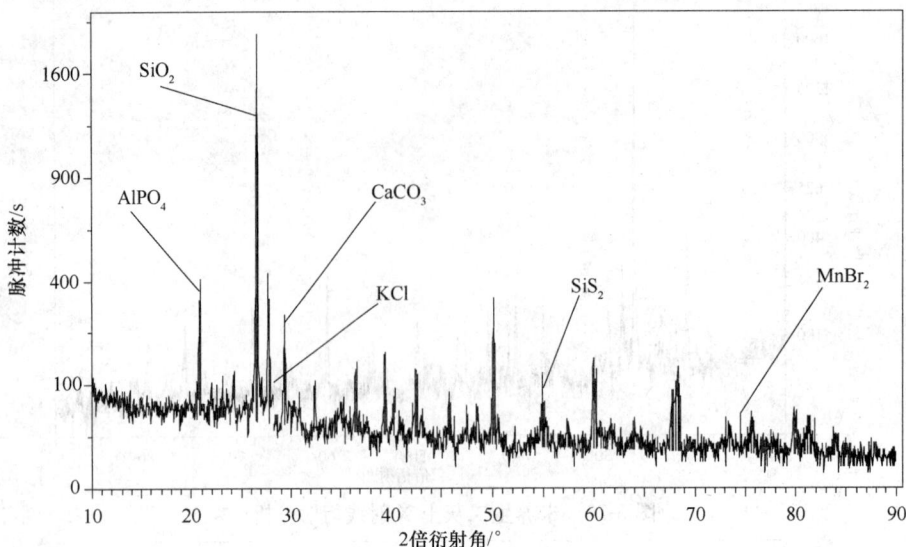

图 5-30　养生 3d 二灰土 X 射线衍射匹对分析

分析结果。在此试样中，存在 SiS_2、SiO_2、$CaCO_3$、$AlPO_4$、KCl、$MnBr_2$ 等化合物。在 X 射线衍射图中，SiO_2 的最强峰在 27° 左右，SiS_2 最强峰在 54° 左右，$CaCO_3$ 最强峰在 29° 左右，$AlPO_4$ 最强峰在 20° 左右，$MnBr_2$ 最强峰在 75° 左右。

5.3.5　二灰稳定土强度

将风干并过 5mm 筛的土 600g，石灰 30g，粉煤灰 90g，水 85.1g，放入不吸水托盘中，人工拌合均匀，按一个标准试件 189.6g，称取三份，分别制成 $\Phi 50mm \times 50mm$ 试块，编号、密封进行标准养生。达到设定的养生龄期后，从标养室取出。采用电脑恒应力压力试验机，以 0.05kN/s 的速度连续均匀地对试件加荷，直至试件破坏，记录破坏荷载 P。测得的 7d 无侧限抗压强度为 0.42MPa，详见表 5-13。

石灰粉煤灰稳定粉砂土强度测试　　　　　　　　　　　表 5-13

龄期/d	试样编号	破坏时荷载 P/kN	压力平均值/kN	强度/MPa
7	$\text{III}_{7,1}$	0.8	0.83	0.42
	$\text{III}_{7,2}$	0.72		
	$\text{III}_{7,3}$	0.96		

5.4　水泥粉煤灰稳定粉砂土

5.4.1　击实试验

采用水泥、粉煤灰稳定粉砂土，并进行击实试验。取施工现场的粉砂土，掺加不同量的水泥和粉煤灰，按规范规定的方法和步骤，进行击实试验，以求得最大干密度与最佳含水率。含水率与干密度的关系曲线如图 5-31～图 5-32 所示。

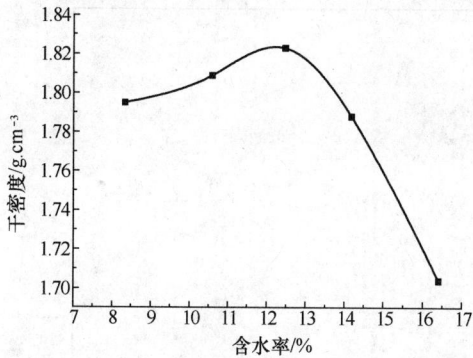

图 5-31　试样 JS_{21} 实曲线

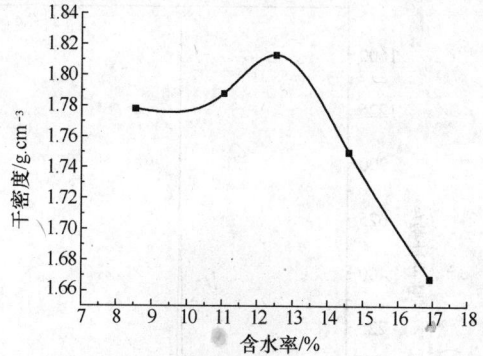

图 5-32　试样 JS_{22} 击实曲线

图 5-31～图 5-32 击实曲线呈开口向下的抛物线形,干密度随含水率变化有一个峰值。由图 5-31～图 5-32 可知,随含水率增大干密度逐渐增大,当含水率达到一定值时干密度达到最大值。而后,随含水率继续增加,干密度逐渐减小。由图 5-31～图 5-32 可得每个试验砂样的最佳含水率和最大干密度的对应关系,见表 5-14。

水泥粉煤灰稳定粉砂土最佳含水率与最大干密度　　　　表 5-14

序号	试样	水泥：粉煤灰：砂	最佳含水率/%	最大干密度/g·cm^{-3}
1	JS_{21}	2：4：94	12.2	1.825
2	JS_{22}	5：15：80	12.8	1.814

由表 5-14 可知,不同试样的最佳含水率和最大干密度略有不同,不同的最佳含水率对应于不同的最大干密度。配比不同,试样的最佳含水率与最大干密度也不同。试样 JS_{21} 的最佳含水率为 12.2%,最大干密度为 1.825g/cm³。试样 JS_{22} 的最佳含水率为 12.8%,最大干密度为 1.814g/cm³。

5.4.2　水泥粉煤灰 XRD 测试

取水泥粉煤灰稳定粉砂土的配合比,水泥：粉煤灰：土＝5：15：80,将未养生与养生 3d 的材料研磨呈粉末状,然后进行 X 射线衍射试验,结果如图 5-33 和图 5-36 所示。

(1) 未养生水泥粉煤灰稳定粉砂土

图 5-33、图 5-34 给出没有养生的水泥：B 类粉煤灰：土＝5：15：80 的 X 射线衍射和匹对分析结果。在此试样中,存在 SiS_2、SiO_2、$AlPO_4$ 等化合物。在 X 射线衍射图中,SiO_2 的最强峰在 27°左右,SiS_2 最强峰在 69°左右,$AlPO_4$ 最强峰在 20°左右。

(2) 养生 3d 水泥粉煤灰稳定粉砂土

图 5-35、图 5-36 给出养生 3d 的水泥：粉煤灰：土＝5：15：80 的 X 射线衍射和匹对分析结果。在此试样中,存在 SiS_2、SiO_2、$AlPO_4$ 等化合物。在 X 射线衍射图中,SiO_2 的最强峰在 27°左右,SiS_2 最强峰在 27°左右,$AlPO_4$ 最强峰在 68°左右。

5.4.3　强度试验

将风干并过 5mm 筛的土 600g,水泥 30g,粉煤灰 90g,水 81.5g,放入不吸水托盘中,人工拌合均匀,按一个标准试件 194.6g,称取三份,分别制成 $\Phi50mm\times50mm$ 试块,编号、密封进行标准养生。达到设定的养生龄期后,从标养室取出。采用电脑恒应力

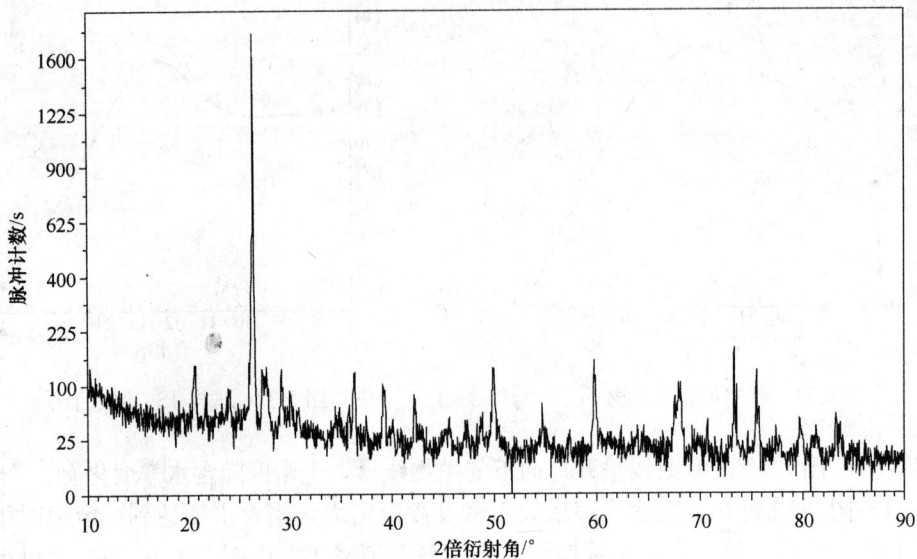

图 5-33　未养生水泥粉煤灰稳定粉砂土 X 射线衍射分析

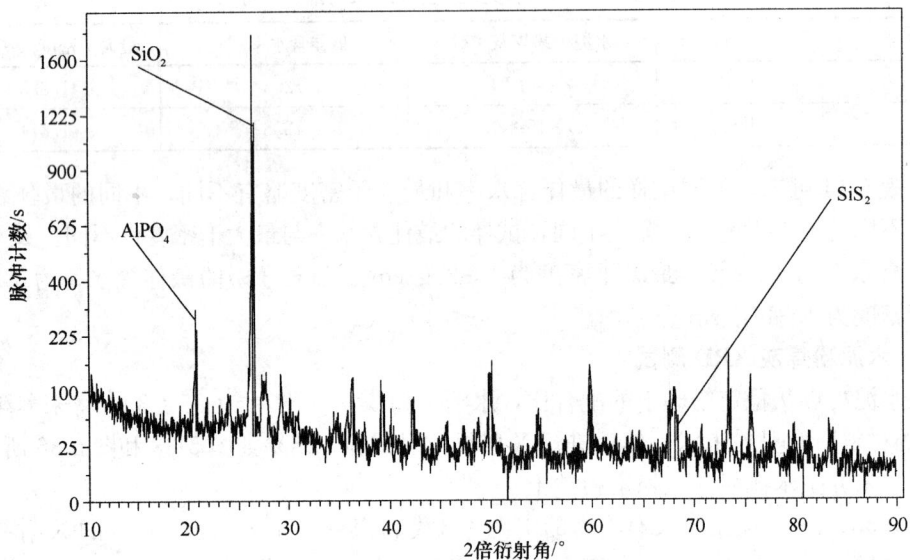

图 5-34　未养生水泥粉煤灰稳定粉砂土 X 射线衍射匹对分析

压力试验机，以 0.05kN/s 的速度连续均匀地对试件加荷，直至试件破坏，记录破坏荷载 P。测得的 7d 无侧限抗压强度为 1.36MPa，详见表 5-15。

水泥粉煤灰稳定土强度测试　　　　　　　　　　　　　　　表 5-15

龄期/d	试样编号	破坏时荷载 P/kN	压力平均值/kN	强度/MPa
7	$Ⅳ_{7,1}$	2.6	2.67	1.36
	$Ⅳ_{7,2}$	2.5		
	$Ⅳ_{7,3}$	2.9		

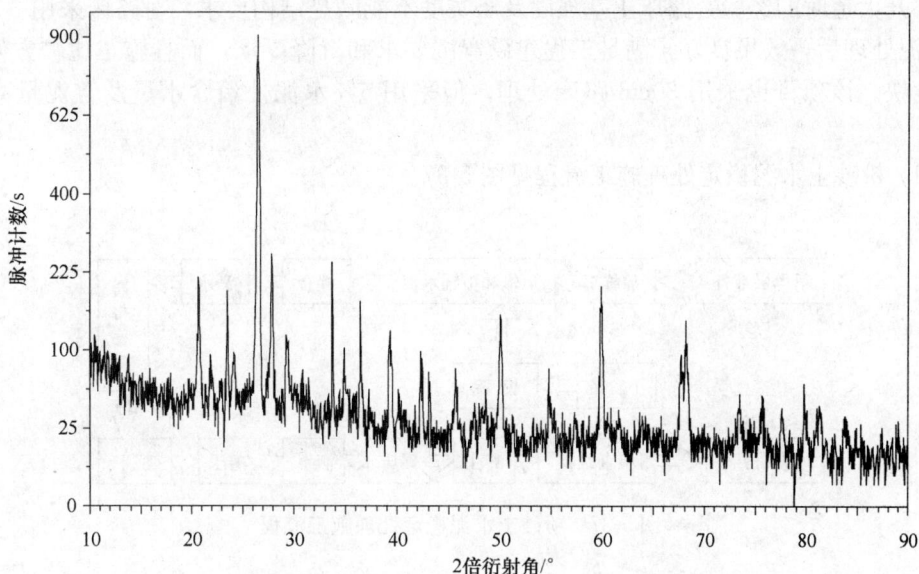

图 5-35　养生 3d 水泥粉煤灰稳定粉砂土 X 射线衍射分析

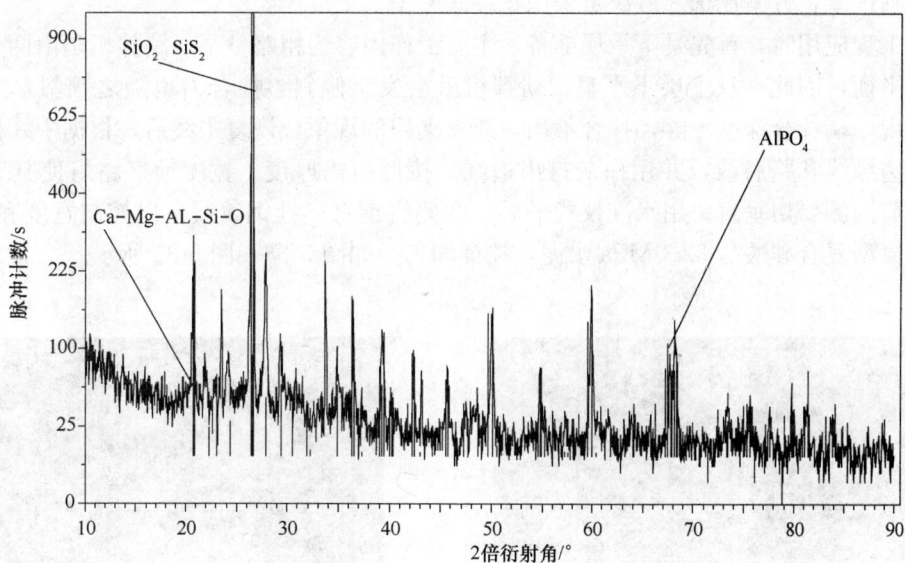

图 5-36　养生 3d 水泥粉煤灰稳定粉砂土 X 射线衍射匹对分析

5.5　工程应用分析

5.5.1　水泥稳定粉砂土工程应用

郑汴物流通道（开封境内）区间全长 4.953km，据钻探揭露，该场地地面下 8m 内的地层，主要由含细粒土砂、低液限粉土、细砂、低液限黏土组成，并且地下水位较高，常年多风，在地下水的浸泡和长期风载荷作用下，形成了独特的粉砂土地质。根据 2006 年修建郑开大道时的经验，路床土基强度及压实度不能满足结构要求，对路床采用 30cm 厚 4% 水泥处理后，效果良好，满足工程建设弯沉要求和沉降要求，而且施工比较方便，工程进度快。该项目也采用 30cm 路床处理，但采用 6% 水泥处治含水量及含泥量高的粉砂土。

（1）粉砂土水泥稳定处理施工流程见图 5-37。

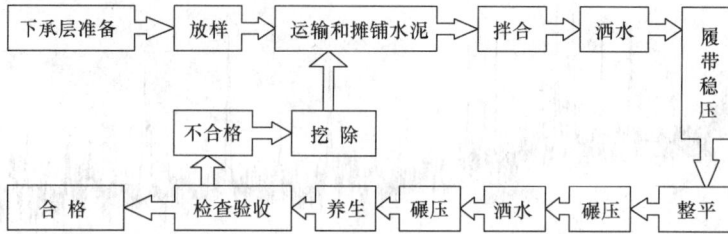

图 5-37 粉砂土水泥稳定处理施工流程

（2）工程应用

事实证明粉砂土由于含水量较高，具有很好的路拌性能，同时为了节约运输费用，并加快工程进度，方案比选之后决定采用路拌法施工。

在工程应用时，首先是下承层准备，主要工作内容为粗略整平。路拌机是由两个轮控制左右平衡，因此一旦土层不平整，路拌机就会发生倾斜，拌合刀也随之倾斜，发生上翘，出现一端拌合深度不够，拌合不均匀或有夹层的现象。恢复中线后，根据中线按设计放路面边缘线和路肩线，并用白灰打出边线。按照所需厚度、宽度铺好路肩使其坚硬密实，路肩内侧要切垂直。用水准仪找平后，两侧钉钢钎，挂钢绞线，以控制宽度和标高。采用缓凝型复合硅酸盐 32.5MPa 水泥，摊铺均匀。如图 5-38～图 5-39 所示。

图 5-38 放样

图 5-39 水泥摊铺

水泥摊铺完成之后，路拌机就位进行作业，拌合要均匀，无夹层、无留底，如图 5-40 所示。路拌完成后，可采用履带式拖拉机、推土机或履带式挖掘机等机械进行整平和初压，如图 5-41 所示，进行履带稳压 3～5 遍。之所以用推土机履带稳压，是因为履带压后土层表面有凹槽，有利于整平时的补土，可以避免光面相接产生起皮现象。

图 5-40　水泥土拌合

图 5-41　履带稳压

　　含水量控制较难，特别是对这种塑性指数较小的粉砂土，水少则难以压实，水多又很容易翻浆。而其表层又极易失水，在摊铺水泥前和拌合后应洒水，根据含水情况用洒水车喷洒适量水，使表面湿润，但不可过湿，以免影响路拌机拌合，如图 5-42 所示。在碾压过程中结构层表面应保持潮湿，如表面层水分过度蒸发，应及时补洒适量的水，使填料充分吸收水分，严禁洒大量水碾压。碾压完成后应及时洒水保温养生，不得使稳定土表面出现干燥和忽干忽湿现象。

图 5-42　洒水

　　在碾压前要用平地机进行整平（如图 5-43所示），以创造一个良好的碾压平台，使路面平整均匀。碾压时压路机首先错开 1/3 轮迹振压一遍，之后沿原轮迹往返振压，然后错整轮迹完成所有振压。接下来，再用二轮压路机静压 2～3 遍，使表面平整密实，无明显轮迹。三轮压路机碾压时应重叠 1/2 后轮宽。后轮压完路面全宽时即为 1 遍，路面边缘两侧应复压 1～2 遍。严禁压路机在已完工路段或正在碾压的路段上调头或紧急刹车，以保证结构层表面不受损坏，见图 5-44。

图 5-43　平地机整平

图 5-44　压路机碾压

　　纵向施工缝要切除松软部分至充分压实位置，两层间纵缝做成台阶状，搭接宽度不小于 30cm；横向接缝处理要重叠拌合，压实长度不小于 5 m。对铺筑完成的路段应及时按规范规定的检查频率认真检查，对检查不合格的区域必须挖除重新处理，见图 5-45。

图 5-45
（a）不合格处挖除；（b）不合格处再填料；（c）不合格处再拌合

5.5.2 水泥稳定土施工质量检测

（1）压实度检测

路基路面的压实度是施工质量管理的重要指标，压实度不达标是造成路面破损，使用状况差，通行能力差，交通事故多的主要原因之一，一般采用灌砂法来检测压实度。粉砂土路堤、零填及路堤基底的压实度不低于 94%，计算压实度时采用的最大干密度应与压实工艺相适应。采用灌砂法对 6% 水泥土进行压实度检测，见表 5-16。

水泥稳定法处治粉砂土路基压实度实测值 表 5-16

取样点位	1	2	3	4	5	6	7	8	9	10
密度/g·cm^{-3}	1.69	1.68	1.70	1.69	1.69	1.69	1.69	1.68	1.69	1.70
压实度/%	95.4	95.2	95.9	95.3	95.5	95.2	95.4	95.2	95.3	95.8

室内击实试验确定的粉砂土最大干密度为 1.77g·cm^{-3}，选取振动压实 6 遍时的 10 个点，进行试验分析，结果如表 5-16 所示。粉砂土路基的密度平均值为 1.69g·cm^{-3}，压实度平均值为 95.42%。压实度的合格标准为 95%，评价结果说明，压实效果良好，能满足要求。表明所选施工工艺和施工方法科学合理，同时也验证了室内试验成果的真实有效性。

（2）弯沉值测定

弯沉值作为施工质量控制和评定的标准，是一项综合性的指标，它代表的是路基整体抵抗垂直变形的能力。用黄河标准车，后轴重为 100kN，采用贝克曼梁法进行弯沉检测，见表 5-17。可见施工质量较好，完全满足要求。

水泥稳定法处治粉砂土路基弯沉实测值 表 5-17

测试路段	平均弯沉值/0.01mm	代表值/0.01mm	允许弯沉值/0.01mm	合格率/%
Ⅰ	125.0	162.0	282.3	100
Ⅱ	99.0	140.1	282.3	100
Ⅲ	92.9	149.9	282.3	100
Ⅳ	90.4	133.6	282.3	100

5.6 本章小结

分别用水泥、纤维、粉煤灰、石灰，进行了击实试验、无侧限抗压强度试验、X射线衍射试验检测综合稳定效果，部分成果在工程中应用。主要结论如下：

(1) 水泥稳定粉砂土的强度受水泥的掺量、龄期、含水率、有机质的含量等因素的影响。开封粉砂土用掺入比6%的水泥进行稳定，水泥土劈裂强度为0.20MPa，7d抗压强度不小于0.6MPa，均能满足强度要求。

(2) 4%水泥稳定粉砂土最佳含水率在10.5%～14.5%之间，最大干密度在1.74～1.88g/cm³之间。6%水泥稳定粉砂土最佳含水率在10%～11.9%之间，最大干密度在1.88～1.95g/cm³之间。

(3) 水泥稳定粉砂土的X射线衍射分析结果表明，存在SiO_2、SiS_2、Ca-Mg-Al-Si-O等化合物。

(4) 水泥稳定粉砂土无侧限抗压试验表明，3d强度已达到28d强度的63.01%，7d强度已达到28d强度的87.86%。说明前期增加较快，后期增加较慢，前3d增加最快，7d强度能很好地代表28d强度。

(5) 水泥含量分别为6%、8%、10%的水泥土，纤维长度12mm、纤维掺量分别为2‰、3‰、1‰时水泥土无侧限抗压强度增幅较大，水泥含量10%、纤维长度12mm、掺量1‰时，水泥土的无侧限抗压强度增幅最大，在施工中可以作为水泥土配比参考。

(6) 方差分析表明，纤维掺量对水泥稳定土7d无侧限抗压强度的影响大于纤维长度对其影响，施工中可优先考虑通过提高纤维掺量来有效提高水泥稳定土无侧限抗压强度。

(7) 石灰、粉煤灰稳定粉砂土进行击实试验，配比不同试样的最佳含水率与最大干密度也不同。试样石灰∶粉煤灰∶砂=2∶4∶94的最佳含水率为12.5%，最大干密度为1.805g/cm³。试样石灰∶粉煤灰∶砂=5∶15∶80的最佳含水率为13.3%，最大干密度为1.756g/cm³。

(8) 水泥、粉煤灰稳定粉砂土进行击实试验，配比不同试样的最佳含水率与最大干密度也不同。试样水泥∶粉煤灰∶砂=2∶4∶94的最佳含水率为12.2%，最大干密度为1.825g/cm³。试样水泥∶粉煤灰∶砂=5∶15∶80的最佳含水率为12.8%，最大干密度为1.814g/cm³。

第6章 粉砂土高填方沉降控制技术及应用

6.1 工程分析

郑汴物流通道是连接郑州、开封的东西大通道，是郑汴产业带"三横六纵"交通主骨架的重要组成部分，全长约45km。路基宽69 m，设计标准为一级公路。在二干渠桥和运粮河桥两侧均为填方较高，且均为背河洼地区，地下水位较高。运粮河为淮河支流，是开封辖区内一条重要的河流，桥位处河道顺直，两岸均有明显的河堤，现状堤距约43m。二干渠为引黄河水的灌溉渠道，现状河道上堤中心距约50m，河底宽19m。实际填方高度6～7m。

粉砂土颗粒均匀，级配不良。粉砂土的孔隙没有细小黏粒填充，多为饱和土，固结时间短，原状土孔隙率大，难以形成紧密的填充和嵌挤结构，压缩性高、抗剪能力差，沉降变形较大。

6.2 碎石桩处治技术

碎石桩加固地基主要通过碎石传递冲击和振动能量，将孔底及桩周围的土挤压密实，并有一些碎石挤入桩周边的土中，形成了一个与碎石胶结的挤密带，从而提高承载力、减小沉降量、提高土体的抗剪强度。粉砂土地区地下水位一般比较高且季节性变化较大，粉砂土颗粒较细、毛细作用强烈，路基土含水率较大，更容易产生水损坏。碎石桩在地基中形成了较好的排水通道和排水界面，缩短了孔隙水的渗透路径，可以加速土中水排出速度，使土中孔隙水压力减小，使实际有效应力、抗剪强度都有所增加，在短时间内加速了地基的固结沉降，减少工后沉降。

6.2.1 振冲碎石桩概述

碎石桩所用材料来源广，可就地取材，造价较低；机具结构简单，专用设备少，操作简便；成桩快，效率高，施工周期较短，交付使用时间早；适用于处理液化土、软土、盐渍土等。

振冲碎石桩是一种利用振冲器的强烈振动预沉导管，通过桩管灌入碎石，在振、挤、压作用下形成较大密度的碎石桩。振冲碎石桩加固湿软地基主要是利用强烈的冲击振动、挤压填入孔中的碎石，振动能量通过碎石向孔底及四周传递，将孔底及桩周围的土挤密，并有一些碎石挤入碎石桩四周的软土中，形成碎石桩的同时，桩周也形成一个与碎石胶结的挤密带，提高原地基的承载力、减少地基沉降量、提高土体的抗剪强度。其加固原理具体为：

（1）桩体横向挤压作用。由于碎石桩在成桩过程中，桩管对周围土体产生很大的横向挤压力，由桩管体积排开的土体挤向桩管周围的土体，使周围土体孔隙减小，密实度增大。激振器产生的振动通过导管传给土层使附近饱和土地基产生的孔隙水压力，导致部分土体液化，土颗粒重新排列趋向密实，从而起到振挤作用。同时，在成桩的过程中，部分碎石挤入到周围土体中，使土体的整体抗剪强度大大提高，地基得到加固，承载力得到加强。

（2）减荷作用。碎石桩与周围土体共同作用，形成一个垫层，其中这个垫层将上部荷载扩散，使应力分布合理，减少基底应力，同时提高了地基的整体承载能力，减少了地基沉降。由于碎石桩对土体的竖向约束，提高了复合地基的抗竖向变形能力。

（3）桩体排水固结作用。碎石桩在软土地基中形成一个良好的排水通道，并形成一个排水界面，缩短了孔隙水的水平渗透路径，加速软土中水的排出速度，使软土中孔隙水压力减小。实际有效应力、抗剪强度都有所增加，在短时间内加速地基的沉降固结，减少工后沉降。

（4）加筋作用。对于浅层软弱土层，振冲碎石桩可贯穿整个软弱土层，达到相对较硬层，此时桩体在荷载作用下起应力集中作用，从而使软土负担的压力减小，使复合地基承载力明显提高，起到了加筋作用。

6.2.2 碎石桩有限元分析

（1）模型建立

①基本假定。采用总应力分析法，建立平面应变模型，桩土接触单元，考虑桩土之间的相互作用。不考虑土体的排水固结，土体的强度指标由试验得到。不考虑土体的应力历史，以及成桩引起的土体初始位移场和应力场。碎石桩、垫层和土体视为弹塑性材料，对于平面问题采用 Drucker-Prager 弹塑性模型能达到相当高的精度。

②模型的建立。建模时碎石桩、垫层和土的模型均采用 8 个节点，每个节点有 2 个自由度，分别为 x 和 y 方向平移的 PLANE82 单元，此单元具有塑性、蠕变、辐射膨胀、应力刚度、大变形以及大应变的能力。计算深度设定为 4 倍桩长，只考虑机动车道，取 3 倍碎石桩加固区宽度。碎石桩呈正三角形分布，边长为 1.5m，平均深度为 5m。

由点—线—面自下而上建模，充分考虑网格划分的大小和形状，在桩土部位按其形状划分成规则的长方体，桩加固区以外固定划分大小，采用自由划分，左右边界施加 x 方向的约束，下边界施加 x、y 向约束，桩、土体和垫层采用 Drucker-Prager 弹塑性本构模型，计算参数如表 6-1 所示。

模型计算参数   表 6-1

名称	弹性模量 /kPa	土层厚度或长度/m	泊松比	黏聚力 /kPa	内摩擦角/°	重度/（kN·m⁻³）
路基填土	9500	2～8	0.3	20.8	20.2	15.7
碎石桩	40000	5	0.3	10	10	26
垫层	40000	0.4	0.3	10	10	26
地基	3350	4	0.2	9.0	20.0	17.8

（2）结果分析

①填方高度对水平位移的影响。考虑工程实际，路基填方高度2~8m，路面和车辆荷载简化为1m填高路基，分别计算填方高度2m、4m、6m、8m时，有碎石桩和无碎石桩路基坡脚的水平位移，结果见表6-2。

填方高度不同路基坡脚的水平位移 表6-2

路基填高/m	有桩处理坡脚水平位移/mm	无桩处理坡脚水平位移/mm
2	−4.3711	−5.2828
4	−1.9981	−3.9264
6	3.2006	9.1341
8	9.9782	32.481

由表6-2可以看出，当路基填方高度小于4.5m时，路基坡脚水平位移为负值，表现为向路基中线方向。随着填方高度的增加，路基坡脚向内水平位移逐渐减小。当路基填方高度增加至约5m时，坡脚水平位移为零。之后，随着路基填方高度的增加，位移变为正值，表现为背中线向外侧移动。当路基填高从2m分别增加至4m、6m、8m时，碎石桩处理地基之后，路基坡脚水平位移分别减少了1mm、2mm、6mm、23mm。可以看出随着路基填方高度的增加，碎石桩处理地基能够显著减小路基水平向外侧的位移。

②桩长对水平位移的影响。若路基填方高度4m，考虑桩长对路基坡脚水平位移的影响，计算时分别取桩长为0m、5m、10m、15m，则坡脚水平位移如表6-3所示。

桩长不同时路基坡脚的水平位移 表6-3

桩的长度/m	坡脚水平位移/mm
0	−3.9264
5	2.0346
10	5.2896
15	7.1849

从表6-3可以看出，不用振冲碎石桩处理时路基坡脚水平位移向内4mm。当分别采用5m、10m、15m的振冲碎石桩处理时路基坡脚水平位移向外，其值分别为2mm、5mm、7mm，随处理深度的增加水平位移增大。

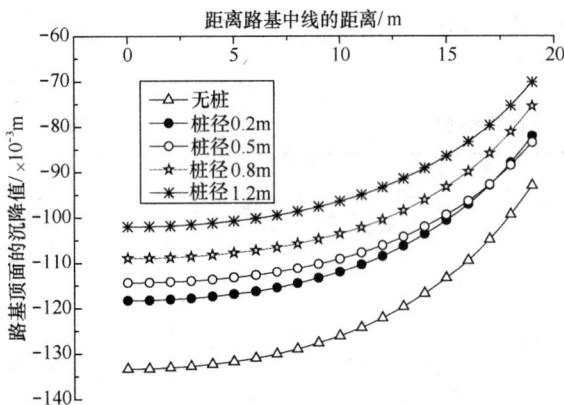

图6-1 桩径不同时路基顶面的沉降值

③桩径的影响。若路基填方高度4m，桩间距1.5m，考虑桩径0.2m、0.5m、0.8m、1.2m对路基沉降、坡脚水平位移的影响，结果如图6-1和表6-4所示。

桩径不同时路基坡脚的水平位移 表6-4

桩径/m	路基坡脚水平位移/mm
0.2	−0.18992
0.5	2.0346
0.8	2.6395
1.2	0.25977

从图 6-1 可知，碎石桩能够明显减小路基的沉降量，路基中心沉降量最大、边缘沉降量最小，随着桩径的增大路基沉降量减小。桩径为 0.2m、0.5m、0.8m、1.2m 时，路基的最大沉降量分别为 118mm、114mm、108mm、101mm。由表 6-4 可知，当桩径为 0.2m 时路基坡脚向内侧移动 0.2mm，而桩径为 0.5m、0.8m、1.2m 时，路基坡脚水平位移向外侧分别移动 2mm、2.6mm、0.3mm。因此可知，当桩径由小变大时，坡脚水平位移由小变大，然后又减小。

④桩间距的影响。如路基填方高度 4m，桩径为 0.5m，考虑桩间距为 1.0m、1.5m、2.0m、2.5m 时，振冲碎石桩对路基沉降、坡脚水平位移的影响，结果如图 6-2 和表 6-5 所示。

桩间距不同时路基坡脚的水平位移

表 6-5

桩间距/m	路基坡脚水平位移/mm
1	3.131
1.5	2.0346
2	1.3033
2.5	0.92492

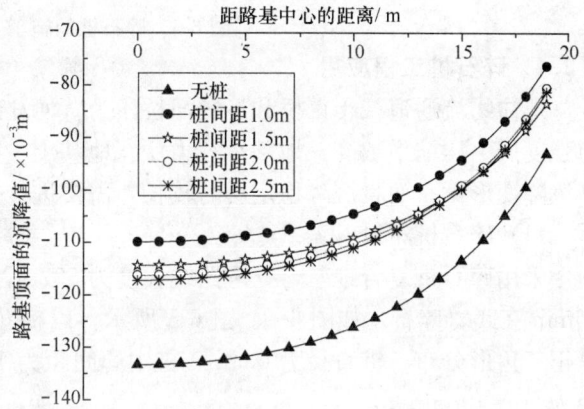

图 6-2 桩间距不同时路基顶面的沉降值

由图 6-2 和表 6-5 可知，桩间距越大路基的沉降越大，桩间距分别为 1.0m、1.5m、2.0m、2.5m 时，路基的最大沉降值分别为 109.9mm、114.4mm、116.3mm、117.2mm。随桩间距变大坡脚水平位移逐渐减小，路基坡脚水平位移依次为 3.0mm、2.0mm、1.0mm、0.9mm。

6.2.3 碎石桩施工工艺

（1）石料的选择

可以采用粒径为 20～50mm 的碎石，经现场试验含泥量应控制在 5% 以下，叶片状含量小于 15% 且颗粒级配满足规范的要求。另外，填料量达到一定的数量才能保证设计所需要的充盈系数，才能达到设计的要求。

（2）工艺参数

在进行正式施工前，要根据碎石桩试验段的施工，总结满足工程的各种施工参数，如工作电压和电流、反插次数、留振时间，能更加保证施工的质量。

①通过控制机器的电压和电流来保证振孔器振冲能力，确保碎石桩的密实度。

②反插次数的控制，反插次数要根据石料的下料情况而定，为保证灌入的石料量，要调整反插次数，但每根碎石桩的反插次数应不少于 10 次，反插控制为每 1.5m 反插一次。

③留振时间应根据具体情况而定，一根桩应控制在 15～20s。

④每根桩的灌石量应基本相同。

（3）施工顺序

结合实际工程，碎石桩在粉砂土湿软路基中的施工工艺流程如图 6-3 所示。

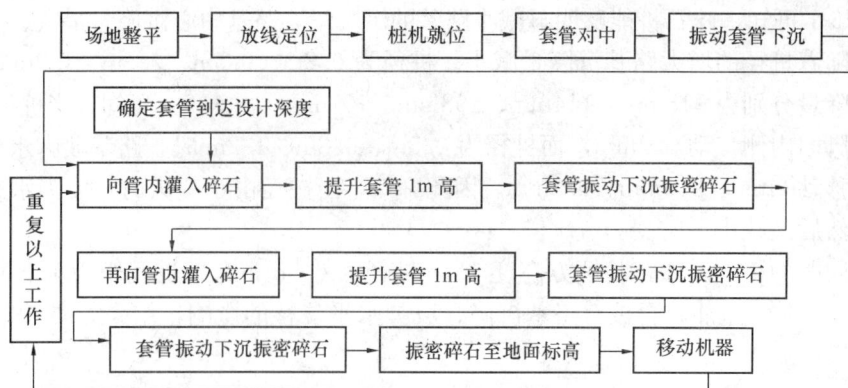

图 6-3　碎石桩的施工工艺流程

6.2.4　碎石桩工程应用

郑汴物流通道二干渠桥和运粮河桥段为背河洼地，地下水位较高，天然孔隙率大，抗剪强度低、压缩系数高、地基承载力低，地基土主要为含砂粉土，并且局部为高填方，地基沉降变形大，而且沉降稳定历时较长，需要进行人工处理。

（1）碎石桩布设

采用碎石桩复合地基，处理路线长度为507m，平均宽度约80m，垫层为40cm厚8～20mm玄武岩碎石。如图6-4、图6-5所示，以梅花形打下了10000多根碎石桩，碎石桩呈正三角形分布，桩直径为0.5m，桩中心间距为1.5m，平均深度为5m，玄武岩碎石粒径为20～40mm。

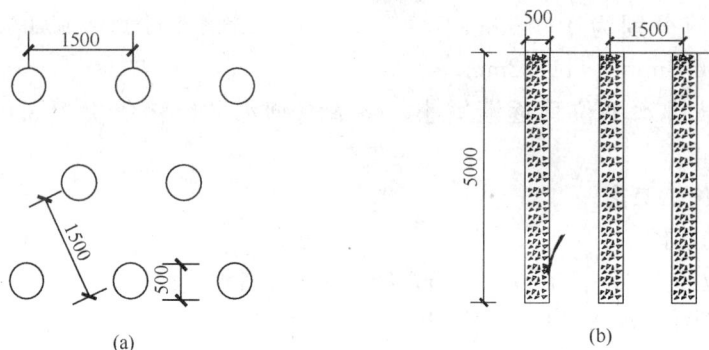

（a）

（b）

图 6-4　碎石桩复合地基示意图（单位：mm）

（a）平面图；（b）剖面图

图 6-5　碎石桩在湿软地基中的应用

（2）成桩工艺

结合实际工程，成桩工艺如图 6-6、图 6-7 所示。

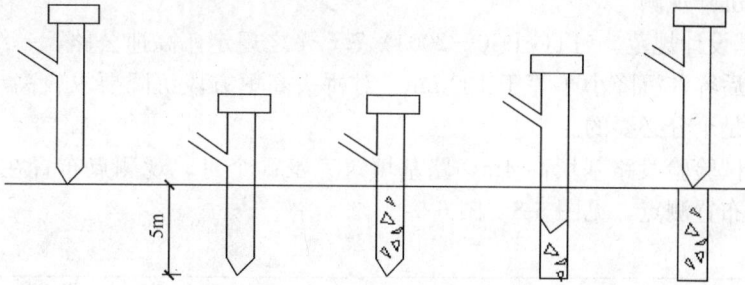

图 6-6　碎石桩的成桩工艺流程

图 6-7　碎石桩作业现场照片
（a）正在上料；（b）正在成桩

①振冲机就位，桩靴闭合，桩管对准桩孔中心，垂直就位。

②发动机器，振孔器开始振动，进入土层，将桩管沉入桩底标高地面以下 5m。

③将料斗插入桩管入口，向管内灌入碎石。

④桩靴活瓣打开，边振动边拔管，拔管高度为 150～200cm，停止拔管继续振动 10～20s，如此反复进行直至桩管露出地面。

施工时应该注意，每根桩的反插次数不少于 10 次，提升和反插速度必须匀速进行，施工过程中应及时除去桩管带出的泥土，孔口泥土及时清理，不要掉入孔中。

（3）质量控制

碎石桩桩体密实度检测。为控制桩体施工质量，采用重型圆锥动力触探法测定桩体密实度，按不同地段、桩数进行抽检，抽检率 2%。经检测，所有抽检点的重型圆锥动力触探的锤击数 8～20 击/10cm，平均锤击数为 14 击/10cm，根据《岩土工程勘察规范》（GB 50021—2001），桩体均为中密～密实状态，达到设计要求。

碎石桩桩间土处理效果检测。桩间土处理效果检测在成桩施工完毕 7d 后进行，采用标准贯入试验方法进行检测。桩间土标准贯入试验 $N_{63.5} \geqslant 8$ 击，则认为处理达到设计要求。瑞利波测试测出剪切波速 $V_s \geqslant 200 \text{m/s}$，则处理效果达到设计要求。

（4）工后沉降观测

《公路路基设计规范》（JTG D30—2004）7.6.4 之规定，高速公路、一级公路桥台与路堤相邻处工后容许沉降小于等于 100mm。对桥头高填方段沉降要求较高，因此，进行工后沉降观测是十分必要的。

选择的观试验验段路基填高 4m，路基填筑完工 5 个月。观测点布置在机动车道上，沿路基横断面布置测点，见图 6-8、图 6-9。

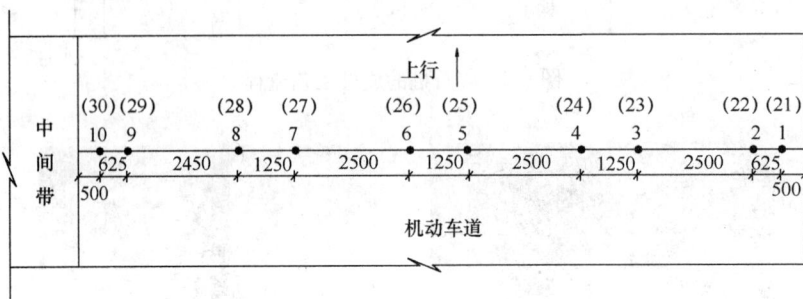

图 6-8 上行方向测点布设

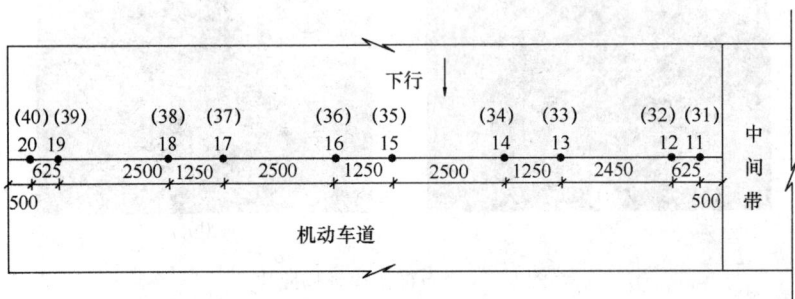

图 6-9 下行方向测点布设

共同 40 个测点，其中 1～20 点下地基经振冲碎石桩处理，括号内标注的 21～40 点下地基未经碎石桩处理。现场沉降观测结果如表 6-6 所示。

测点的沉降值 表 6-6

沉降值/mm 距路肩的距离/m	1 到 10 测点	11 到 20 测点	21 到 30 测点	31 到 40 测点
0.50	24.00	29.00	36.00	54.00
1.13	21.00	30.00	45.00	57.00
3.63	23.00	29.00	34.00	53.00
4.88	26.00	28.00	44.00	58.00
7.38	25.00	25.00	45.00	54.00

沉降值 /mm 距路肩的距离/m	测点 1 到 10 测点	11 到 20 测点	21 到 30 测点	31 到 40 测点
8.63	28.00	25.00	56.00	48.00
11.13	28.00	27.00	40.00	36.00
12.38	28.00	22.00	48.00	31.00
14.83	31.00	23.00	46.00	35.00
15.45	29.00	24.00	55.00	30.00

由表 6-6 可知，未经碎石桩处理的路基比经碎石桩处理的路基沉降值大。路基中间沉降值较大，路基边缘沉降较小，这和有限元分析结果相符合。经碎石桩处理的路基平均沉降值约为 26.3mm，总体沉降较为均匀；10 点和 11 点的沉降较大，其值为 29mm；1 点和 20 点的沉降值较小，其值为 24mm。未经碎石桩处理的路基平均沉降值约为 45.5mm，沉降不均匀；26 点和 34 点的沉降较大，其值为 56mm 和 58mm；21 点和 39 点的沉降较小，其值为 36mm 和 30mm。可见，碎石桩处理粉砂性湿软地基，能较好控制路基的整体沉降值。实测与计算值有较大差别，这主要是因为有限元计算结果为路基的最终沉降值，高填路基工后沉降会随时间进一步增大。

6.3　冲击压实处治技术

冲击压实技术是一种适合各种土的高效压实方法，对于粉砂土路基公路，用冲击压实机碾压可以提高路基的压实度和均匀性，路堤土体产生较大沉降，减少了工后沉降。并且冲击压实对填料的含水率要求较低，适合该工程上下含水率不一致的情况。故采用凸轮机械对部分路基进行冲击碾压，可以提高施工效率，改善填料的压实质量，减少路基的工后沉降量。

6.3.1　冲击碾压原理

冲击压路机是兼具强夯机和普通振动压路机优点的一种压实机械，作业方式是冲击和滚动重压复合行为，整个压实过程是一个复杂的周期加随机过程。土体在压实过程中，压实机械所产生的应力使一定深度范围内的土体颗粒重新排列并挤密，土的密度和强度随之提高，土体渐渐由塑性状态变为弹塑性状态，直到弹性状态。三边形冲击压路机是"揉压→碾压→冲击"的综合过程，图 6-10 为其压实工作原理示意图。

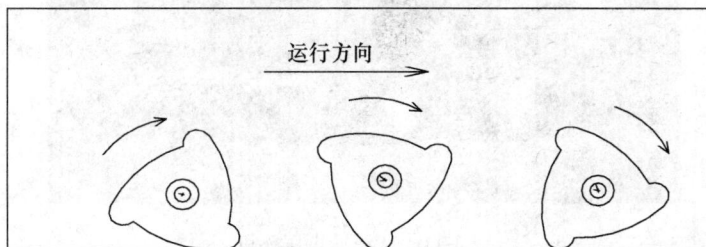

图 6-10　冲击压实工作原理示意图

冲击压路机的冲击能是由压路机轮轴组件的质量和压实轮质量半径差所产生的，并可由下式计算：

$$E = mgh \tag{6-1}$$

式中　E——冲击压路机的冲击能，kJ；

　　　m——压路机的轮轴组件的质量，kg；

　　　g——重力加速度，通常取值为 $9.8\,\text{m/s}^2$；

　　　h——压实轮外半径与内半径的差值，$h = R - r$，m。

根据冲量定理计算冲击力 N：

$$N = \frac{mv' - mv}{t} \tag{6-2}$$

式中　v'——冲击初速度，m/s；

　　　v——冲击末速度，m/s；

　　　t——冲击作用时间，s。

对于三边形冲击式压实机，其冲击力一般在 $3 \times 10^3 \sim 4 \times 10^3$ kN 范围内，其冲击力相当于压实轮自重静压力的 $20 \sim 30$ 倍，较传统的振动压路机大 $6 \sim 10$ 倍，影响深度大 $3 \sim 4$ 倍。

粉砂土的压实是指粉砂土颗粒间的孔隙达到最小值，达到最大干密度。开封地区常年多风，导致粉砂土表面极易失水，形成上下含水率不同，在碾压时表面因为处于干燥状态而容易产生拥砂现象，粉砂土毛细管比较发达，若洒水控制不好又容易导致下部含水率过大而更不易压实。

三边形冲击压路机（见图 6-11）用于粉砂土，能很好地解决填料含水率上下不一致的问题。在揉压及碾压过程中，对其下部作用较为明显，因含水率较大，揉压和碾压形成的压力波对水分子的移动要大于对砂样固体颗粒的移动，导致内摩擦力大大减小，初步实现了砂颗粒的重新排列，使砂颗粒总是朝着有孔隙的位置移动，因而粒径较小的砂颗粒得以填充到粒径较大的颗粒产生的孔隙中间，所以实现了粉砂土颗粒的重新排列，使小颗粒进入大颗粒之间的孔隙。但其压力尚不足以克服颗粒之间的吸附力、黏聚力、接触力，使疏松的土石颗粒咬合状态变得紧密。

图 6-11　蓝派冲击压路机

关键在于冲击过程，其作用主要体现在以下三个方面：

（1）对粉砂土下部，较大的低频大振幅冲击力作用于土体，并周期性地作用，产生强烈的冲击波向土基下深层传播，对含水率较大的粉砂土，大大加速了孔隙水的消散，提高了土的固结速度，加速了压实过程，使土体得到最大限度的压实，使疏松的土石颗粒孔隙逐步减小，达到最佳含水率，咬合状态变得紧密，逐步达到最大干密度。

（2）产生强大的冲击波向深层填料传播，能量在粉砂土填料中传递时克服颗粒之间的吸附力、黏聚力、接触力，使疏松的土石颗粒咬合状态变得紧密，使填料得到压实，并且使本层填料与下部填料得以很好的衔接，且压实影响深度随着压实遍数的增加而递增。

（3）粉砂土表面较为干燥，非常松散，黏聚力小，可在施工前洒适量水，使其不至扬尘即可，本层表面会随着上层的填筑而逐步达到最佳含水率和最大干密度，到最后一层填筑压实时再洒适量的水，以节约成本。

6.3.2 施工工艺

冲击压实粉砂土路基的施工工艺流程如图 6-12 所示。

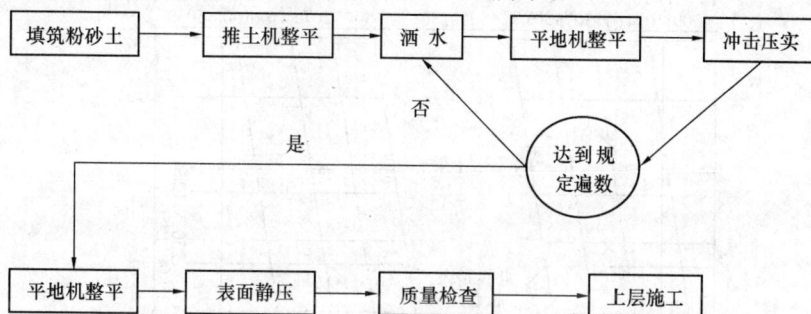

图 6-12 冲击压实粉砂土工艺流程图

采用冲击压路机压实路基时，同一碾压带纵向至少要冲击 6 次（即纵向错轮 1/6 轮周长进行）才能保证冲击地面受到均匀的冲击压实，能够使土密度均匀，路基强度提高幅度一致，不会出现漏冲或过冲现象。

为了减少由于冲击在填料表面出现大量细灰尘土导致冲击能量的较多损失以及防止压实过程中扬灰现象严重影响施工，应在施工前洒水保证施工中不扬尘，适量洒水不仅能降低工程造价，还使压实效率大大提高。

冲击压实机对深层土体有密实作用，但由于其碾压轮产生集中的冲击力，对表层土体产生松动作用，且易造成表面高低参差的情况，当冲击压实后表面坑槽较大，机械无法按正常速度行驶时，需要重新洒水、整平。

根据冲击压路机对含水率很高的粉砂土高填方路基施工的工程实践，对路堤沉降变形的观测结果表明：冲击压实技术应用于高含水率粉砂土高填方压实施工，可以明显改善填料的压实效果，减少路堤的工后沉降。

6.4 处治效果现场检测

6.4.1 沉降观测方案

1. 观测方案

水准基点是沉降观测的基本控制点，一般布设在较稳固、不容易破坏的地方，并与其他水准点形成水准网，以建立起统一的高程基准。观测点在水准基点的控制下布设于每一观测段的路面上，每一个观测点的位置钉上水泥钢钉。这样观测点既便于路基的沉降观测，又具有很强的稳固性。点位布设应考虑的因素有：地质因素，荷载因素，填筑质量，观测方式，经济因素等，复杂地段应根据需要加密，过渡段处沉降观测应结合过渡段的类型进行加密。

根据实际情况，考虑通车后各个车道的车辆分布情况，将各测点、测量断面划分如下：二干渠分为1、2、3、4、5、6、7、8、9、10、11、12共十二个横截面，A、B、C、D、E、F、G、H八个纵截面，如图6-13所示。运粮河分为1、2、3、4、5、6、7、8、9、10、11、12十二个横断面，A、B、C、D、E、F、G、H、I、J共十个纵断面，如图6-14所示（7、8、9、10、11、12横断面与1、2、3、4、5、6横断面沿运粮河对称，图中只画出了1、2、3、4、5、6横断面）。

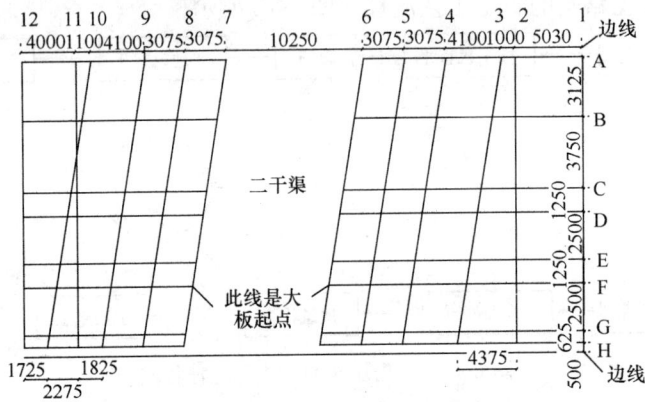

图6-13　二干渠段测点布设

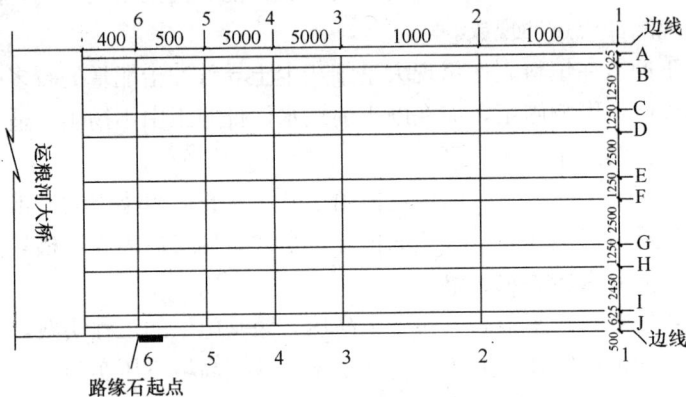

图6-14　运粮河段测点布设

2. 观察方法与要求

路基沉降由外荷载作用下路基土体的压密沉降和基底以下地层的压密沉降两部分组成。路基沉降观测可分为填筑期观测、预压期观测、路面施工期观测和工后沉降观测4个阶段，其中前3个阶段可对高等级公路施工过程实施动态控制，工后沉降观测可考察地基处理效果，验证沉降预测的精确性。本研究沉降观测为工后沉降观测，采用全断面沉降观测，主要用以观测路基横断面地表处不同位置沉降量的变化大小，以此分析在填土静荷载作用下沉降体形状变化。

沉降观测的频率主要决定于沉降量的大小，加载方法和观测的目的等。一般要求观测的次数能反映出沉降变化的过程，又不错过变化的时刻，根据实际情况，工后观测，前四次每隔20d观测一次，然后每60d观测一次。在沉降观测点附近设置稳定的、便于长期观察的水准点，并严格控制其水准高程。观测所用的设备、仪器在使用前都要进行校核检查，以确保每次观测数据的精确性。另外，还要做到六个固定：观测时间间隔固定，观测人员固定，仪器固定，测站固定，水准尺固定，转点固定[83]。

6.4.2 观测结果分析

根据观测结果，计算出各个纵、横断面上测点的高程，取每个断面上的测点高程的平均值作为观测区间的沉降值，总沉降量为四个月的累积沉降值，见图6-15～图6-22。

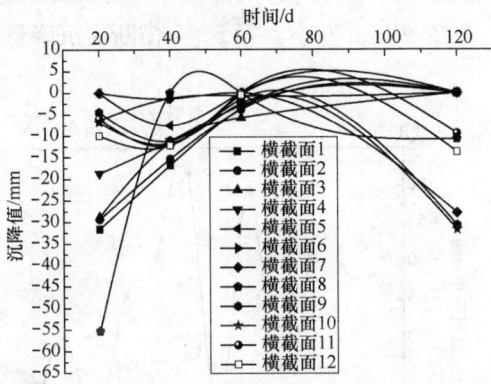

图 6-15　二干渠段横断面沉降值

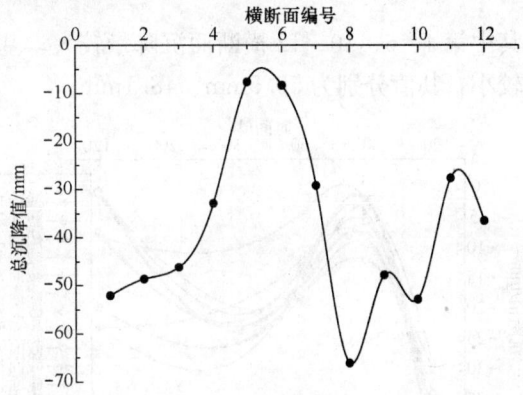

图 6-16　二干渠段横断面总沉降量

1. 二干渠段观测结果分析

由图6-15、图6-16可知，二干渠段各横断面每个观测周期的沉降量基本上都在55mm以内，20d的沉降量小于55mm，40d的沉降量小于20mm，60d的沉降量小于7mm，120d的沉降量小于32mm。80d后沉降量略有变大，可能是正式开放交通的原因。各横断面四个月的总沉降量均小于70mm，其中第8横断面总沉降量较大，第5、6、7横断面沉降量较小，其值小于30mm。沉降基本规律为：距离桥越近沉降量越小。

由图6-17、图6-18可知，二干渠段各纵断面每个观测周期的沉降量基本上都在25mm以内，20d纵断面沉降量都小于24.5mm，40d纵断面沉降量都小于12.5mm，60d纵断面沉降量都小于7.5mm，120d纵断面沉降量都小于7.5mm。各纵断面四个月的总沉降量都在小于32mm，其中第G纵断面沉降

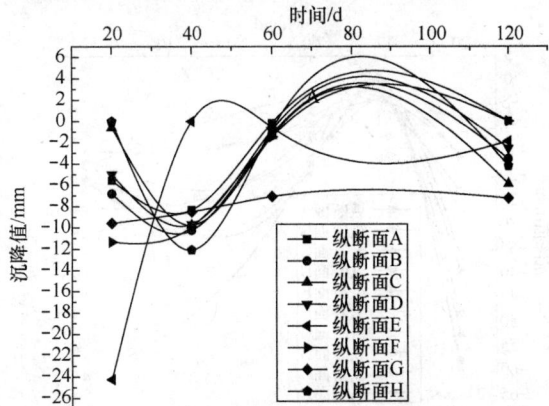

图 6-17　二干渠段纵断面沉降值

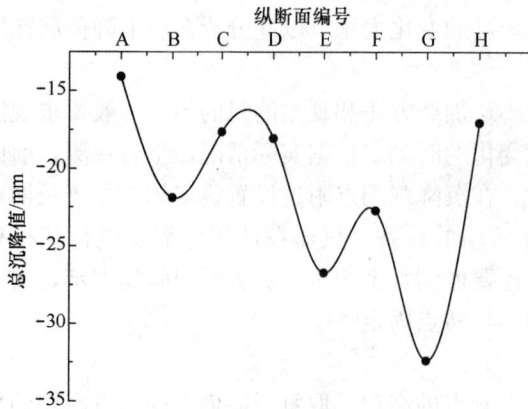

图 6-18　二干渠段纵断面总沉降量

量较大，其值为 32mm，可能是开放交通的原因；第 C 纵断面，临近道路中线，沉降量较小，其值为 17.66mm；其他纵断面总沉降量在 C、G 纵断面之间。沉降的基本规律时：路中线处沉降较小。

2. 运粮河段沉降观测结果分析

由图 6-19、图 6-20 可知，运粮河段各横断面每个观测周期的沉降量基本上都在 45mm 以内，第 20d 各横断面沉降值在 30～45mm 之间，第 40d、60d、120d 各横断面沉降量都小于 20mm，各横断面四个月的总沉降量都小于 85mm，其中第 4、6、10、12 横断面沉降量较大，基本上都在 80mm 左右，第 5、7 横断面沉降量较小，其值分别为 50.5mm、48.1mm。

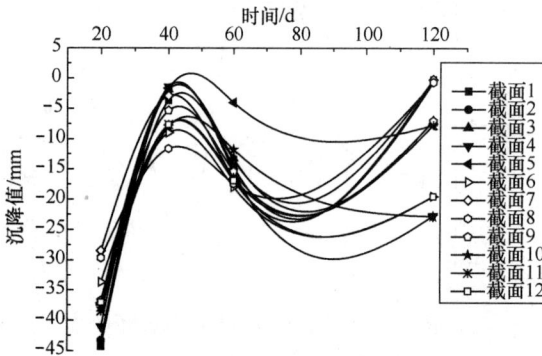

图 6-19　运粮河段横断面沉降值

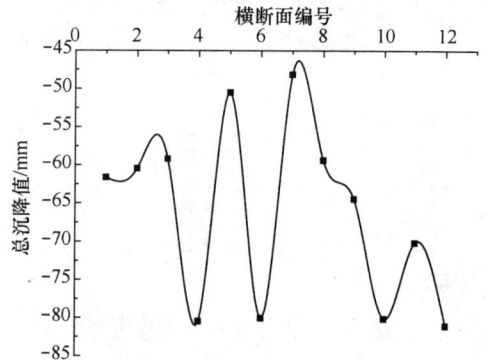

图 6-20　运粮河段横断面总沉降量

由图 6-21、图 6-22 可知，运粮河段各纵断面每个观测周期的沉降量基本上都在 60mm 以内，第 20d 各纵断面沉降量变化较大，各纵断面沉降值在 15～60mm 之间，第 40d 的沉降量较小，其值都小于 6mm，第 60d、120d 各纵断面沉降量基本上在 10～30mm

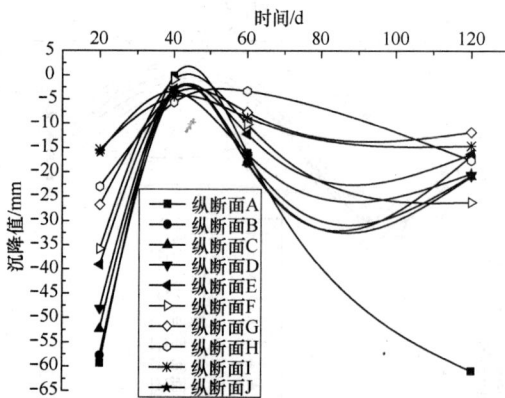

图 6-21　运粮河段纵断面沉降值

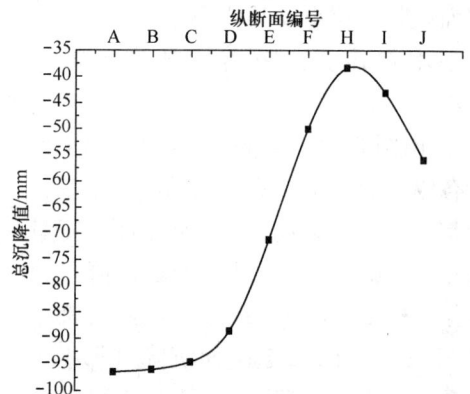

图 6-22　运粮河段纵断面总沉降量

114

之间。各纵断面四个月的总沉降量都小于 75mm，其中第 H 纵断面沉降量较小，其值为 38.3mm，第 A 纵断面沉降量较大，其值为 96.4mm。

6.5　本章小结

建立有限元模型，分析碎石桩处治粉砂土湿软地基，探索施工工艺，并将碎石桩应用于实体工程，理论分析及现场观测表明工程效果良好。主要结论如下：

（1）填方高度越大，采用振冲碎石桩减少的水平位移越多，效果越显著。当填方高度分别为 2m、4m、6m、8m 时，若采用振冲碎石桩处理，水平位移可分别减小 1mm、2mm、6mm、23mm。

（2）坡脚水平位移随着桩长的增大而增大。填高 4m，采用 5m、10m、15m 的碎石桩处理时，坡脚水平位移从向内 4mm 到分别向外 2mm、5mm、7mm。

（3）路基的最大沉降量随着桩径的变大而减小。当桩径为 0.2m、0.5m、0.8m、1.2m 时，路基的最大沉降量分别为 118mm、114mm、108mm、101mm。

（4）随着桩间距的增大，路基的竖向沉降增大，水平位移减小。桩间距为 1.0m、1.5m、2.0m、2.5m 时，路基的最大沉降值分别为 109.9mm、114.4mm、116.3mm、117.2mm，路基坡脚水平位移分别为 3mm、2mm、1mm、0.9mm。

（5）综合分析认为：桩径为 0.5m，桩间距为 1.5m 时，最为经济合理。

（6）观测结果表明：用碎石桩处理高填方粉砂土软基工程可行且效果良好。

第7章 粉砂土路基井点降水技术及应用

粉砂土沿黄河两岸分布,地下水位较高,塑性指数小,渗透性较大,含水率较大,桥涵的基础部分或全部处于地下水位线以下,为保证干法作业,应做好降水处理。否则在挖方施工中侧壁地下水向坑内渗流,易形成流砂,随着基坑挖深加大,砂土随水流失,边坡不断滑塌,掩埋基坑。若水流不断时,地基稍有扰动,即软化流动,基底承载力将达不到设计要求,基础无法施工。井点降水排水量大、降水深,适用于地下水位高、土方开挖较深的工程,在房屋建筑、水利及公路工程中均有应用。

7.1 井点降水概述

(1)基本原理

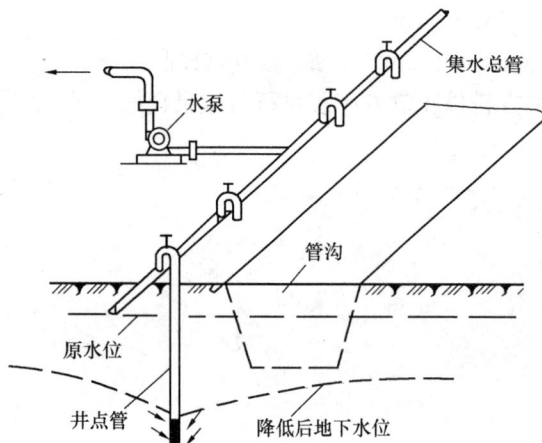

图 7-1 井点降水原理

井点降水法是在基坑周围埋设一定数量的滤水管,利用抽水设备持续抽取地下水,在井点周围形成一个稳定的漏斗形状的水面,使地下水位降至基坑底以下。井点降水工作原理如图 7-1 所示。并在基坑开挖过程中保持不间断抽水,使基坑开挖等工作均处于无水状态进行。井点降水可有效地防止流砂,使边坡得到稳定,有利于机械化施工,保证工程质量与安全。

(2)井点分类和选择

井点分轻型井点和管井两大类,见表 7-1。施工中应根据土体的渗透性、降水深度、机械设备及材料情况,经技术经济分析后确定。

各类井点适用范围 表 7-1

井点类别		土的渗透系数/m·d^{-1}	降水深度/m
轻型井点	一级轻型井点	0.1～50	3～6
	多级轻型井点	0.1～50	视井点级数确定
	喷射井点	0.1～50	8～20
	电渗井点	<0.1	视选用井点确定
管井	管井井点	20～200	3～5
	深井井点	10～250	>15

(3) 轻型井点降水的计算理论

①进行井点系统的高程布置时，井管的埋设深度（不包括滤管）按式（7-1）计算：

$$H_w \geqslant H_1 + h + iL + l \qquad (7-1)$$

式中　H_w——井管的埋设深度，m；

H_1——井管埋设面到基坑底的距离，m；

h——基坑轴线上降低后的地下水位到基坑底的距离，一般不小于 0.5m；

i——水力坡度；

L——井点管中心到最不利点的水平距离，m；

l——滤管长度，m。

②基坑涌水量计算

无压完全井的计算按公式（7-2）计算：

$$Q = \frac{1.366k(2H-s)s}{\lg R - \lg x_0} \qquad (7-2)$$

式中　Q——井点系统总涌水量，m³/d；

k——渗透系数，m/d；

H——含水层厚度，m；

R——抽水影响半径，m；

s——水位降低值，m；

x_0——基坑假想半径，m。

无压非完全井环形井点系统涌水量依公式（7-3）进行计算：

$$Q = \frac{1.366k(2H_0-s)s}{\lg R - \lg x_0} \qquad (7-3)$$

式中　Q——井点系统总涌水量，m³/d；

k——渗透系数，m/d；

H_0——有效带深度，m；

R——抽水影响半径，m；

s——水位降低值，m；

x_0——基坑假想半径，m。

③影响半径的确定

完全井影响半径的确定按式（7-4）计算：

$$R = 1.95s\sqrt{HK} \qquad (7-4)$$

非完全井影响半径的确定按式（7-5）计算：

$$R = 1.95s\sqrt{H_0K} \qquad (7-5)$$

④假想半径的确定

基坑假想半径 x_0 的确定，当环围面积为矩形时按式（7-6）计算：

$$x_0 = \alpha \frac{L+B}{4} \qquad (7-6)$$

式（7-6）中 α 为系数，其值可由表 7-2 查出。L，B 分别为基坑的长度与宽度，m。

B/L	0	0.2	0.4	0.6~1.0
α	1.0	1.12	1.16	1.18

当 $L/B > 5$ 时，可划分为若干单元计算。

当环围面积为圆形或近似圆形时按式（7-7）计算：

$$x_0 = \sqrt{\frac{F}{\pi}} \tag{7-7}$$

式中 F——基坑的平面面积。

⑤单根井点涌水量

单根井点涌水量计算按式（7-8）计算：

$$q = 65\pi d l^3 \sqrt{K} \tag{7-8}$$

式中 d——为滤管直径，m；

       l——为滤管长度，m。

⑥井点管数量的确定

确定井点管数量按式（7-9）计算：

$$n = 1.1Q/q \tag{7-9}$$

式（7-9）中 1.1 为考虑井点堵塞等因素的井点系数。

⑦井点管间距的确定

井点管间距按式（7-10）计算：

$$D = \frac{L_1}{n-1} \tag{7-10}$$

式中 L_1——为总管的长度。

7.2   井点施工基本方法

（1）井点安装

根据现场施工情况，总结井点降水安装程序，见图 7-2。

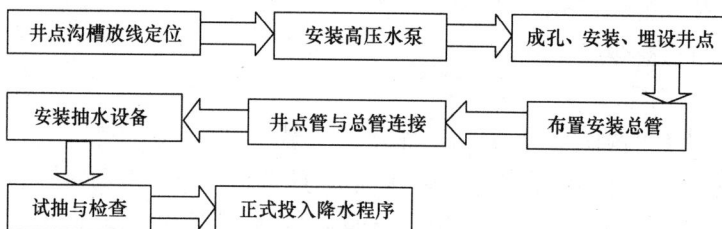

图 7-2   井点降水安装程序

（2）井点降水施工准备

成孔。对于一般的粉砂土路基以钢管作井点管，采用打入法和高压水冲法即可下管。当选用塑料管作为井点时，采用人工抽砂法进行井点管的埋设。在粉砂土地层中，用套管冲枪水冲、振动水冲等方法，均难以达到理想的施工效果。人工抽砂成孔的施工方法为：

118

采用直径为 10～15cm 的压水器，进水口连接硬塑料管，另一端连接同直径长 1～1.5m 的钢管，在井点管位置设置直径 30cm 预留有流水口的铁皮护筒，用黏土埋深不小于 15cm，用黏土将沉淀池与回水渠封闭。用水泵向沉淀池补充水，保持护筒内水位比地下水位高 0.8m 以上，将抽水端钢管插入护筒内砂地层，压水井抽吸时将插入钢管内的砂土抽起，压水井活塞复位时将钢管提起，如此反复抽吸，逐渐下沉成孔。高压水冲成孔的方法：用 $\phi50$～70 的镀锌钢管制作成高压水枪冲孔，3 人协作，先插入水枪，待水枪下沉到要求的深度时（在橡胶管上做出标记），拔出水枪，快速插入井点管。

井点管的埋设。在粉砂土路基施工中，井点管的埋设要根据土质情况而定，当土质为粉砂土或者夹杂黏土时，水冲成孔后应立即埋设井点管，并在井点管与孔壁之间立即用粗砂和碎石灌实，距地表 1m 深度内，用黏土填塞密实，以防漏气。当土质为中砂和粗砂时，水冲或其他方法成孔后，立即埋设井点管，只需在距地面 0.5m 深度内，用黏土填塞密实即可。

管路安装与检查。用透明胶管将井点管与总管连接好，用薄膜把接口缠紧，再用铁丝绑好，防止管路密封不严漏气而降低整个管路的真空度。然后，再安装集水箱、排水箱、真空泵和离心泵，离心水泵轴心标高宜与总管平行或略低于总管。检查集水总管与井点管连接的连接管的各个接头在试抽水时是否有漏气现象。井点降水一经开始，就要不间断进行，否则井点滤管易被堵塞，因而真空泵及离心泵均应该有备用，供电线路及配电装置均为两套。

（3）井点降水注意事项

使用井点降水时，一般应连续抽水，时抽时停，滤网易堵塞，同时由于中途停抽，地下水回升，也可能引起边坡塌方等事故。抽水过程中，应调节离心泵的出水阀以控制水量，使抽吸排水保持均匀，正常的出水规律是"先大后小，先浑后清"，真空泵的真空度是判断井点系统工作情况是否良好的尺度。

若抽出的地下水始终不清，水中含砂量较多，基坑附近地表沉降较大。原因可能是井点滤网破损，井点滤网孔径和砂滤料粒较大，失去过滤作用，土层中大量泥沙随地下水被抽出。预防措施是下井点管时必须严格检查滤网，发现破损或包扎不严密应及时修补，井点滤网和砂滤料应根据土质条件选用。对始终抽出浑浊水的井点，必须停止使用。

7.3 井点降水工程实例

（1）工程概况

郑州至开封物流通道工程是中原城市群中规划的"三横六纵"中的一条重要横向公路，工程起点位于郑州市郑东新区的商鼎路与京港澳高速公路分离式立交东侧，终点位于开封市金明大道与宋城路交叉口转盘处，路线全长 44.661km；其中郑州境内 32.063km，开封境内 12.598km。工程沿线区域为郑州与开封一体化发展的战略性发展地段——郑汴产业带，随着大郑东新区和郑汴一体化快速发展，该区域沿线将成为现代化城市新区。

开封地区濒临黄河，地下水位较高，地下水埋深为 1.00～2.80m。由于场区内有较多的河流，局部地下水位受影响，变化较大。据开封市水文局提供的资料，该场区地下水水位年内变幅 1.0m 左右，年际变幅在 2.0m 左右。地下水动态变化受季节影响明显，为典型的渗入—蒸发、开采型和渗入—开采型，以及渗入—径流—蒸发—开采型。浅层水的富水程度取决于含水砂层的厚度、粒度的粗细，可划分为水量丰富的和水量中等的两个区域。

经实地勘察，场区水文地质条件简单，地下水均属孔隙潜水，补给方式主要为大气降水入渗及侧向径流补给，排泄方式主要为人工取水和侧向径流排泄。不同于沙漠地区风积沙的重要一点是由于黄河高悬于地面流过，水位受季节影响明显，稳定性差，地下水位平均埋深为 1.5m。土层变化较大但基本以粉砂土为主，中间局部夹有黄褐色低液限黏土。

道路沿线路线跨越七支排、西干渠、马家河北支、马家河、二干渠、运粮河等，所跨河流宽度均不大，最大河宽不足 100m。本工程排水系统采用雨、污分流制，管渠采用开槽施工，地下水位较高，而全线开挖深度 2～6m，管渠施工时需考虑降水。

（2）井点系统的布置

根据本工程地质情况和平面形状，选用轻型井点的不同布置方式。单排布置适用于基坑（槽）宽度小于 6m 且降水深度不超过 5m 的情况。井点管应布置在地下水的上游一侧，两端延伸长度不宜小于坑（槽）的宽度，如图 7-3 所示。双排布置适用于基坑深度大于 6m 或土质不良的情况，如图 7-4 所示。

图 7-3　轻型井点降水单排布置

图 7-4　轻型井点降水两排布置

对于开挖较深的大面积基坑可采用二级井点降水，如图 7-5 所示，或者环绕布置方式，如图 7-6 所示。

图 7-5　轻型二级井点降水布置

图 7-6　轻型井点降水环绕布置

（3）轻型井点系统的设计计算

计算以某段涵洞施工为例，基坑底宽 10m，长 44m，基坑深 5.0m，挖土边坡1：0.5。参照地质勘探报告，渗透系数 k 取 4m/d。地下水位在天然地面下约1.5m处。采用轻型井点降水法降低地下水位，需要将地下水位降至基坑底以下50cm。

根据涵洞段地质情况和平面形状，轻型井点选用环形布置，表层砂层挖去约0.5m，则基坑上口平面尺寸为49m×15m，布置环形井点，总管距基坑边缘1m。经过计算总管长度为136m，水位降低值为4.0m，井点管埋设深度为6.5m。因此选用7m长的井点管，直径为50mm，滤管长1.0m。井点管外露地面0.2m，埋入土中6.8m，大于计算所需降水深度的最小值6.5m，符合深度要求。按无压非完整井环形井点系统计算涌水量和单个井点涌水量，根据计算和经验确定井点间距为1.5m，共布置井点管90根。滤管长度1.0m，钻有直径10mm透水孔，用细滤网和棕榈包裹。排水总管采用 D100 钢管。抽水设备根据计算所需真空度、扬程及流量参数进行选取。

（4）轻型井点施工

①成孔。井点管安装有水冲法、钻孔法和套管法，根据本工程地质情况，选用水冲法成孔，因为用水冲法施工不会出现缩孔现象，就可以达到目的。根据测量控制点，测量放线确定井点位置，首先在井位先挖一个小土坑，大约深500mm，以便于冲击孔时集水、灌砂及排泄多余水。图7-7、图7-8为水冲法成孔，冲孔时将高压水泵出水管用高压胶管与孔连接，并插在井点的位置上，水压控制在0.3～0.7MPa，高压水经过冲孔管头部的喷水小孔，以高速的射流冲击刷洗土壤，同时使冲孔管上下左右转动，边冲边下沉直至潜水含水层底，从而逐渐在土中形成直径约为350mm的孔洞。

图7-7　水冲法成孔施工　　　　　　　图7-8　下立管

②井点管的埋设。井孔形成后，拔出冲孔管，将井点管慢慢插入井孔中央，井点管的上端应用木塞塞住，以防砂石或其他杂物进入，使其露出地面200mm，然后倒入粒径5～30mm的石子，使孔底以上达500mm高，再沿井点管四周均匀投放2～4mm粒径中粗砂，砂石滤层的厚度应在80mm左右，以提高透水性，填砂厚度要均匀，速度要快，填砂中途不得中断，以防孔壁塌土，见图7-9。最上部1.0m深度内，用黏土填实以防漏气。

（5）抽水

经检查，井点设备不漏气且抽水设备运转一切正常后，可以投入正常抽水作业。开机3～5d后将形成地下降水漏斗且基本趋向稳定，土方工程可在降水7～8d后开挖。井点降水正常工作如图7-10所示。

121

图 7-9　轻型井点立管周围填充砂石

图 7-10　轻型井点降水工作

7.4　本章小结

依托实体工程，研究了井点降水的原理、方法、施工工艺，分析了粉砂土的压实特点及工艺过程，主要成果如下：

（1）采用井点降水，渗透系数的确定至关重要，经现场总结，粉砂土渗透系数采用 4m/d 较为合适。

（2）井点施工成孔选用水冲法，水压控制在 0.3～0.7MPa，高压高速射流冲刷土壤，从而逐渐在土中形成直径约为 350mm 孔洞。

（3）井点设备开机 3～5d 后将形成地下降水漏斗且基本趋向稳定，土方工程可在降水 7～8d 后开挖。

第8章　基于水稳定性的设计建议

8.1　影响因素分析

路基是公路的重要组成部分，是路面的支承结构物，承受自路面传来的荷载，路基的强度、稳定性和耐久性对路面的使用性能有直接影响。土壤的基质吸力作用使水分沿着基质的细微孔隙逐渐充满路堤，低路基在地下水位埋深较浅时，毛细水的上升使路基土的干湿状态发生变化，导致路基强度降低或失稳，直接影响路面结构的强度和稳定性。因此，对于地下水位埋深较浅的地区，研究毛细水的控制技术，以防治毛细水作用对于路基产生的影响，对于路基的长期稳定性有着重要的理论和现实意义。

影响毛细水上升高度的主要因素有很多，主要包括粒径、级配、矿物成分等内因，还包括地下水位、温度等外因。

1. 土的粒度

毛细水上升高度与土粒间的毛细管直径成反比，毛细管直径约等于土粒直径，即土粒越细，毛细水上升越高。但当土颗粒小于 0.005mm 或更小时，因为颗粒分散性极大，表面性能相当高，土中的水多为土粒强烈束缚，若这样的粒径含量超过 50% 时，土颗粒间孔隙过小时毛细阻力大，从而毛细水迁移较为困难[84]。

豫东黄泛区粉砂土的粒径主要分布在 0.75~1mm 之间，含量高达 95%，因此土颗粒间的毛细作用较为强烈。

2. 级配

毛细水上升的高度和土的颗粒级配有显著相关性。土的颗粒级配及粒径均匀程度决定孔隙的大小。当所有颗粒粒径均相同时，通常可以获得最大的孔隙率；不同粒径组合的土样，土中孔隙率会减小。粒径分布范围越广泛，则孔隙就越小，从而毛细水上升高度就高。

3. 矿物成分

土的矿物成分对毛细水的上升高度影响较为显著。冯炜炜等[85]研究了土的不同矿物成分、不同粒度组成及不同化学成分对毛细作用的影响。矿物成分以石英、云母为主的土颗粒一般较粗，其孔隙的直径相对较大，而颗粒表面所凝结的水量较小，其毛细作用较差；矿物成分以蒙脱石为主的黏性土中，土颗粒的吸附能力较强，土中大部分水被强烈地吸附于薄膜中，可移动性较差，阻塞了毛细通道，其毛细作用较弱；高岭石质土，亲水性小，其表面化学活性很弱，矿物成分处于较为松散的聚集状态，从而较大的可移动薄膜水存在于其内部，形成较为通畅的毛细孔隙，这种土的毛细作用强烈。

4. 压实度

一般而言，同样的土，压实度越大上升高度越大。但当继续增大压实度时，在外压力的作用下土颗粒将不断靠拢，使土的黏聚力和内摩擦阻力不断增加，重新排列形成密实的新结构。土颗粒的不断靠拢减少了水分进入土体的通道，阻力增大，当土颗粒紧接在一起时，结合水膜在相邻的土颗粒表面相互交叠，阻碍了毛细水的上升，减小了毛细水的上升速度。

哈尔滨工业大学郏文山教授[86]提出的影响路基稳定性的危险毛细上升高度经验值（见表8-1），也可证明压实的风干土有利于减缓毛细水的上升高度。

各种土的毛细水上升危险高度参考值 表 8-1

土类	接近最佳含水量时压实但密实度不足/m	压实的风干土/m	未经人工压实的土/m
砂土	0.10	0.20	0.20～0.60
亚砂土	0.20	0.30	0.30～0.60
粉土	0.50	1.00～1.20	0.80～1.50
亚黏土	0.40	0.80	1.50～2.00
黏土	0.40	0.80	1.50～2.00

本课题 GEO-STUDIO 软件数值计算结果表明，压实度为 94%、96%、98%的黄泛区粉砂土柱毛细水上升最大高度分别为 2.85m、2.84m、2.81m。随压实度增大，毛细水上升高度略有减小。但室内试验表明压实度为 96%的土柱毛细水上升高度略高于压实度为 94%及 98%的上升高度。可能由于毛细水上升高度的外界影响因素有很多，而软件模拟假设的边界条件相对比较简单，且假设为均匀土柱，因此造成结果稍有不同。

由室内试验，结合数值模拟结果也可看出土样压实度达 94%以上时，压实度对毛细水上升影响不显著。

5. 地下水位

就开封而言，由于黄河悬于开封上空流过，开封地区的土中含水量高，地下水位较浅，平均只有 1.5m 左右，故水对开封地区粉砂土路基的影响甚大。

因此，对于豫东黄泛区来讲，影响较大的是该地区这一特有的粉砂土土质，及较高的地下水位。其他沿河区域，地下水对路基稳定性的影响也很显著。

8.2　工程处置建议

交通部颁《公路路基设计规范》（JTG D30—2004）中规定，公路路基排水设计应防、排、疏结合，并与路面排水、路基防护、地基处理以及特殊路基地区（段）的其他处置措施相互协调，形成完善的排水系统；排水困难路段，可采取降低地下水位，设置隔离层等措施，使路基处于干燥、中湿状态[87]。对路基水害的防治应按照规范要求，采用预防为主，防治结合，抓住重点，统筹根治的方法，根据地形、地质、汇水面积等现状，结合交通状况以及地基试验资料进行综合分析，科学合理地布局水害防治系统，特别是对水分积聚路段有针对性地采取必要对策，才能切实有效地防止地下水害的发生。

由前边对黄泛区粉砂土毛细水作用及路用性能的试验分析可知，影响毛细水作用的关键因素是土质、水和外界环境。外界环境无法改变，因此可从土质改善和水分隔断两个方面对处于毛细水强烈作用范围内的路段提出如下工程处置建议：

1. 土质改善

原则上土质是不能够改变的，但加固和改善土质的方法有多种，这些方法可以有效地减小毛细水作用对路基的影响，以下三种为常见的改善土质的处理方法：

（1）换土。可以适当地选择良好的土填筑路基，如砂土，其具有良好的透水性及较大的摩擦系数，毛细水的上升高度较小，修筑路基采用砂土的优点是水稳定性好、强度较高，但砂土易于松散，黏结性较小，因此可采用适量掺入黏性土的方法改善路基质量。也就是说可以选择毛细水上升弱的填筑土填筑路基，或者将毛细水上升强烈的土做部分置换。

换土适用于处理旧路的局部翻浆，且路基有一定高度的路段，换填的材料最好是砂砾或炉渣，也可采用砂土。

（2）打桩。为了加固土质，可按一定的间距在基床上做成桩孔，并将石灰、水泥或碎石等材料掺填在桩孔中[88]。

（3）稳定土。把石灰、粉煤灰、水泥等改性材料掺入地基土中后，其活性成分将与土相互作用产生火山灰反应和结晶构造，所形成的凝胶结构可以提高土的水稳定性、强度、内聚力和内摩擦角。土中一定量的水分可以通过石灰的结晶作用及与火山灰作用消耗掉从而使土的含水量下降。

2. 水分隔断

水的影响可分为大气降水和地下水，大气降水可以通过做好排水系统，及时将水排到远离道路路基的农田区等方法排除；地下水水位常年变动，因此，要依据当地水文地质资料考虑最不利的地下水位，避免毛细水作用对路基造成的影响。目前常见的阻断毛细水迁移路径的几种处理方法如下：

（1）提高路基高度

依照实际工程情况提高路基高度，将位于路基上部的土层与地下水面或地表水面隔离开。应依据当地的土质、冻土的深度及水文状况来确定路基的加高值，一般要确保路基呈干燥状态，并根据路基临界高度及最小填土高度确定具体数值，平原地区的土路基及其他地区容易取土的路段适用这种方法。若当地只允许采用粉砂土进行填筑，由于毛细水作用强烈，此时仅仅提高路基高度不能防治翻浆病害，因此除了提高路基高度外，应采用砂垫层等方法进行综合治理。另外，城镇街道、交叉口等位置不能使用提高路基高度的办法。

（2）改善路面结构

1）铺砂垫层——增加垫层厚度、提高初始含水量以及级配的变差均减小毛细水的上升高度，其中级配对毛细水上升的影响较为显著，级配越差，其对水分的阻滞作用越大。

防治翻浆常用铺砂垫层的方法，此方法施工方便、效果好，尤其适用于出产砂砾的地区。砂垫层在冰冻时不会聚冰，能减少毛细水的上升高度，存在于路基上层土壤的化冻过程的多余水分可排出去又可含蓄在砂层内，中砂或粗砂即便在含水饱和的时候也呈稳定状态。砂垫层的用砂越粗越好，作为路面的一个加强基层，砂垫层还可以有效提高道路的整体强度，但其中不应掺杂粉砂和泥土，必须使用细砂时应加大垫层厚度。

2）铺石灰土——石灰土由石灰和土拌合后并进行压实，其强度较高。石灰土能够硬结成为半刚性的板体结构，能均匀地传递来自车辆的压力。一层石灰一层土的层铺法在防止土基翻浆和变形时不宜采用，为了使养护和初期成型时间得到保证，应在上冻的前一个月结束石灰土的施工工作。

3）铺炉渣石灰土——炉渣石灰土也称谓三合土，在我国的季冻地区，将其作为一种有效防治道路翻浆的材料，它的强度和整体性能均较石灰土高，其水稳定性也较石灰土好。

（3）加强路基排水与地下水的处理

1）做好路基排水——采取扩大边沟的方法，深度在 1~1.5m，底宽在 1m 左右，此方法在平原洼地不适用。设置截水沟拦截山坡水流避免其流向路基，地下含水层的水分可以通过设置截水暗沟控制。

2）降低地下水——①修建管式渗沟。在位于路基两旁的边沟底上向下挖一道比现有地下水位再深一些的深沟，先在沟底安放四周带孔的瓦管或者水泥混凝土管，并在管上填满碎砖、小砾石或碎石，用 20cm 厚的黏土在最顶层夯实并封口，一层 3cm 厚的草皮可以铺设在碎石与黏土等粒料之间，这样，可通过瓦管排走地下水从而降低其水位。②修建盲沟。地下水位较高时，可将纵向盲沟设置在边沟底下，地下排水沟的设置可以降低地下水水位，还可以防止水位因补给增加地下水的上升。盲沟应用渗水性良好的碎石或砾石进行填充，应依据当地的土质、毛细水上升高度、降低水位的程度来设定盲沟的深度。

（4）设隔离层

隔离层一般包括透水性隔离层（例如砂石隔离层等）和不透水隔离层（例如土工布防水膜等）。

1）透水性隔离层——透水隔离层是在路面以下 45~55cm 处，在路基全宽上铺 7~15cm 厚的砾石、碎砖、碎石等粗粒料。用设置透水隔离层来阻止毛细水上升至路基上层，隔离层底面需设置 3%~4% 的横坡，为了防止泥土的堵塞，在隔离层的上下两底面应铺设一层厚为 1~2cm 的泥炭、苔藓或炉渣、草皮，并使隔离层的底面至少高出边沟底25cm，在与边坡接头位置要用砾石或大块碎石铺进 50cm 的宽度。

2）不透水隔离层——采用不透水材料作为不透水隔离层：①将一定量的沥青或渣油直接喷洒在土基面上；②用塑料薄膜作为隔离层；③沥青涂于两层油毡纸中间；④用渣油或 3cm 厚的沥青拌合土壤作为隔离层。铺不透水隔离层在无砂石地区是防治翻浆病害的一种有效措施。此外，设置土工布防水膜，也是隔离毛细水行之有效的方法。土工布防水膜是一种可以为单层或双层的土工合成材料。

复合土工膜是使用胶黏剂进行黏合或者加热压合聚合物膜与土工织物而成。土工织物能对土工膜形成保护，并能防止膜被所接触的碎砾石刺破，防止在运输过程中的损坏，防止铺设时的机械或者人为损坏。土工织物还具有排水层的作用，能够把膜上下的渗透水或者孔隙水排出，能够提高与砂砾、土等接触面的摩擦系数。另外，复合土工膜可以使土体的应力扩散，并能承受一定的伸长变形和拉力，同时可以限制土体的侧向位移，对路基有稳定和加固的作用。土工布设置的位置应在最高地下水位之上。为了防止在施工过程中损坏土工布，可以在土工布上下分别铺设细砂层。

（5）设置砂石隔离层

砂石隔离层的厚度能通过计算确定。砂石隔离层不仅可以将毛细水上升的通道隔断，而且能够使路基的整体强度得到提高，并能控制或削弱土基的不均匀变形。在解决毛细水的隔离层设置的问题时，应主要考虑选取材料及确定合理的厚度，并结合毛细水的最大上升高度计算出砂石隔离层的最佳厚度。此外，掺入一定比例的水泥土、碎石、灰土、纤维等，对毛细水的防治也可起到较好的改良作用。

粉砂土究竟采用何种方法进行处理，要结合当地实际情况本着就地取材、节约成本、满足使用功能的前提来选择。

由毛细水上升室内试验结果及毛细水上升数值分析可知，提高路基土的压实度，有利于降低毛细水上升高度，土的压实度越高，含水率与最佳含水率越接近，毛细水上升速度及高度就越低。但由毛细水上升数值分析，压实度由94％提高至98％，毛细水上升最大高度由2.85m降低至2.81m，因此可知豫东黄泛区粉砂土压实度达至94％以上时，压实度防治毛细水上升的程度较为有限。

根据毛细水上升室内试验结果，采用碎石垫层、水泥稳定土垫层、纤维水泥稳定土垫层对黄泛区粉砂土中毛细水进行隔离均可以达到较为显著的效果。试验中，碎石垫层厚度、水泥稳定土垫层厚度、纤维水泥稳定土垫层厚度均为30cm。实际工程中，条件允许的情况下，可适当加大垫层厚度，以达到更好的处治效果。对于开封及周边平原地区，建筑砂石料严重匮乏，粉砂土是最主要的土工材料，在公路路基、水利堤坝工程中，粉砂土更成了唯一的填料。因此，结合豫东黄泛区实际情况，设置隔离层是减缓毛细水上升的切实可行的方法。

第9章　粉砂土路基拼接差异沉降控制技术

为满足日益增长的交通需求，我国早期修建的高速公路已陆续进入了改扩建时期，加宽后的路基包括旧路基及新建拼接路基两部分。粉砂土路基拼接在国内研究尚处于起步阶段，设计和施工技术规范较少，新旧路基差异沉降是关键技术难题。

9.1　粉砂土路基拼接差异沉降分析

9.1.1　路基差异沉降的原因

地基土体在上部结构荷载作用下产生应力和应变，其中竖直方向的变形即为沉降。土体的沉降变形是同土体的压缩性能密切相关的。一般天然土是三相体，它们的受力变形，实际上是土颗粒压缩，土孔隙中水和气排出，土体积减小的过程。

公路路基沉降主要由两部分组成，即地基在路基自重作用下的固结压缩变形以及路基本身的固结压缩变形。由于路基是分层施工的，根据应力扩散原理，路基土承受压路机的轮压作用最明显，可以认为已经得到很大程度的压实，而地基的压实效果不明显。路基的工后沉降量主要是由地基土的沉降固结引起，但也不能排除路基本身的次固结变形，即土体骨架发生黏滞蠕变所致。填方路基不均匀沉降模式及成因如下：

1. 新旧路基沉降不协调

（1）由于地基软弱，导致新旧路基底部土基因荷载的增加发生沉降。原路基下的地基在改造时已基本固结沉降到位，而新路基则刚开始发生沉降，新路基的沉降量比较大。

（2）由于新旧路基修建历史、填料和压实度的差异在新旧路基顶面产生不协调变形。路堤在自身荷载作用下会发生压缩变形，旧路基已经通车运行一段时间，在旧路基荷载作用下的压缩变形已经完成，而新填路堤在施工结束后仍发生部分压缩变形。地基及新路基的固结变形尚未到位，工后沉降大。拼接路基荷载通过旧路边坡传递到旧路基上，使旧路基顶面发生不协调变形。

2. 路基填土压实度不足

由于压实度不足，往往导致填方路基的不均匀沉降变形，路基两侧出现纵向裂缝。路基土体压实度不足的主要原因有以下几点：

（1）施工受实际条件的限制；

（2）考虑到施工安全和进度，使得压实程度或压实作用时间不足，路基压实不充分，致使路基压实度达不到要求；

（3）由于填方土体的最佳含水量控制不力，压实效果达不到；

（4）在填方路堤施工中，当路堤施工到一定高度以后，路堤边缘土体往往存在压实度不足问题。

3. 地基中存在软弱土层或岩溶

(1) 软弱土层本身力学性能差,在附加应力作用下,会发生固结沉降、次固结沉降和侧向塑性挤出,导致明显的沉降变形;

(2) 有些河谷、水塘地段虽作了清淤处理,但是处理不彻底或回填材料控制得不好,从而形成人为的软弱土层。在高填方填筑后,地基出现不均匀沉降,造成路基的不均匀沉降,甚至引起路面开裂;

(3) 在一些地表水和地下水自然排泄困难的地方,地基软弱土层固结变形是产生过大沉降和沉降差的重要原因。有些路段所处地基不属于软土地基,但处于低洼、河谷处,长期受水冲蚀,天然含水量较高,在设计时未发现或未作特殊处理,在施工时也未作等载或超载预压,也会产生不均匀沉降。

一般说来,土层的天然含水量越高、天然孔隙比越大,则压缩系数越大、承载力越低,则路基的沉降量和沉降差越大;抗剪强度和承载力越低,则侧向塑性挤出甚至局部坍滑的可能性越大。故地基中存在软弱土层或岩溶容易导致路基不均匀沉降。

4. 路基刚度差异显著

路基综合刚度是指沉降变形有效深度范围内综合的抗变形能力。由于路基表面并非总是水平,公路构筑物与路基土体刚度差异明显,在相同外力的反复作用下,变形量不同,一般会出现两种情况:

(1) 出现明显的差异沉降,导致路基变形、路面开裂;

(2) 虽然没有明显的差异沉降,但在每次外力作用时,路面结构和路基表层内由于差异变形而出现不利的附加拉力或剪力,路面结构和路基表层在这个力的多次循环作用下,必然产生疲劳破坏,导致路面或路基病害。

很多情况下,在路基及地基均匀时,单从施工控制角度来说,地基处理满足要求,路堤压实度也能够满足设计要求,路基沉降满足规范要求,不会导致路面开裂。但是,如果沿路基纵向或横向路基综合刚度相差过大,在车辆动载等作用下,也会引起明显的差异沉降,导致路面裂缝。属于这种情况的有:桥头与路基交接处,挖填交接处,填土厚度明显变化处,路基中埋设涵洞等构筑物处,地基性质差别较大处。

5. 路堤填料不均匀

在公路施工过程中,对填料、级配很难得到有效的控制,填料常常是路堑的挖方、隧道掘进产生的废方。这些填料性质差异大、级配也相差很远。

(1) 在施工过程中,如果分层碾压厚度过大,小颗粒填料和软弱物质很难得到有效压实,在荷载的长期作用下,回填料会产生不均匀沉降变形。路面会产生局部沉陷,刚性路面还可能产生裂纹或缝隙。

(2) 由于回填料的性质不一样,特别是有的回填料具有膨胀性,在路基排水系统局部失效后,水的渗入会使路面局部隆起,影响行车舒适度,严重的会使路面破坏。

6. 新旧路基结合部处置不当

(1) 新旧路基结合部位工艺较复杂,施工难度较大,往往在此产生人为的质量不合格因素,如压实度达不到设计标准、开挖台阶没有达到设计要求、旧路基边坡清表不足,各种施工原因造成了结合部的强度不足及新路堤本身出现沉降。

(2) 新旧路基结合部位路基材质和结构层厚度、强度不一,特别是一边为新路基,一边为旧路基，质量也存在差异。施工过程中路基填料多半就近从挖方断面上直接获取，对材料粒径、级配及材料本身的物理力学品质等方面控制不严，甚至填料中含有植物根茎及腐殖性耕植土等。

（3）在新旧路基结合部没有设置土工格栅，或土工格栅和填土没有充分咬合、土工格栅埋入旧路部分长度不足，致使土工格栅未能充分发挥其加筋作用。

路基不均匀沉降的发生，往往不是上述某一单方面原因造成的，而可能是由于设计、施工及各种荷载作用等多种因素共同作用的结果。

7. 水对差异沉降的影响

前面的分析表明，路基不均匀沉降的发生是多种因素综合作用的结果。其中，内因在于路基及地基本身，外因则是车载、地下水及自重等作用。

在地下水的交替作用下，路基土体内含水量反复变化。土体容重在一定范围内波动，更为重要的是，由毛细管张力引起的负孔隙水压力可以达到相当的数值，再加上水的软化、润滑效应，使土体产生沉降变形。路基或地基中地下水的动态特征对路基不均匀沉降影响很大。路堤及其地基中的地下水主要补给来源有三种类型：地下水侧向补给、降雨补给、地表水侧向补给，见图9-1。其动态变化及潜蚀作用影响到土体中的有效应力分布、土体的结构特征和土体强度，从而导致路基的不均匀沉降。

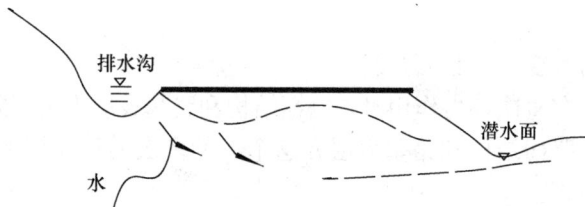

图 9-1　路基浸水沉降

地基中软土层一般总为饱和软土层，位于地下水位以下，而饱和软土层沉降变形总是以渗透固结和次固结沉降为主，并需要相当长的时间才能基本完成。路基填土及车载等在软土层中产生附加应力，这个附加应力首先被软土层中的水承担，称为超孔隙水压力。如果对软土层没有采取强化排水措施或较长时间的超载预压，软土层中的超孔隙水压力消散时间就很长，有效应力增长缓慢，沉降变形就会长时间持续进行。

不均匀沉降路段下如果存在软土层，通常都没有采取强化排水措施或足够时间的超载预压。此外，由于路基为条形建筑物，软土层中附加应力的分布沿水平向是不同的，会破坏软土层原有水平方向的平衡。所以，软土层在发生竖向沉降的同时，也会在水平方向上产生侧向塑性变形。渗透固结沉降完成后，超孔隙水压力基本消散，但是粘粒之间并没有达到平衡状态，这种粘粒之间为平衡而进行的调整，称为次固结沉降。

填方路堤及其地基中高于地下常水位部分，其中的地下水主要来自降雨补给，其中的含水量变化于饱和与非饱和状态，处于非饱和状态的时间一般多于处于饱和状态的时间。当然，受到气候条件（干旱、半干旱、潮湿）的影响，其中含水量变化的速率不同。在含水量变化的过程中，土体中的有效应力也会发生变化。研究表明，路基中含水量变化，其中的有效应力相应改变，同时土体容重也会发生变化。这样的变化是经常的、反复的，它的交替作用引起土体的沉降变形。

排水设施不完善，设施布置不合理，导致地表水下渗，形成滞水、积水和渗水。路基土受水浸泡而湿软，强度急剧下降。另外，若道路边沟养护不及时而淤塞，可导致路基上侧雨水漫过路面，从路面渗入路基。若路面已经开裂，雨水自裂缝进入路基，加剧裂缝扩张并导致路基强度下降，引起较大差异沉降。

9.1.2 豫东粉砂土路基沉降

豫东地区粉砂土主要化学成分中 SiO_2 约占总含量的 80.2%，Al_2O_3 约占总含量的 8.5%，CaO 约占总含量的 3.6%，在浸出液中 Ca^{2+}，Mg^+，Na^+，K^+，Sr^{2+}，Al^{3+} 含量较高，而重金属有毒性的 Pb^{2+}，Cu^{2+} 含量较低。风积沙土易溶盐含量均较低，属于非盐渍土。X 射线衍射分析表明：粉砂土中大量存在 SiO_2，$CaCO_3$ 等化合物。在 X 射线衍射图中，SiO_2 的最强峰在 $26°$ 左右，$CaCO_3$ 最强峰在 $30°$ 左右。

豫东黄泛地区粉砂土粒径主要分布在 $0.75\sim1$mm 之间，液限 $\omega_L=22.8\%$，塑限 $\omega_P=17.4\%$，塑性指数 5.4。试验表明，豫东黄泛地区粉砂土为中压缩性土，压缩模量变化较大，其内摩擦角多在 $28°\sim38°$ 之间，黏聚力一般很小。最佳含水率在 $10.1\%\sim16.1\%$ 之间，随着含水量的变化粉砂土的击实曲线为单峰曲线，粉砂土为冻胀性土，最大干密度在 $1.48\sim1.94$g/cm^3 之间。多为中，低压缩性土，其渗透系数的一般范围为：$6.0\times10^{-5}\sim6.0\times10^{-4}$cm/s。毛细水上升高度受含水量影响，随含水量的增高，毛细作用力减弱，上升速度有所下降。无论冬季还是夏季，毛细水均在初期升高较快。

对于黄泛区粉砂土路基而言，土骨架蠕变和外荷载作用是路基沉降的主要原因。粉砂土路基拼接后的差异沉降，主要由粉砂土路基拼接工程的特点决定。粉砂土路基拼接差异沉降的主要原因如下：

(1) 新旧路基模量差异。旧路基在自身重力和荷载长期作用下固结及压缩变形已经基本完成，压缩模量较大，不容易产生较大变形；新路基经过压实，但固结及压缩变形刚刚开始，压缩模量较小，容易在荷载作用下产生较大的变形。拼接路基荷载通过旧路边坡传递到旧路基上，易使新旧路基顶面发生不协调变形。

(2) 车辆荷载的影响。道路扩建拼接完成后，车辆荷载会施加在新旧路基结合部位，新拼接的路基在车辆荷载作用下沉降较旧路基大，新路基和汽车荷载作用引起既有路基的附加沉降，这样就加剧了新旧路基的差异沉降。

(3) 新路基压实不均。新路基填土可能未完全压实，在车辆荷载作用下，基层底部产生变形也不一样，必然引起新旧路基的不均匀沉降。

(4) 新旧路基结合部处置不合理。新旧路基结合部位由于工作面有限，大型机械施工较困难，新旧路基结合部的压实度达不到设计值，特别是湿软或易液化地基，其工后沉降较大。这就需要在新旧路基结合处采取防止差异沉降的措施，比如：开挖台阶、加铺土工格栅、结合部强夯等。

9.1.3 路基差异沉降的危害

在原高等级公路的进行拼接时，新、旧路基的固结程度不同，加宽部分的路基，土基属于欠固结土，在新路基自身重力的作用下，其沉降量大于旧路基。因此已拼接的路基运行一段时间后，新路基产生的自然固结沉降和旧路基在新路基作用下的附加沉降，新旧路基间将产生差异沉降，会在拼接路面结构中产生较大的拉应力，当新旧路基结合处或旧路基内部的拉应力超过路基的抗拉强度，引起路面的开裂。导致了新旧路面拼接处极易形成纵向裂缝，该拉应力是产生纵向裂缝的最终原因[89]。

由于荷载差异、地基路基不均匀、路基地基应力扩散性状及其自身变形等原因，路基的沉降或多或少总是不均匀的，新旧路基一旦产生较大的差异沉降，必然会引起路面纵向裂缝的发展，纵向裂缝的长度可以达到上百米，甚至可达几千米，宽度多为厘米量级。图9-2为由新旧路基差异沉降引起的纵向裂缝。

图 9-2　新旧路基差异沉降引起的纵向裂缝

纵向裂缝产生的主要因素有：新旧路基之间的不良结合、新旧路间的不协调变形，路基稳定性、路基路面整体抗变形能力较差，以及水文、地质条件不良等。纵向裂缝等病害的产生不是由单个因素决定的，而是多种因素共同作用的复杂结果。因此，研究减少裂缝产生措施非常重要。

9.2　差异沉降计算方法

9.2.1　传统计算方法

路基沉降主要包括两个方面的问题：一是最终沉降量；二是沉降随时间的变化规律，也就是土体的固结问题。对于前者，目前的理论较为完善。但对沉降随时间的变化规律，由于土体固结条件和工程的差异性很大，至今仍是工程研究的重点和难点。当前，在许多情况下已能够预估出误差不超过 $10\% \sim 20\%$ 的最终沉降量，但是，预估沉降与时间关系仍然相当困难。时间关系预测方法是采用反分析法，即依靠在工程现场获取位移量测信息反演确定各类未知参数，然后拟合经验公式的理论和方法。

1. 最终沉降计算方法

传统的最终沉降计算方法将沉降分为瞬时沉降、固结沉降和次固结沉降三部分，即 S_d、S_c、S_s。对于固结沉降的计算，主要采用分层总和法计算。在工程实际应用中，从便于应用考虑，最终沉降量的计算通常采用固结沉降值乘以经验系数的方法，即 $S = mS_c$。沉降系数 m 为经验系数，与地基条件、荷载强度、加荷速率等因素有关，其值范围为 $1.1 \sim 1.7$，但由于各个工程差异性很大，应根据工程现场沉降实测资料确定。

采用 e-p 曲线时，主固结沉降采用下式（9-1）计算：

$$S_c = \sum_{i=1}^{n} \frac{e_{0i} - e_{1i}}{1 + e_{0i}} \Delta h_i \tag{9-1}$$

式中　n——地基沉降计算分层层数；

Δh_i——地基沉降分层第 i 层计算分层厚度，宜为 $0.5 \sim 1.0$m；

e_{0i}——地基中第 i 层分层中点，在自重应力作用下稳定时的孔隙比；

e_{1i}——地基中第 i 层分层中点，在自重应力与附加应力共同作用下稳定时的孔隙比。

采用压缩模量时，主固结沉降采用下式（9-2）计算：

$$S_c = \sum_{i=1}^{n} \frac{\Delta p_i}{E_{si}} \Delta h_i \tag{9-2}$$

式中　Δp_i——地基中各分层中点的应力增量；

　　　　E_{si}——地基中各分层压缩模量；

　　　　Δh_i——地基沉降分层第 i 层计算分层厚度，宜为 $0.5 \sim 1.0 \text{m}$。

由于土是一种变异性很大的工程材料，其性质十分复杂，并且分层总和法计算的沉降量只是考虑路基底面下地基各层的沉降总和，没有考虑路基本身的固结压缩变形，因而计算结果与实测数据有较大差别。

2. 工后不均匀沉降的计算

根据现有的研究成果，工后不均匀沉降采用公式（9-3）计算：

$$S_{工后} = (S_{新总} - U'_t S_{旧总}) \times (1 - U_t) \tag{9-3}$$

式中　$S_{工后}$——新路基工后沉降；

　　　　$S_{新总}$——新路基总沉降；

　　　　$S_{旧总}$——旧路基总沉降；

　　　　U'_t——施工前旧路基固结度；

　　　　U_t——新路基施工结束后完成固结度。

公式中所提的新路基包括旧路基和拼接部分路基总和。用本文的沉降表述，$S_{新总}$ 包括了新路基第一、第二次沉降和旧路基的第一、第二次沉降，$S_{旧总}$ 包括旧路基第一次沉降。本文计算模型中假设旧路基的第一次固结沉降已经全部完成，也就是说 $U'_t = 100\%$。因此：

$$S_{工后} - S_{拓宽总} \times (1 - U_t) \tag{9-4}$$

式 9-4 中 $S_{拓宽总}$ 包括三部分：旧路的第二次沉降和新路基的第一、第二次沉降。对于新路基来说，$S_{工后}$ 可以用上述式子表达。对于旧路基部分，因为 $S_{拓宽总}$ 只包括了旧路基第二次沉降，若 U_t 取旧路基的固结度，则 $S_{拓宽总} \times U_t$ 并不是旧路基第二次沉降中在施工期间完成的沉降量。U_t 取新路基的固结度，即认为新路基在施工中完成沉降占总沉降百分比和旧路基在施工中完成沉降占旧路基第二次沉降的百分比是相同的。

固结度可以按式（9-5）计算：

$$U_t = \frac{2\alpha U_0 + (1 - \alpha)U_1}{1 + \alpha} \tag{9-5}$$

式中　α——排水面处附加应力和非排水面处应力之比，双面排水时 $\alpha = 1$；

　　　　U_0——当孔隙压力分布图为矩形，$\alpha = 1$ 时固结度计算表达式；

　　　　U_1——当孔隙压力分布图为三角形，$\alpha = 0$ 时固结度计算表达式。

U_0 和 U_1 可分别按式（9-6）和式（9-7）计算：

$$U_0 = 1 - \frac{8}{\pi^2} \cdot e^{-\frac{\pi^2}{4} T_v} \tag{9-6}$$

$$U_1 = 1 - \frac{32}{\pi^2} \cdot e^{-\frac{\pi^2}{4} T_v} \tag{9-7}$$

式中　T_v——时间因数，$T_v = \dfrac{C_v t}{H^2}$；

　　　C_v——固结系数，单位 m^2/s，由室内固结压缩试验确定；

　　　H——土层厚度（m），亦是孔隙水的最大渗径；

　　　e——自然对数的底，$e = 2.71828$。

9.2.2　数值模拟方法

1. 有限元分析方法概述

有限单元法是一种纯数值求解方法，其基本思路是将连续体模型离散成为有限个单元，单元之间通过节点连接，并要求每个单元满足一定的物理条件，最后将所有的单元再集成，组成求解问题的数值计算方程。有限单元法的离散化，可以从物理和数学两个角度来理解。从物理角度看，一个连续体可以近似地用有限个在节点处互相连接的单元所组成的集合体来代表，因而可以把连续的分析问题转变成单个单元的分析和所有单元的集合问题。从数学角度来看，一个连续体可以分割为有限个子域，每个子域的场函数可以用包含有限个参数的简单函数来描述，集合这些子域的场函数，就可以近似地代表整个连续域的场函数。于是，求解连续场函数的微分方程或积分方程，就转化为求解有限个待定参数的代数方程组。由此可以看出，离散化就是化无限为有限，从而达到化难为易的目的。

有限元法是一种可以求解复杂工程问题的离散化的数值计算方法。它是一种对理论推导无法解决、室内试验难以实施的工程问题进行"数值模拟"的研究手段，在处理工程问题中具有许多优越性：其一，便于处理各向异性、非均质材料；其二，可以解决非线性问题；其三，可适应复杂的边界条件；其四，易于在计算机上实现。历经数十年的发展，有限元法在理论和实际应用技术上均趋于成熟和完善，已逐步成为有效求解工程实际问题的方法之一。

有限单元法可以将地基和结构作为一个整体来分析，将其划分网格，形成离散体结构，在荷载作用下算得地基和结构各点的位移和应力。该方法可以将地基作为二维甚至三维问题来考虑，反映了侧向变形的影响。它可以考虑土体应力应变关系的非线性特性，采用非线性弹性的本构模型，或者弹塑性本构模型。有限元方法借助现代计算机技术，可以模拟土体复杂的本构关系和边界条件。它可以考虑土与结构共同作用，考虑复杂的边界条件、施工逐级加荷等。本文利用大型有限元分析软件建立路基沉降模型，充分考虑地基和路基的固结压缩变形以及新旧路基的相互影响作用，应用大型通用有限元分析软件 AN-SYS 对拼接路基的应力、边界条件以及荷载情况进行模拟分析，计算路基的差异沉降。

2. 岩土本构关系

岩土本构关系指岩土的应力——应变关系。目前，岩土的本构关系有上百种模型，采用较多的有邓肯-张模型、剑桥模型和 Drucker-Prager 模型。考虑到土体属于颗粒状材料，其受压屈服强度远远大于受拉屈服强度，不仅静水压力可以引起土体的塑性体积变化，而且侧向应力也有可能引起土体的体积变化。实际工程中，采用能较为准确描述此类材料的 Drucker-Prager 模型（以下简称 D-P 模型）。

材料的屈服准则指考虑任何可能的应力组合下有关弹性极限的一种假设，阐明材料受力到什么程度开始发生塑性变形，也就是物体内某点应力达到弹性极限后出现塑性变形的条件，所以屈服准则又称塑性条件。一般来说，屈服条件是应力 σ、应变 ε、时间 t、温度

T 等影响因素的复杂函数。

Drucker-Prager 模型的屈服准则是对三相应力状态的 Mohr-Coulomb 准则函数进行改进，使屈服面角隅圆滑而成为内切圆锥面的方便数值计算的屈服准则。但它的屈服面不随材料的逐渐屈服而改变，难以刻画土体受力硬化发展规律，因此没有强化准则。然而它的屈服面可随着静水压力的增加而相应增加，还可以考虑由于屈服而引起的体积膨胀。

Drucker-Prager 模型的屈服准则表达式如下：

$$F = \alpha I - \sqrt{J} + K = 0 \tag{9-8}$$

其中 α，K 为材料常数

$$\alpha = \frac{\sin\phi}{\sqrt{3}\,(3 + \sin^2\phi)^{\frac{1}{2}}} \tag{9-9}$$

$$K = \frac{\sqrt{3}C\cos\phi}{(3 + \sin^2\phi)^{\frac{1}{2}}} \tag{9-10}$$

$$I = \sigma_1 + \sigma_2 + \sigma_3, J = \frac{1}{6}\left[(\sigma_1 - \sigma_2)^2 + (\sigma_2 - \sigma_3)^2 + (\sigma_3 - \sigma_1)^2\right] \tag{9-11}$$

式中　C，ϕ——分别为土的黏聚力和内摩擦角。

3. 计算模型

本文利用大型有限元分析软件 ANSYS 建立路基沉降模型。由于路基沉降影响因素的复杂性，综合考虑计算简化和计算精度的要求，现对计算模型进行如下简化和假定：

（1）按平面问题考虑，进行二维有限元分析；

（2）土体为弹塑性材料，采用 Drucker-Prager 模型进行模拟；

（3）新旧路基接触面完全连续，且不发生滑移；

（4）边界条件：地基底面为 x、y 两个方向完全约束，地基宽度两侧 x 向约束；

（5）将路面荷载等代为 1m 厚路基的填土荷载。

关于模型简化和假设的几点说明：

（1）以往对路堤、隧道、水坝等无限长带状物体的研究，常常认为不会沿延伸方向发生变形，可以简化成平面应变问题进行分析。从宏观上看路堤应变是平面应变问题，因此，在 ANSYS 有限元分析中可采用板体 plane42 单元。

（2）把地基和路基看作固结沉降已经全部完成，在自身重力作用下不会再发生沉降，但在外力作用下将会再次发生沉降。因此，旧路堤在拼接后的沉降完全是由于新路堤的作用力产生的。

（3）针对高速公路拼接工程的实际路基宽度和拼接方式，利用 ANSYS 试算确定计算模型的大小，然后施加和实际相同的约束进行分析。

（4）压缩层厚度的确定。地基压缩层厚度 z。指路基下地基土体中，在荷载作用下发生压缩变形的土层的总厚度，它的大小从路基底面算起，下限的深度按下式（9-12）确定：

$$\sigma_{zn} = (0.1 \sim 0.2)\sigma_{cn} \tag{9-12}$$

式中　σ_{zn}，σ_{cn}——分别表示压缩层下限处土的附加应力和自重应力。

若在 zn 范围内存在不可压缩层（如坚硬岩层），则应把该层顶面视为压缩下限；若按式（9-12）计算确定的压缩层厚度以下仍存在十分软弱的土层，其压缩变形仍不可忽视，

则宜适当加大 zn 的深度，计算其压缩沉降量。

（5）本模型计算得到的路基沉降为拼接路基的最终沉降，即包括三部分：旧路的第二次沉降和新路基的第一、第二次沉降。不包括旧路基在加宽前的沉降（即旧路基第一次沉降）。

路基最终沉降量和路基随时间的沉降是路基沉降的两个方面。对于最终沉降，目前理论较为完善；但对沉降随时间的变化规律，由于土体固结条件和工程的差异性很大，目前没有较稳妥的规律。粉砂土路基的沉降变形可以分为三个阶段：第一阶段为瞬时沉降 S_i，主要是路基加上荷载之后其体积还来不及发生变形，发生不排水剪切变形；第二阶段为排水固结沉降 S_{ct}，主要是有效应力的增长和土中超孔隙水压力的消散引起的；第三阶段为次固结沉降 S_{st}，主要原因是土骨架产生蠕动变形。因此，路基总的沉降量为 $S_t = S_i + S_{ct} + S_{st}$。由于粉砂土体的变形在荷载作用下只用较短的时间就结束了，因此沉降变形可按式（9-13）计算。

$$S_t = S_i + S_{st} \tag{9-13}$$

式中　S_i——主压缩沉降；

　　　S_{st}——次压缩沉降。

9.2.3　路基沉降计算

1. 主压缩沉降计算

当假定粉砂土路基没有侧向变形时，路基沉降是一维沉降问题；当考虑粉砂土路基的剪切变形时，路基沉降问题为三维沉降问题。

（1）一维计算方法

假定粉砂土路基的初始孔隙比为 e_1，在附加压力作用下，孔隙比为 e_2，则根据分层总和法可得路基的主压缩沉降公式为：

$$S_i = \sum_{i=1}^{n} \frac{e_{2i} - e_{1i}}{1 + e_{1i}} h_i \tag{9-14}$$

式中　h_i——分层厚度。

若根据室内压缩试验曲线得出各分层的压缩模量 E_{si}，压缩系数 α_i 及压缩指数 C_{ci}，则上式也可以表示为：

$$S_i = \sum_{i=1}^{n} \frac{\bar{\sigma}_{zi}}{E_{si}} h_i = \sum_{i=1}^{n} \frac{\alpha_i \bar{\sigma}_{zi}}{1 + e_{1i}} h_i = \sum_{i=1}^{n} \frac{c_{ci}}{1 + e_{1i}} \lg \frac{p_{2i}}{p_{1i}} h_i \tag{9-15}$$

式中　$\bar{\sigma}_{zi}$——路基中第 i 分层的平均附加应力；

　　　p_{1i}——路基中第 i 分层初始孔隙比 e_{1i} 在压缩曲线上对应的应力（平均自重应力）；

　　　p_{2i}——路基中第 i 分层孔隙比为 e_{2i} 时在压缩曲线上对应的应力（自重应力和附加应力平均值之和）。

（2）三维计算方法

根据广义胡克定律，土中一点的竖向应变增量为：

$$\Delta\varepsilon_z = \frac{1}{E} \left[(1+\mu)\Delta\sigma_z - 3\mu\Delta\sigma_m \right] \tag{9-16}$$

式中　E——土的变形模量；

　　　μ——土的泊松比；

136

$\Delta\sigma_z$——土中一点的附加应力；

$\Delta\sigma_m$——土中一点三维附加应力的平均值。用下式表示：

$$\Delta\sigma_m = \frac{1}{3}(\Delta\sigma_x + \Delta\sigma_y + \Delta\sigma_z) \tag{9-17}$$

在直线变形体假定条件下，变形模量和压缩模量之间的关系为：

$$E = E_s\left(1 - \frac{2\mu^2}{1-\mu}\right) \tag{9-18}$$

将上式代入胡克定律，并根据分层总和法可得粉砂土路基的三维沉降公式为：

$$S_i = \sum_{i=1}^{n} K_{si}\frac{\Delta\bar{\sigma}_{zi}}{E_{si}}h_i \tag{9-19}$$

$$K_{si} = \frac{1-\mu_i}{1-2\mu_i}\left(1 - \mu_i\frac{\alpha_{mi}}{\alpha_{zi}}\right) \tag{9-20}$$

其中 σ_m、σ_z 分别为与 $\Delta\sigma_m$、$\Delta\sigma_z$ 对应的附加应力系数，$\Delta\sigma_m = \alpha_m p$，$P$ 为附加应力。

若考虑粉砂土体积变化的非线性，则可得：

由广义胡克定律得土中一点的竖向应变增量与体积应变增量的关系为：

$$\Delta\varepsilon_z = \frac{1}{3(1-2\mu)}\left[(1+\mu)\frac{\Delta\sigma_z}{\Delta\sigma_m} - 3\mu\right]\Delta\varepsilon_v \tag{9-21}$$

根据三轴等压试验可得体积应变增量 $\Delta\varepsilon_v$ 与砂中应力的关系为：

$$\Delta\varepsilon_v = \frac{C_c}{1+e_1}\lg\left(\frac{\sigma_{cm}+\Delta\sigma_m}{\Delta\sigma_{cm}}\right) \tag{9-22}$$

式中　σ_{cm}——砂中一点三向自重应力的平均值，$\sigma_{cm} = \frac{1}{3}(\sigma_{cx}+\sigma_{cy}+\sigma_{cz})$；

　　　C_c——砂的压缩系数。

经整理计算，根据分层总和法可得：

$$S_i = \sum_{i=1}^{n}\frac{C_{ci}K_{si}}{(1+e_{1i})}\lg\left(1 + K_{\alpha i}\frac{\Delta\sigma_{zi}}{\sigma_{czi}}\right)h_i \tag{9-23}$$

$$K_{\alpha i} = (1-\mu)\frac{\alpha_{mi}}{\alpha_{zi}} \tag{9-24}$$

条形均布荷载作用下中心线下的 α_z 和 α_m/α_z 取值见表 9-1。

α_z 和 α_m/α_z 的取值　　　　　　　　　　　　　　　　　表 9-1

Z/b	0.0	0.1	0.2	0.3	0.4	0.5	0.75	1.0	1.25	1.5
α_z	1.0	0.998	0.997	0.937	0.881	0.820	0.670	0.550	0.460	0.400
α_m/α_z	2.0	1.754	1.551	1.400	1.295	1.220	1.119	1.073	1.052	1.025

其中 b 为基础宽度，Z 为地表下计算点的深度。对于路堤型荷载，附加应力可参照《土力学》中的计算方法，采用叠加法，也可经折算后，近似选取 α_z 和 α_m/α_z 的值。从理论上讲，采用三维公式计算地基沉降较合理。但实际应用中，泊松比的取值不易确定，表 9-2 为取不同泊松比时对应的三维影响系数 K_s 和 K_α 值。

系数	μ	Z/b									
		0.0	0.1	0.2	0.3	0.4	0.5	0.75	1.0	1.25	1.5
K_s	0.25	0.750	0.842	0.918	0.975	1.014	1.043	1.080	1.098	1.106	1.116
	0.3	0.700	0.829	0.936	1.015	1.070	1.110	1.163	1.187	1.198	1.213
	0.35	0.650	0.837	0.990	1.105	1.185	1.242	1.318	1.353	1.369	1.389
	0.40	0.600	0.895	1.139	1.320	1.446	1.536	1.657	1.713	1.738	1.770
K_α	0.25	1.500	1.316	1.163	1.050	0.971	0.915	0.839	0.805	0.789	0.769
	0.30	1.400	1.228	1.008	0.980	0.907	0.854	0.783	0.751	0.736	0.718
	0.35	1.300	1.140	1.008	0.910	0.842	0.793	0.727	0.697	0.684	0.666
	0.40	1.200	1.052	0.931	0.840	0.777	0.732	0.671	0.644	0.631	0.615

2. 次压缩沉降计算

当路基的主压缩沉降变形已经完成后，由骨架蠕变所产生的次压缩沉降，可由下式计算：

$$S_{st} = \sum_{i=1}^{n} \frac{C_{\alpha i}}{1+e_{1i}} \lg\left(\frac{t_2}{t_1}\right) h_i \tag{9-25}$$

式中　　$C_{\alpha i}$——第 i 分层土的次压缩系数；

t_1、t_2——分别为主压缩沉降变形所需时间以及计算次压缩变形所需时间。

3. 工后沉降计算

粉砂土路基的工后沉降的计算，主要有两种方法，分别为实测沉降-时间关系法和干密度变化法。

（1）实测沉降-时间关系法

通过实测资料，对实测的沉降-曲线关系（S_t-t 曲线）选配适当的数学函数方程，然后进行运算。目前较常用的为双曲线法、指数函数法、时间倒数法等。以双曲线法对粉砂土路基沉降进行计算，其公式为：

$$S'_t = S'_\infty \frac{t'}{\alpha + t'} \tag{9-26}$$

式中　　t'——沉降观测工作开始后持续的时间；

S'_t——t' 时间内路基累计沉降量；

S'_∞——从沉降观测工作开始后路基最终的沉降量；

α——待定系数。

（2）干密度变化法

粉砂性土工后沉降 ΔS 的计算公式为：

$$\Delta S = \sum_{i=1}^{n} (1-K_i) h_i \tag{9-27}$$

式中　　K_i——压缩层内第 i 分层的压实度；

h_i——压缩层厚度。

9.3　差异沉降特性分析

9.3.1　粉砂土旧路基沉降特性

建模时路基和地基土均采用 PLANE82 单元，PLANE82 单元是 2 维 4 节点单元

PLANE42 的高阶版本。如图 9-3 所示。

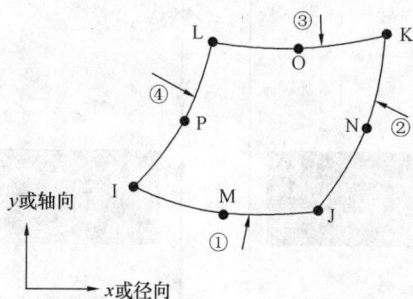

图 9-3　PLANE82 单元

考虑粉砂土地区各等级公路实际路基宽度，结合依托工程，旧公路的顶面宽为 24m，旧路基高度为 4.0m。将路面荷载等效为高度 1m 填土，因粉砂土松散性，原有路基的坡度比一般的道路路基要小，旧路基边坡取 1∶3。计算深度取 40m，计算宽度取 200m（大于 3 倍拼接路基底部宽度），如图 9-4 所示。结合实际工程，计算参数见表 9-3。

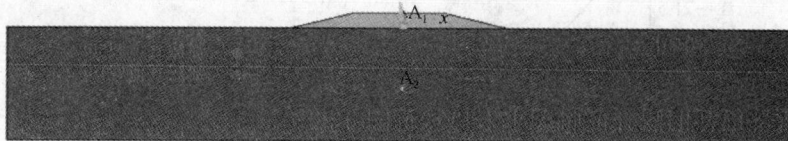

图 9-4　有限元计算模型

有限元计算参数　　　　　　　　　　　　　　　　　　　　　　　　表 9-3

名称	弹性模量/MPa	土层厚度/m	泊松比	黏聚力/kPa	内摩擦角/°	重度/kN·m⁻³
旧路基	90	0.4	0.2	10	33	17
新路基	80	0.4	0.2	10	33	17
地基	10	40	0.25	10	28	17

拼接前旧路基的应力及应变平衡见图 9-5～图 9-9。

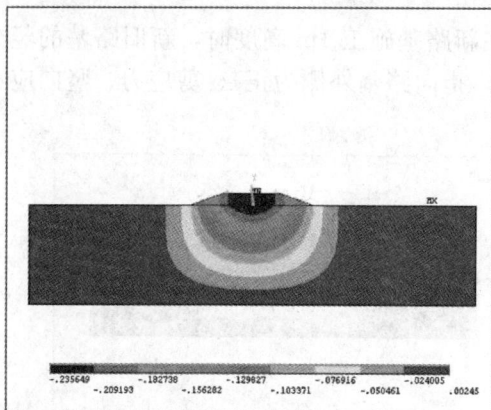

图 9-5　旧路基竖向位移图

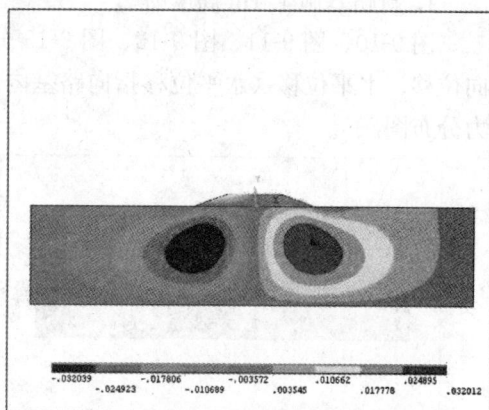

图 9-6　旧路基水平位移图

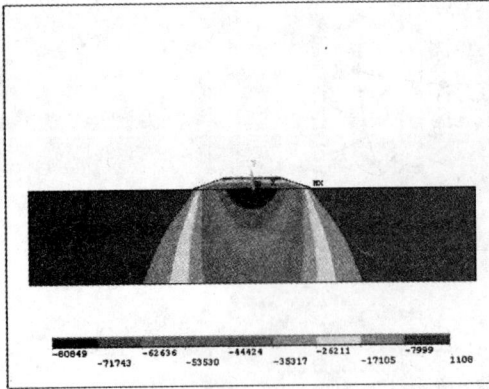

图 9-7　旧路基的竖向应力分布图

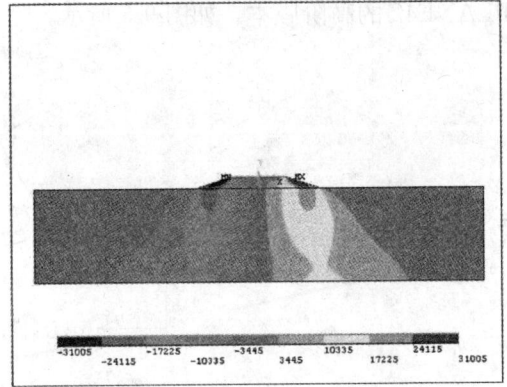

图 9-8　旧路基的剪应力分布图

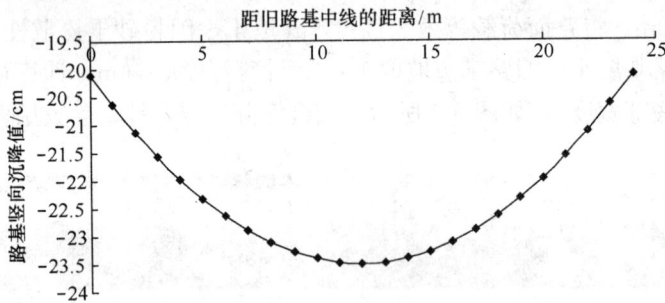

图 9-9　不同位置旧路基沉降曲线

由图 9-5～图 9-9 可知，旧路基中线处沉降较大，沉降值随远离中线逐渐变小，沉降曲线为一开口向上的抛物线。地基的水平位移最大值并不在地基的表面，而是在新路基下的地基 10～30m 深度处，旧路基竖向应力在路基中线附近最大，且在路基中线两侧呈对称分布，竖向应力随远离中线逐渐变小。旧路基的剪应力最大值在旧路基路肩下地基处，因此对于高填粉砂土路基要注意边坡稳定问题。

9.3.2　新路基施工引起的差异沉降

1. 新路基施工 1m 高度时

图 9-10、图 9-11、图 9-12、图 9-13 分别为在新路基施工 1m 高度时，新旧路基的竖向位移、水平位移（水平位移指向路基内侧为负，指向路基外侧为正）、剪应力、竖向应力分布图。

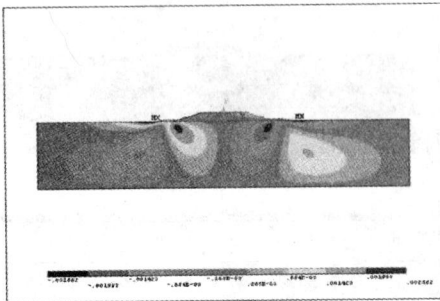

图 9-10　新路基施工 1m 竖向位移

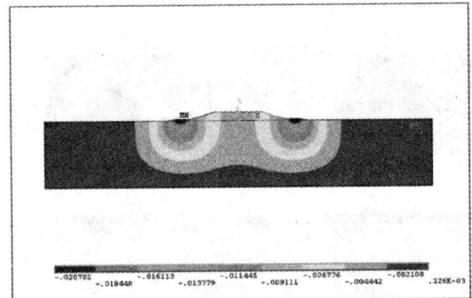

图 9-11　新路基施工 1m 水平位移

140

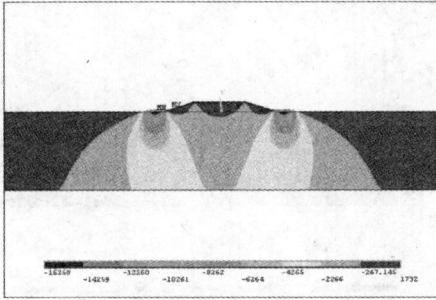

图 9-12　新路基施工 1m 剪应力

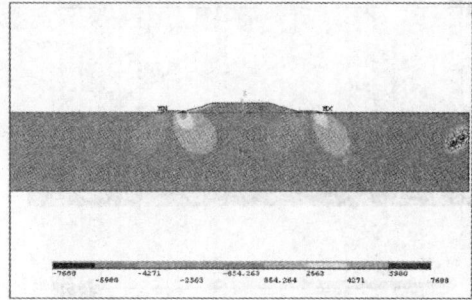

图 9-13　新路基施工 1m 竖向应力

2. 新路基施工 2m 高度时

图 9-14、图 9-15、图 9-16、图 9-17 分别为在新路基施工 2m 高度时，新旧路基的竖向位移、水平位移、剪应力、竖向应力分布图。

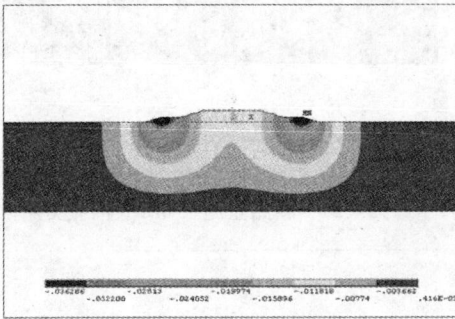

图 9-14　新路基施工 2m 竖向位移

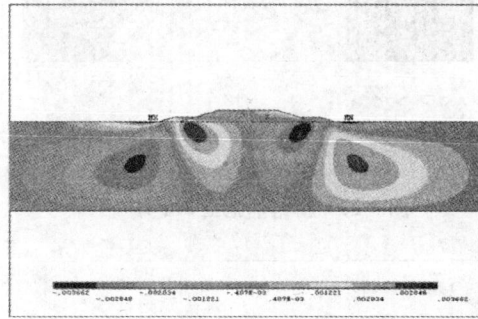

图 9-15　新路基施工 2m 水平位移

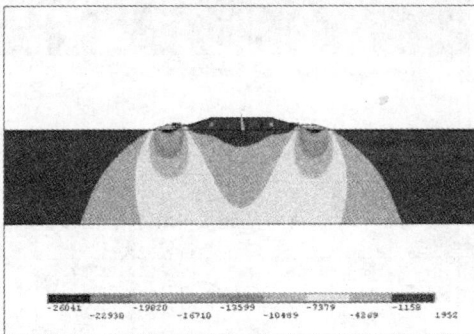

图 9-16　新路基施工 2m 剪应力

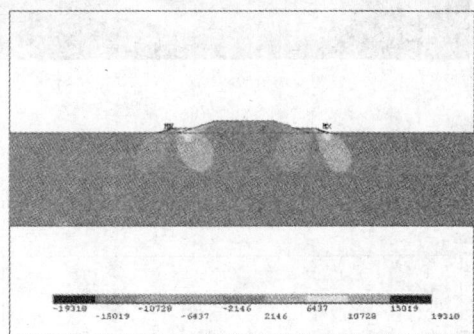

图 9-17　新路基施工 2m 竖向应力

3. 新路基施工 3m 高度时

图 9-18、图 9-19、图 9-20、图 9-21 分别为在新路基施工 3m 高度时，新旧路基的竖向位移、水平位移、剪应力、竖向应力分布图。

4. 新路基施工 4m 高度时

图 9-22、图 9-23、图 9-24、图 9-25 分别为在新路基施工 4m 高度时，新旧路基的竖向位移、水平位移、剪应力、竖向应力分布图。

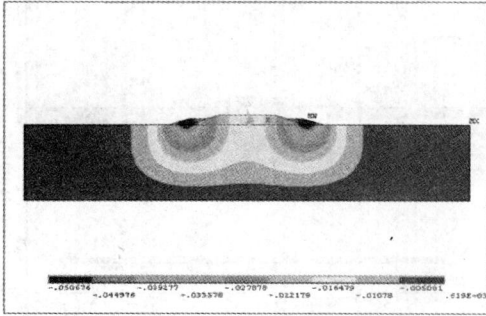

图 9-18　新路基施工 3m 竖向位移

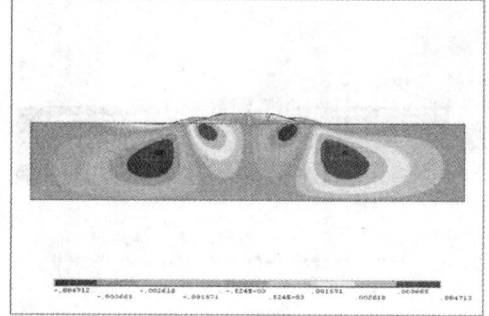

图 9-19　新路基施工 3m 水平位移

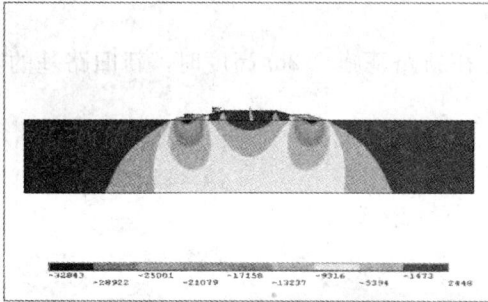

图 9-20　新路基施工 3m 剪应力

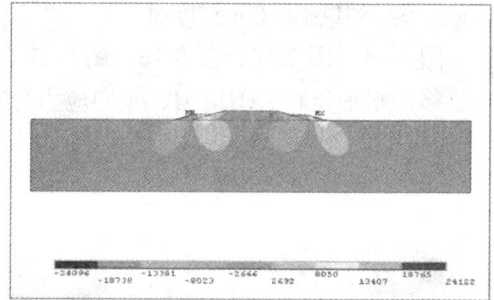

图 9-21　新路基施工 3m 竖向应力

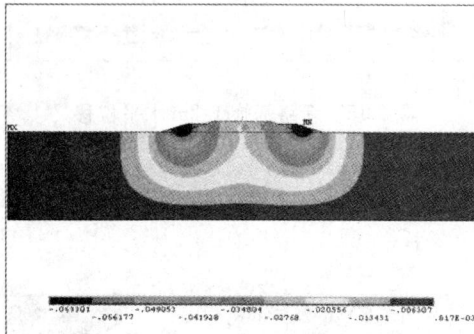

图 9-22　新路基施工 4m 竖向位移

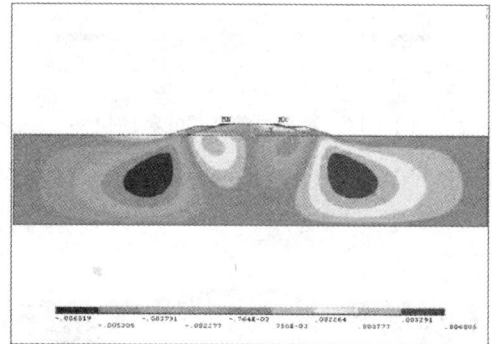

图 9-23　新路基施工 4m 水平位移

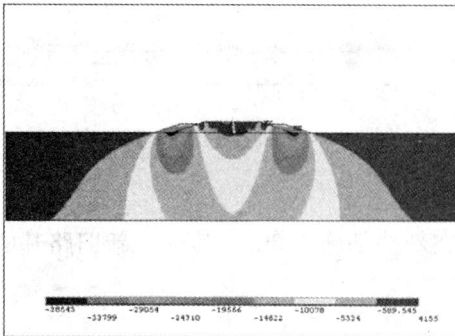

图 9-24　新路基施工 4m 剪应力

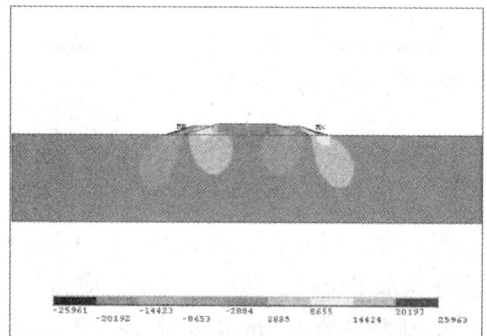

图 9-25　新路基施工 4m 竖向应力

5. 新路基完工时

图 9-26～图 9-29 分别为在新路完工后，新路基的竖向位移、水平位移、剪应力、竖向应力分布图。

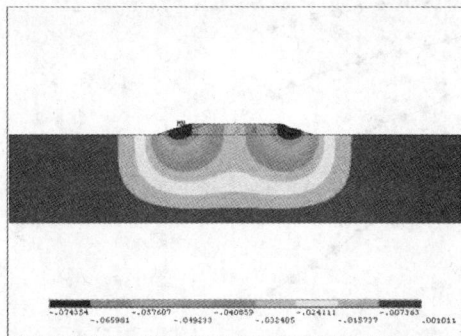

图 9-26　新路基完工竖向位移

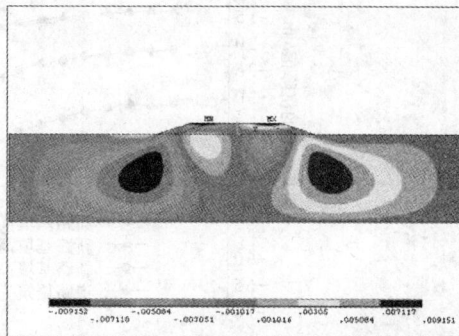

图 9-27　新路基完工水平位移

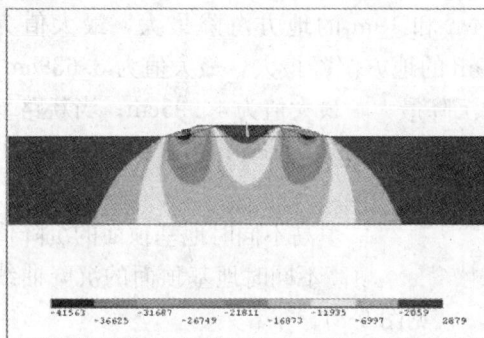

图 9-28　新路基完工剪应力

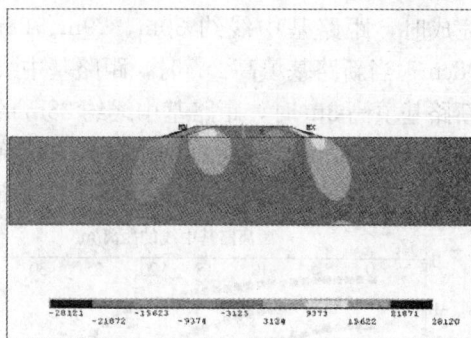

图 9-29　新路基完工竖向应力

由图 9-26～图 9-29 可知，新旧路基的竖向位移、水平位移、竖向应力、剪应力云图均以路基中线呈对称分布。在新路基施工高度从 1m 到施工完成时，在新路基处沉降值最大，随着填高的增加，沉降越大。因粉砂土路基边坡较大，沉降最大值逐渐演变到粉砂土边坡处。因此，新路基施工时，新路基下地基要严格处理。在新路基坡脚外侧水平位移最大，且随着新路基的填高，水平位移逐渐增大，基本上以新路基坡脚为分界点，在路基中线右侧，新路基坡脚左右两边地基的水平位移分别向外。

路基的应力在新路基与地基交界处最大，向下逐渐减小。随着新路基施工高度的增加，竖向应力逐渐增大。剪应力在新旧路基坡脚处最大，随着新路基填高增加剪应力逐渐增大，此处最容易引起差异沉降。

9.3.3　差异沉降曲线变化规律

为了研究新路基的分层施工，对新路基施工高度为 1m、2m、3m、4m 和施工完毕分别进行计算，新路基的施工引起了旧路基的附加沉降，填高不同时新旧路基顶面的沉降曲线见图 9-30。

1. 填高不同时新旧路基顶面的沉降值

由图 9-30 可知，随着新路基施工高度的增加，新旧路基沉降值相应增大。随着距路

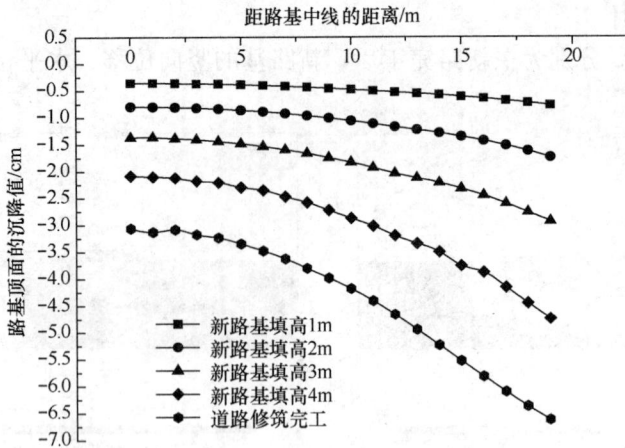

图 9-30 填高不同时新旧路基顶面的沉降值

基中线的距离增大,旧路基的附加沉降相应增大。当新路基填高 1m、2m、3m、4m 和施工完成时,距路基中线约 30m、29m、28m、24m 和 19m 的地方沉降最大,最大值为 2.08cm;当新路基填高 2m 时,距路基中线约 29m 的地方沉降最大,最大值为 3.639cm;当新路基填高 3m 时,距路基中线约 28m 的地方沉降最大,最大值为 4.995cm;当新路基填高 4m 时,距路基中线约 24m 的地方沉降最大,最大值为 6.011cm;当新路基施工完工时,距路基中线约 19m 的地方沉降最大,最大值为 6.629cm。

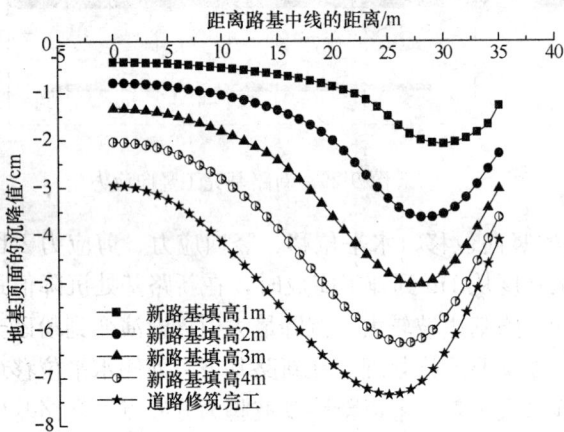

图 9-31 填高不同时地基顶面的沉降值

2. 填高不同时地基顶面的沉降值

填高不同时地基顶面的沉降曲线见图 9-31。

由图 9-31 可知,随着新路基施工高度的增加,新旧地基沉降曲线均呈"勺"形状,旧地基的附加沉降随着地基沉降值及距地基中线的距离增大而增大。当新路基填高分别为 1m、2m、3m、4m 时,最大沉降分别出现在距地基中线约 30m、28m、27m、26m 处,对应的最大值为 2.074cm、3.619cm、5.023cm、6.216cm。当新路基施工完工时,距地基中线约 25m 的地方沉降最大,最大值为 7.36cm。

3. 不同填高时新旧路基坡脚水平位移值

不同填高时新旧路基坡脚水平位移见图 9-32。

由图 9-32 可知,随着新路基施工高度的增加,新旧路基坡脚的水平位移曲线大致呈"∽"形状。当新路基填高 1m 时,新旧路基坡脚向路基内侧移动,水平位移分别为 -0.18cm 和 -0.13cm;当新路基填高 2m 时,新旧路基坡脚向路基外侧移动,新路基坡脚水平位移较大,其值为 0.26cm,旧路基坡脚水平位移为 -0.04cm;当新路基填高 3m 时,新

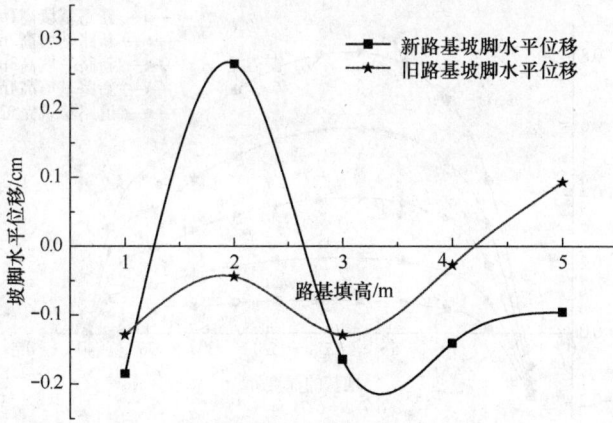

图 9-32　不同填高时新旧路基坡脚水平位移

旧路基坡脚向路基内侧移动，水平位移分别为−0.16cm 和−0.13cm；当新路基填高 4m 时，新旧路基坡脚向路基外侧移动，水平位移分别为−0.14cm 和−0.03cm；当新路基施工完工时，新旧路基坡脚向路基外侧移动，水平位移分别为−0.095cm 和 0.093cm。

4. 不同填高时新旧地基表面水平位移

不同填高时新旧地基表面水平位移见图 9-33。

由图 9-33 可知，随着新路基施工高度的增加，新旧地基表面的水平位移曲线大致呈"∽"形状，由向地基内侧移动转为向地基外侧移动的趋势，且水平位移逐渐增大。当新路基填高 1m 时，地基的水平位移向路基内侧移动，水平位移最大处在距路基中线 35m 处，最

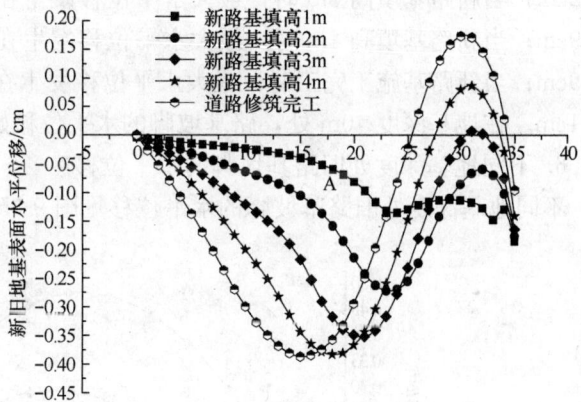

图 9-33　不同填高时新旧地基表面水平位移

大水平位移为−0.19cm；当新路基填高 2m 时，地基的水平位移向路基内侧移动，水平位移最大处在距路基中线 23m 处，最大水平位移为−0.27cm；当新路基填高 3m 时，地基的水平位移向路基内侧移动，水平位移最大处在距路基中线 21m 处，最大水平位移为−0.35cm；当新路基填高 4m 时，地基的水平位移在距路基中线 27m 处分界，小于 27m 的向路基内侧移动，大于 27m 的向路基外侧移动，水平位移最大处在距路基中线 18m 处，最大水平位移为−0.38cm；当新路基施工完工时，地基的水平位移在距路基中线 25m 处分界，小于 25m 的向路基内侧移动，大于 25m 的向路基外侧移动，水平位移最大处在距路基中线 15m 处，最大水平位移为−0.386cm。

5. 不同地基深度处新路基坡脚的水平位移

不同地基深度处新路基坡脚的水平位移见图 9-34。

由图 9-34 可知，随着新路基施工高度的增加，新路基坡脚处的水平位移曲线随地基深度增加大致呈开口向下的抛物线。新路基坡脚随深度的增加先向路基外侧后向路基内侧

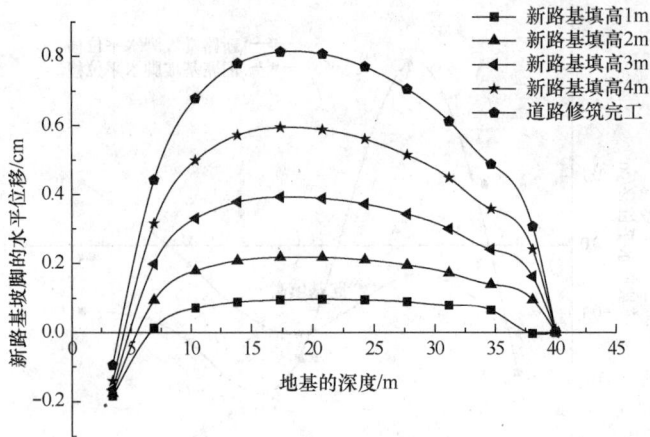

图 9-34 不同地基深度处新路基坡脚的水平位移

移动，当新路基填高 1m 时，最大水平位移发生在地基下约 20m 处，最大水平位移为 0.10cm；当新路基填高 2m 时，最大水平位移发生在地基下约 20m 处，最大水平位移为 0.22cm；当新路基填高 3m 时，最大水平位移发生在地基下约 18m 处，最大水平位移为 0.39cm；当新路基填高 4m 时，最大水平位移发生在地基下约 17m 处，最大水平位移为 0.59cm；当新路基施工完工时，最大水平位移发生在地基下约 16m 处，最大水平位移为 0.81cm。在地基深度 40m 处，路基坡脚的水平位移始终为零。

6. 不同地基深度处旧路基坡脚的水平位移

不同地基深度处旧路基坡脚的水平位移见图 9-35。

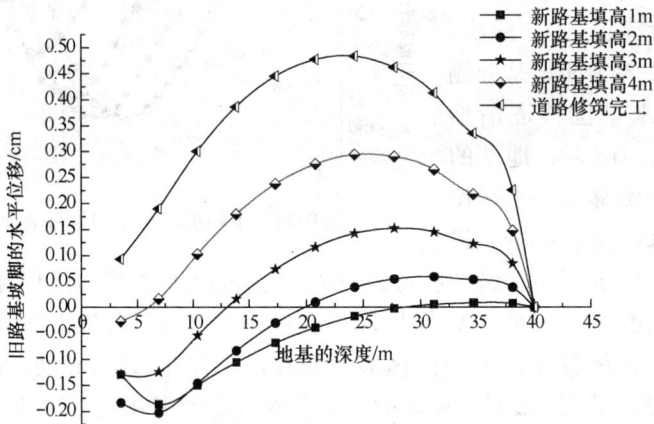

图 9-35 地基深度不同时旧路基坡脚的水平位移值

由图 9-35 可知，随着新路基施工高度的增加，旧路基坡脚处的水平位移曲线随地基深度大致呈开口向下的抛物线，随深度的增加具有先向路基外侧然后向内侧移动的趋势。当新路基填高 1m 时，深度 30m 处为分界线，小于 30m 时旧路基坡脚水平位移向路基内侧，大于 30m 时水平位移向外侧。当新路基填高 2m 时，深度 21m 深处为分界线，小于 21m 时旧路基坡脚水平位移向路基内侧，大于 21m 时水平位移向外侧。当新路基填高 3m 时，深度 14m 深处为分界线，小于 14m 时旧路基坡脚水平位移向路基内侧，大于 14m 时水平位移向外侧。当新路基填高 4m 时，深度 7m 深处为分界线，小于 7m 时旧路基坡脚水平位移向路基内侧，大于 7m 时水平位移向外侧，深度 25m 时达到最大值 0.29cm。当路基施工完毕时，旧路基坡脚水平位移始终向路基外侧，深度为 25m 达到最大值 0.48cm。在地基深度 40m 处，路基坡脚的水平位移始终为零。

9.4 新旧路基差异沉降的影响因素

9.4.1 拼接方式的影响

1. 单侧扩宽

粉砂土路基单侧拼接，常见的为单侧拼接一个车道、两个车道、三个车道、四个车道，相应的单侧拼接 4m、8m、12m、16m。单侧拼接宽度不同，对道路的影响也不同，针对单侧拼接宽度对道路的影响进行计算分析，结果如图 9-36～图 9-38 所示。

(1) 单侧加宽不同时路基沉降值

由图 9-36 可知，随着拼接宽度的增加路基的沉降越大。当路基单侧拼接为 4m、8m、12m、16m 时，距路基中线距离越远沉降越大，新路基边缘沉降最大，其值分别为

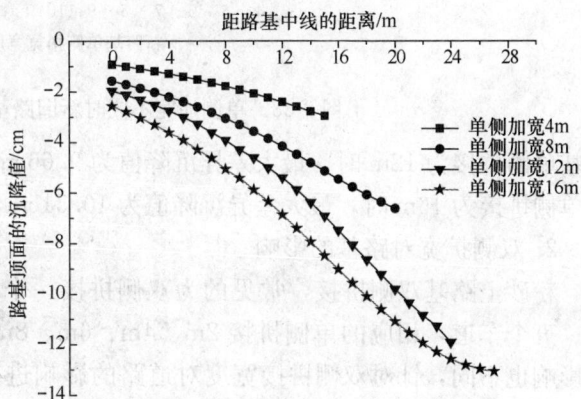

图 9-36　单侧加宽不同时路基沉降值

2.97cm、6.64cm、11.63cm、13.08cm。随单侧拼接宽度增加，路基顶面沉降曲线逐渐接近"勺"形。

(2) 单侧加宽不同时新旧路基坡脚水平位移

由图 9-37 可知，新路基坡脚始终向路基外侧移动，水平位移随单侧拼接宽度的增加逐渐增大。新路基单侧拼接 16m 时水平位移最大，其值为 0.37cm。旧路基坡脚向路基内侧移动，随单侧拼接宽度的增加逐渐增大，拼接 16m 时水平位移最大，其值为 -0.32cm。

(3) 单侧加宽不同时新旧路基最大差异沉降值

由图 9-38 可知，随单侧拼接宽度的增加，路基顶面的最大差异沉降值越大。当路基单侧拼接为 4m 时，最大差异沉降值为 2.34cm。当路基单侧拼接为 8m 时，最大差异沉降值为 5.06cm，比拼接 4m 时增加了 115.8%。当

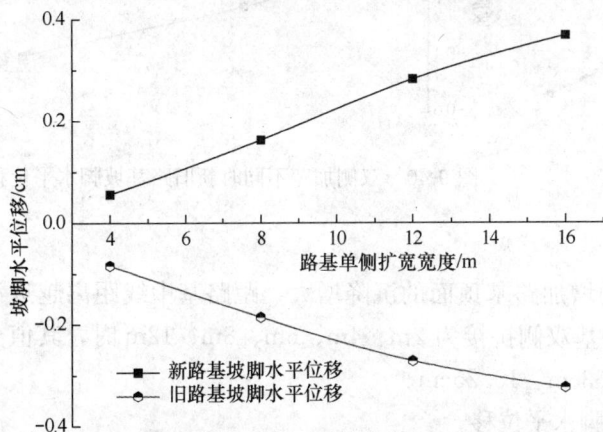

图 9-37　单侧加宽不同时新旧路基坡脚水平位移

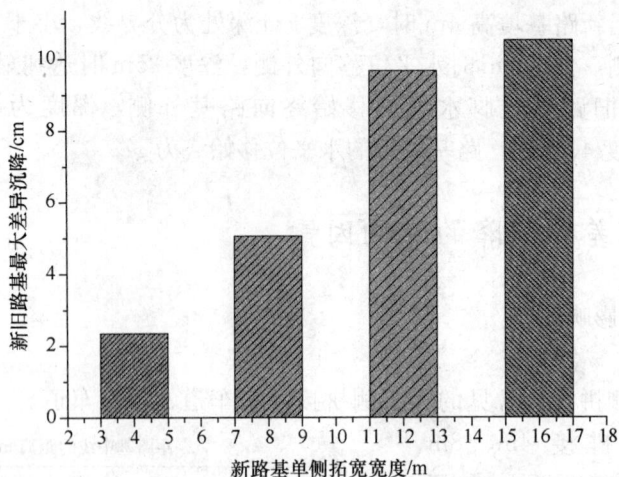

图 9-38 单侧加宽不同时新旧路基最大差异沉降值

路基单侧拼接为 12m 时，最大差异沉降值为 9.66cm，比拼接 8m 时增加了 90.8%。当路基单侧拼接为 16m 时，最大差异沉降值为 10.51cm，比拼接 12m 时增加了 8.8%。

2. 双侧扩宽对路基的影响

粉砂土路基双侧拼接，常见的为双侧拼接一个车道、两个车道、三个车道、四个车道、五个车道，相应的单侧拼接 2m、4m、6m、8m、12m。双侧拼接宽度不同，对道路的影响也不同，针对双侧拼接宽度对道路的影响进行计算分析，结果如图 9-39～图 9-41所示。

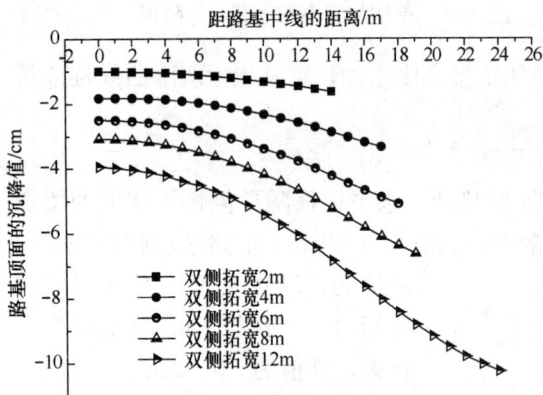

图 9-39 双侧加宽不同时路基沉降

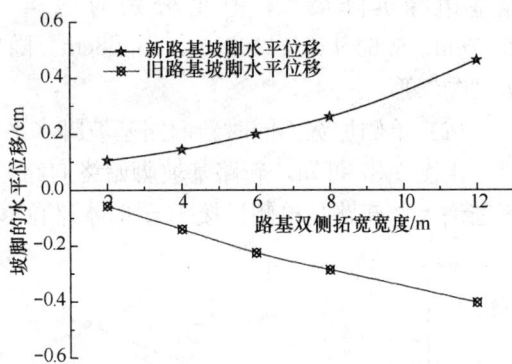

图 9-40 双侧加宽不同时新旧路基坡脚水平位移

（1）双侧加宽不同时路基沉降

由图 9-39 可知，随着拼接宽度的增加路基顶面的沉降增大，距路基中线距离越远沉降越大，新路基边缘沉降最大。当路基双侧拼接为 2m、4m、6m、8m、12m 时，其值分别为 1.63cm、3.34cm、5.09cm、6.63cm、10.25cm。

（2）双侧加宽不同时新旧路基坡脚水平位移

由图 9-40 可知，新路基坡脚向路基外侧移动，随路基双侧拼接宽度的增加，新路基坡脚水平位移逐渐增大。新路基双侧拼接 12m，水平位移最大，其值为 0.46cm。旧路基坡脚水平位移向内，随路基双侧拼接宽度的增加，新路基坡脚水平位移逐渐增大，旧路基双侧拼接 12m 水平位移最大，其值为 -0.4cm。

（3）双侧加宽不同时新旧路基最大差异沉降值

由图 9-41 可知，随双侧拼接宽度的增加，路基顶面的最大差异沉降值越大。当路基单侧拼接为 2m 时，最大差异沉降值为 0.63cm。当路基单侧拼接为 4m 时，最大差异沉降值为 1.51cm，比拼接 4m 时增加了 139.7%。当路基单侧拼接为 6m 时，最大差异沉降值为 2.59cm，比拼接 4m 时增加了 71.5%。当路基单侧拼接为 8m 时，最大差异沉降值为 3.55cm，比拼

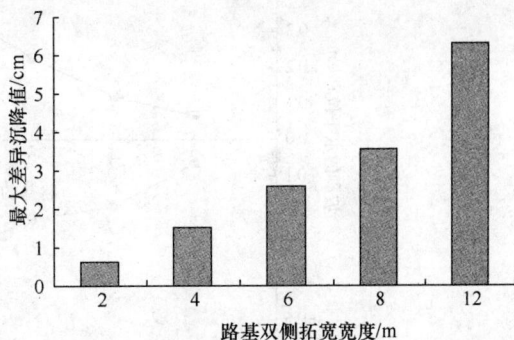

图 9-41　双侧加宽不同时新旧路基最大差异沉降值

接 6m 时增加了 37.1%。当路基单侧拼接为 12m 时，最大差异沉降值为 6.31cm，比拼接 6m 时增加了 77.8%。

9.4.2　路基高度的影响

实际工程中，由于道路沿线地貌的不同，特别是在道路经过较大的河流时，路基需要填的高度较大。本文针对不同路基填高对粉砂土路基差异沉降的影响进行了分析，其结果如图 9-42～图 9-44 所示。

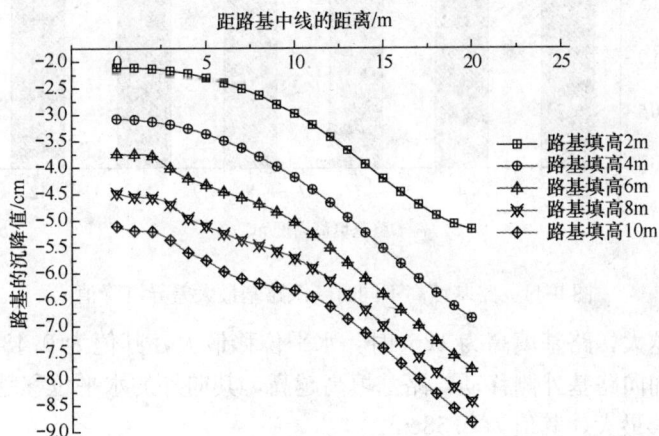

图 9-42　填高不同时路基沉降

1. 填高不同时路基沉降

由图 9-42 可知，路基顶面的沉降随路基填高高度的增加而增大，路基填高 2m、4m、6m、8m、10m、12m 时，路基顶面的沉降最大值都在新路基的边缘，即距路基中心线 20m 处，沉降最大值分别为 5.18cm、6.86cm、7.82cm、8.43cm、8.83cm、9.12cm。

2. 路基填高不同时新旧路基坡脚水平位移

由图 9-43 可知，旧路基坡脚随路基填高的增加向路基内侧移动，路基填高越高，其

149

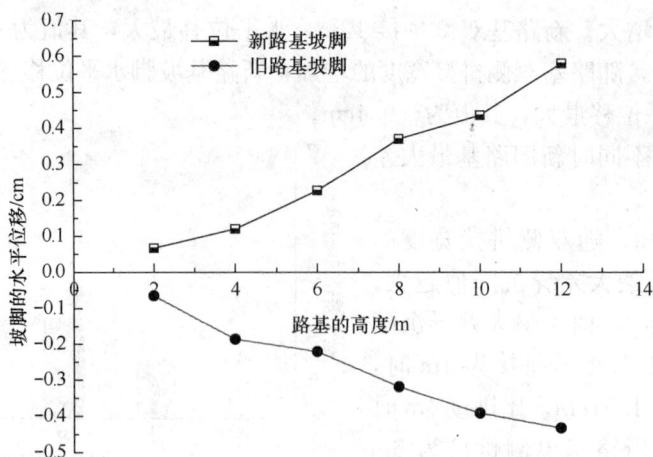

图 9-43　路基填高不同时新旧路基坡脚水平位移

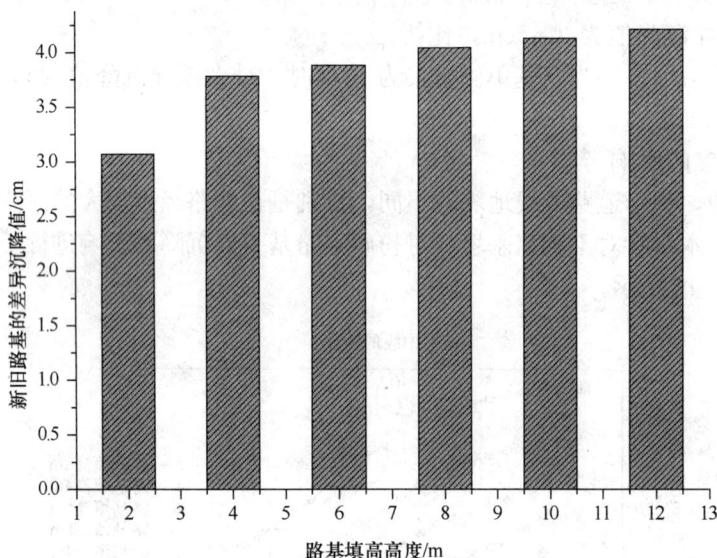

图 9-44　路基填高不同时新旧路基最大差异沉降值

向内的水平位移越大，路基填高为 12m 时，水平位移最大，其值为 0.43cm。新路基坡脚随路基填高的增加向路基外侧移动，路基填高越高，其向外的水平位移越大，路基填高为 12m 时，水平位移最大，其值为 0.58cm。

3. 路基填高不同时新旧路基最大差异沉降值

由图 9-44 可知，随路基填高高度的增加，路基顶面的最大差异沉降值逐渐增大，当路基填高为 2m 时，最大差异沉降值为 3.07cm。当路基填高高度为 4m 时，最大差异沉降值为 3.78cm，比填高 2m 时增加了 23.1%。当路基填高为 6m 时，最大差异沉降值为 3.88cm，比填高 4m 时增加了 2.6%。当路基填高为 8m 时，最大差异沉降值为 4.04cm，比填高 6m 时增加了 4.1%。当路基填高为 10m 时，最大差异沉降值为 4.13cm，比填高 8m 时增加了 2.2%。当路基填高为 12m 时，最大差异沉降值为 4.21cm，比填高 10m 时增加了 1.9%。

9.4.3 地基压缩模量的影响

因公路里程较长，沿线所经过的地区气候条件、地质条件复杂，特别是经过一些地下水位较高、压缩性大的液化土、水稻田、低洼地段时，地基的强度较低，这必然引起新旧地基的差异沉降。针对地基压缩模量为 4MPa、6MPa、8MPa、10MPa、12MPa、14MPa、16MPa、18MPa、20MPa 时进行了分析研究，结果见图 9-45～图 9-47。

1. 地基压缩模量不同时路基沉降值

由图 9-45 可知，路基顶面的沉降随地基压缩模量的增加而增减小，地基压缩模量为 4MPa、6MPa、8MPa、10MPa、12MPa、14MPa、16MPa、18MPa、20MPa 时，路基顶面的沉降最大值都在新路基的边缘，即距路基中心线 20m 处，沉降最大值分别为 16.54cm、11.18cm、8.48cm、6.86cm、5.77cm、4.99cm、4.40cm、3.94cm、3.57cm。当地基模量小于 10MPa 时，路基的整体沉降较大；当地基模量大于 10MPa 时，路基的整体沉降相对较小。

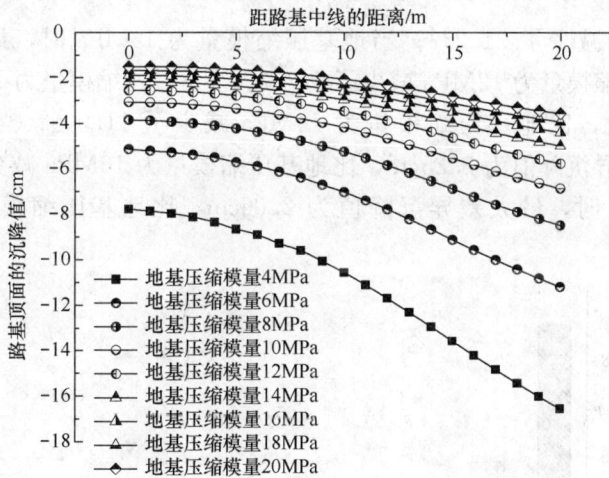

图 9-45　地基压缩模量不同时路基沉降值

2. 地基压缩模量不同时新旧路基坡脚水平位移

由图 9-46 可知，新路基坡脚向路基外侧移动。随地基压缩模量的增大，新路基坡脚水平位移向外侧逐渐减小，地基压缩模量为 4MPa 和 20MPa 时，新路基坡脚水平位移分别最大和最小，其值分别为 0.66cm 和 0.01cm。旧路基坡脚向路基内侧移动。随地基压缩模量的增大，旧路基坡脚水平位移向内侧逐渐减小，地基压缩模量为 4MPa 和 20MPa 时，旧路基坡脚水平位移分别最大和最小，其值分别为 0.61cm 和 0.02cm。

3. 地基压缩模量不同时新旧路基最大差异沉降值

由图 9-47 可知，随地基压缩模量的增加，路基顶面的最大差异沉降值逐渐减小。当地基压缩模量为 4MPa 时，新旧路基的差异沉降最大，其值为 8.77cm；当地基压缩模量为 6MPa 时，最大差异沉降值为 6.04cm，比地基压缩模量为 4MPa 减少了 31.1%；当地基压缩模量为 8MPa 时，最大差异沉降值为 4.64cm，比地基压缩模量为 6MPa 减少了 23.2%；当地基压缩模量为 10MPa 时，最大差异沉降值为 3.78cm，比地基压缩模量为 8MPa 减少了 18.5%；当地基压缩模量为 12MPa 时，最大差异沉降值为 2.98cm，比地基

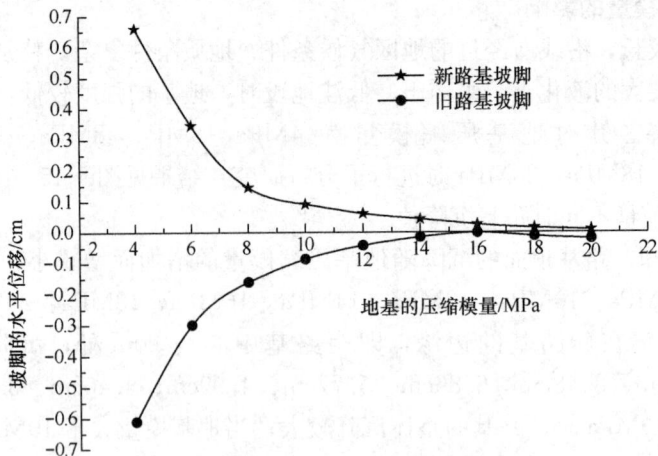

图 9-46　地基压缩模量不同时新旧路基坡脚水平位移

压缩模量为 10MPa 减少了 21.2%；当地基压缩模量为 14MPa 时，最大差异沉降值为 2.81cm，比地基压缩模量为 12MPa 减少了 5.7%；当地基压缩模量为 16MPa 时，最大差异沉降值为 2.50cm，比地基压缩模量为 14MPa 减少了 11.0%；当地基压缩模量为 18MPa 时，最大差异沉降值为 2.25cm，比地基压缩模量为 16MPa 减少了 10%；当地基压缩模量为 20MPa 时，最大差异沉降值为 2.06cm，比地基压缩模量为 18MPa 减少了 8.4%。

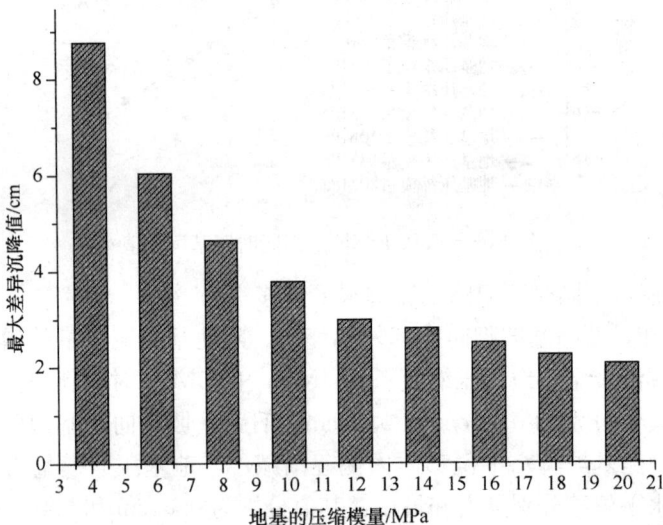

图 9-47　地基压缩模量不同时新旧路基最大差异沉降值

9.4.4　新旧路基模量差异的影响

由于旧路基经过了长时间的运行，在自身荷载和车辆荷载作用下，其本身的固结沉降已经基本完成，旧路基的压缩模量基本上不再变化，而刚刚修筑的新路基虽然经过了压路机的压实，但其本身的压缩模量较小，经过在自身荷载和车辆荷载作用下，其强度将会不断变化。针对旧路基模量为 90MPa，新旧路基模量比为：0.5、0.7、0.9、1.0、1.2、

1.4 即新路基模量为 45MPa、63MPa、81MPa、90MPa、108MPa、126MPa 时，进行计算分析，结果如下图 9-48～图 9-50 所示。

1. 新旧路基模量比不同时路基沉降值

由图 9-48 可知，路基顶面的沉降随新路基模量的增加而减小，路基模量为 45MPa、63MPa、81MPa、90MPa、108MPa、126MPa 时，路基顶面的沉降最大值都在新路基的边缘，即距路基中心线 20m 处，沉降最大值分别为 117.2mm、115.9mm、101.9mm、101.7mm、101.1mm、100.7mm。当新路基模量小于 63MPa 时，路基的整体沉降明显增大。

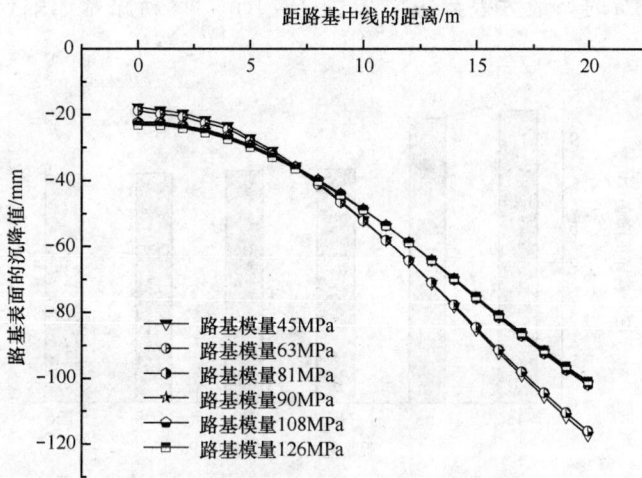

图 9-48　新旧路基模量比不同路基沉降值

2. 新旧路基模量比不同时新旧路基坡脚水平位移

由图 9-49 可知，新路基坡脚向外侧移动，随新路基模量的增加水平位移逐渐减小，新路基模量为 40MPa 时，其水平位移最大，最大值为 0.874cm。旧路基坡脚向内侧移动，随旧路基模量的增加水平位移逐渐减小，新路基模量为 40MPa 时，其水平位移最大，最大值为 0.91cm。

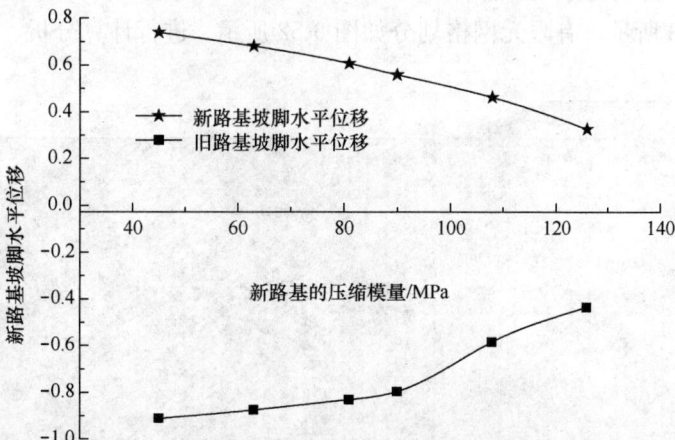

图 9-49　新旧路基模量比不同时新旧路基坡脚水平位移

3. 新旧路基模量比不同时新旧路基最大差异沉降

由图 9-50 可知，随新路基压缩模量的增加，路基顶面的最大差异沉降值逐渐减小。当新路基压缩模量为 45MPa 时，新旧路基的差异沉降最大，其值为 9.95cm。当新路基压缩模量为 63MPa 时，最大差异沉降值为 9.7cm，比新路基压缩模量为 45MPa 减少了 2.5%。当新路基压缩模量为 81MPa 时，最大差异沉降值为 7.95cm，比新路基压缩模量为 63MPa 减少了 18.0%。当新路基压缩模量为 90MPa 时，最大差异沉降值为 7.92cm，比新路基压缩模量为 81MPa 减少了 0.13%。当新路基压缩模量为 108MPa 时，最大差异沉降值为 7.81cm，比新路基压缩模量为 90MPa 减少了 1.4%。当新路基压缩模量为 126MPa 时，最大差异沉降值为 7.74cm，比新路基压缩模量为 108MPa 减少了 0.9%。

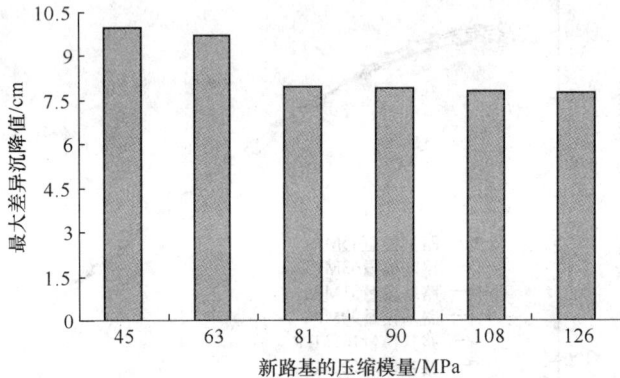

图 9-50 新旧路基模量比不同时新旧路基最大差异沉降值

9.4.5 新地基不同固结程度的影响

由于旧路的地基在自身荷载和车辆荷载作用下，其本身的固结沉降已经基本完成，压缩模量较大。而刚刚修筑的地基虽然经过了压路机的压实，但其本身的压缩性较大，在自身荷载和车辆荷载作用下，其变形将会不断变化。计算时旧地基和新地基的范围见图 9-51，A_1 旧路基，A_2 为新路基，A_3 为新地基，A_4 为旧地基。

新地基模量设定为 6MPa、8MPa、12MPa、14MPa、16MPa、18MPa、20MPa 时，其他参数如表 9-3 所示，有限元网格划分如图 9-52 所示。进行计算分析，结果见图 9-53~图 9-55。

图 9-51 计算模型新旧路基范围

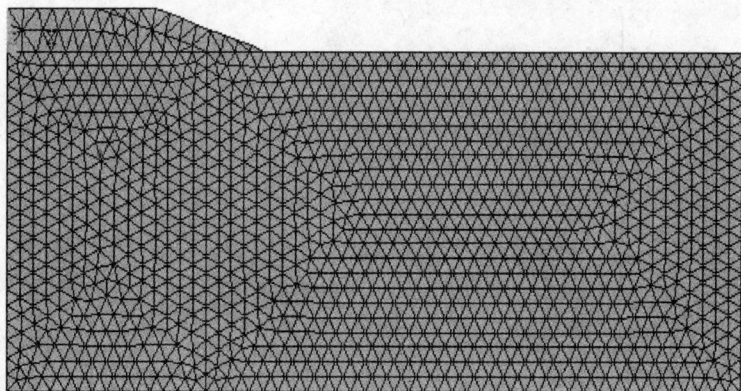

图 9-52 有限元模型网格划分

1. 新地基不同固结程度时路基沉降值

由图 9-53 可知，路基顶面的沉降随新地基模量的增加而减小。新地基模量为 6MPa、8MPa、12MPa、14MPa、16MPa、18MPa、20MPa 时，路基顶面的沉降最大值都在新路基的边缘，即距路基中心线 20m 处，沉降最大值分别为 13.6cm、11.4cm、9.31cm、8.67cm、8.18cm、7.81cm、7.52cm。新地基的压缩模量越大，小于距路基中线 5m 处的路基沉降越大，大于距路基中线 5m 处的沉降越大。也就是说距路基中线 5m 处沉降最小，即实际工程中旧路基表面易出现反坡现象。

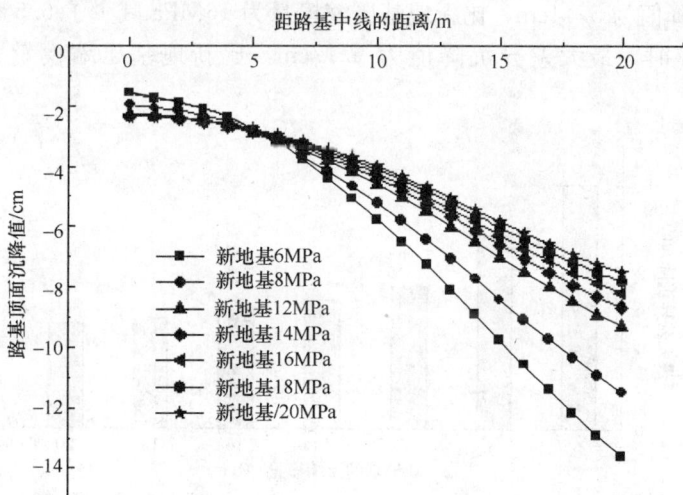

图 9-53 新地基不同固结程度时路基沉降值

2. 新地基不同固结程度时新旧路基坡脚水平位移

由图 9-54 可知，新旧路基坡脚变化趋势一致，随新路基模量的增加先向内侧移动的趋势。随新地基压缩模量的增加新旧路基坡脚向外逐渐减小，新路基模量为 6MPa 时，新旧路基坡脚的水平位移最大，分别为 1.49cm、1.62cm。

3. 新地基不同固结程度时新旧路基最大差异沉降值

由图 9-55 可知，随新地基压缩模量的增加，路基顶面的最大差异沉降值逐渐减小。

155

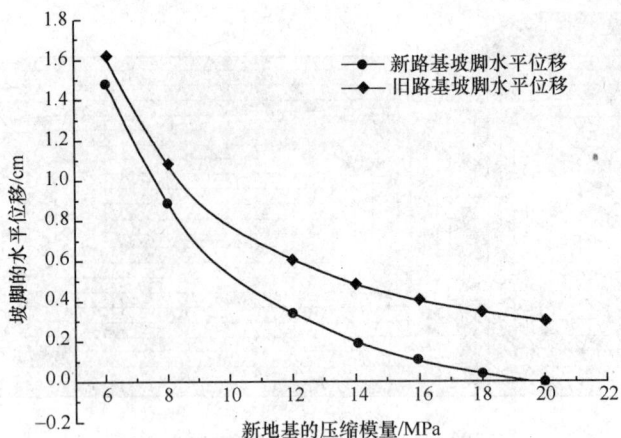

图 9-54　新地基不同固结程度时新旧路基坡脚水平位移

当新地基压缩模量为 6MPa 时，新旧路基的差异沉降最大，其值为 12.04cm；当新地基压缩模量为 8MPa 时，最大差异沉降值为 9.53cm，比新地基压缩模量为 6MPa 减少了 20.8％；当新地基压缩模量为 12MPa 时，最大差异沉降值为 7.02cm，比新地基压缩模量为 8MPa 减少了 26.4％；当新地基压缩模量为 14MPa 时，最大差异沉降值为 6.33cm，比新地基压缩模量为 12MPa 减少了 9.8％；当新地基压缩模量为 16MPa 时，最大差异沉降值为 5.82cm，比新地基压缩模量为 14MPa 减少了 8.1％；当新地基压缩模量为 18MPa 时，最大差异沉降值为 5.44cm，比新地基压缩模量为 16MPa 减少了 6.5％；当新地基压缩模量为 20MPa 时，最大差异沉降值为 5.17cm，比新地基压缩模量为 18MPa 减少了 5.0％。

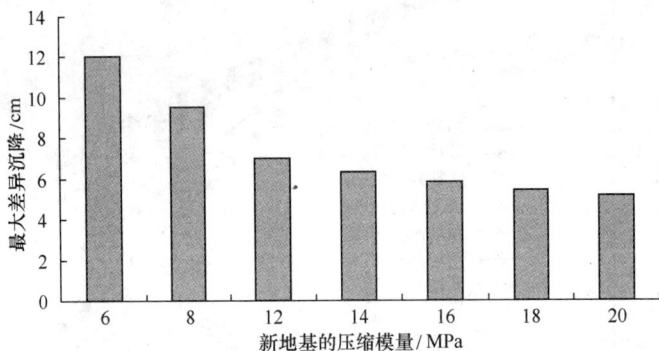

图 9-55　新地基不同固结程度时新旧路基最大差异沉降值

9.4.6　旧地基不同固结程度的影响

旧地基模量取 8MPa、12MPa、14MPa、16MPa、18MPa、20MPa 时，其他参数如表 9-3 所示，进行计算分析，结果如图 9-56～图 9-58 所示。

1. 旧地基不同固结程度时路基沉降值

由图 9-56 可知，路基顶面的沉降随旧地基模量的增加而减小。旧路地基模量为 8MPa、12MPa、14MPa、16MPa、18MPa、20MPa 时，路基顶面的沉降最大值都在新路基的边缘，即距路基中心线 20m 处，沉降最大值分别为 12.61cm、10.73cm、10.18cm、

9.72cm、9.42cm、9.16cm。旧路地基模量越小整个拼接道路的路基整体沉降较大，旧路地基模量越大整个拼接道路的路基整体沉降较小。

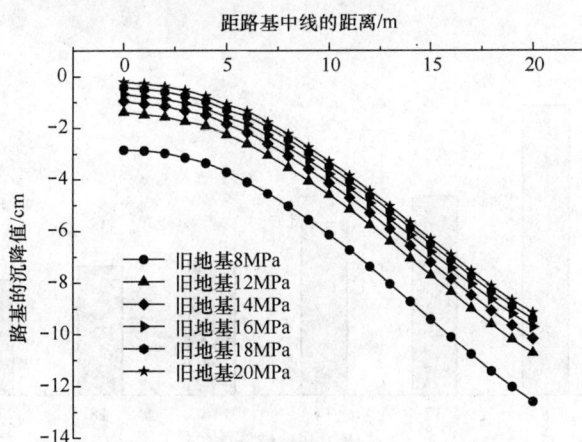

图 9-56　旧地基不同固结程度时路基沉降值

2. 旧地基不同固结程度时新旧路基坡脚水平位移

由图 9-57 可知，新路基坡脚变形随新旧路地基模量的增加呈现先向内侧后向外侧移动的趋势。新路基坡脚的水平位移始终在路基外侧，在旧路地基为 20MPa 时，水平位移最大，其值为 1.16cm，旧路基坡脚的移动趋势始终向外，旧路基坡脚的水平位移始终在路基外侧，在旧路地基为 20MPa 时，水平位移最大，其值为 1.07cm。

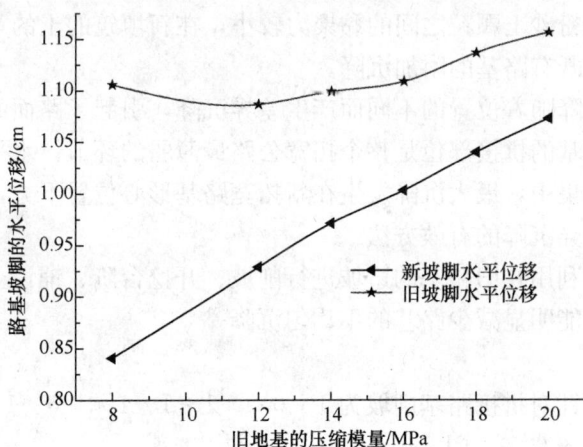

图 9-57　旧地基不同固结程度时新旧路基坡脚水平位移

3. 旧地基不同固结程度时新旧路基最大差异沉降值

由图 9-58 可知，随旧路地基压缩模量的增加，路基顶面的最大差异沉降值逐渐减小。当旧路地基压缩模量为 8MPa 时，新旧路基的差异沉降最大，其值为 9.77cm；当旧路地基压缩模量为 12MPa 时，最大差异沉降值为 9.35cm，比旧路地基压缩模量为 8MPa 减少了 4.3%；当旧路地基压缩模量为 14MPa 时，最大差异沉降值为 9.22cm，比旧路地基压缩模量为 12MPa 减少了 1.4%；当旧路地基压缩模量为 16MPa 时，最大差异沉降值为 9.03cm，比旧路地基压缩模量为 14MPa 减少了 2.1%；当旧路地基压缩模量为 18MPa

时，最大差异沉降值为 9.0cm，比旧路地基压缩模量为 16MPa 减少了 0.33%。当旧路地基压缩模量为 20MPa 时，最大差异沉降值为 8.94cm，比旧路地基压缩模量为 18MPa 减少了 0.67%。

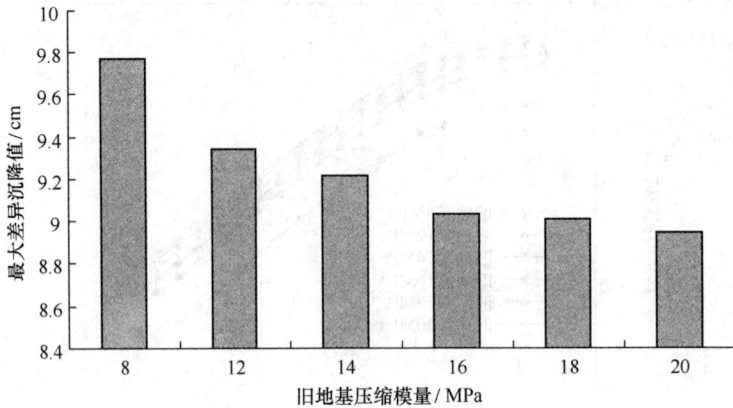

图 9-58　旧地基不同固结程度时新旧路基最大差异沉降值

9.5　粉砂土路基拼接差异沉降控制

9.5.1　沉降控制方法

在公路改扩建时，由于旧路基车辆荷载长期作用，沉降固结基本完成，在其边坡上进行扩建填筑后，由于粉砂土颗粒之间的黏聚力较小，在新填筑的土的重力、路面和汽车荷载作用下必然会引起既有路基的附加沉降。

旧路基的附加沉降随着位置的不同而产生差异沉降，引起了路面的开裂。在高填方地段更为明显。新老路基的拼接部位是整个拓宽公路最薄弱的环节，水平应力和竖向应力都在拼接部位发生应力集中，最大沉降发生在新拓宽路基形心位置下方，采用台阶式拼接是一种控制新老路基差异沉降的有效方法[90]。

针对这些问题，利用在旧路基的边坡进行削坡、开挖台阶、铺设土工格栅等，使新旧路基加大接触面积，能明显减少路基的不均匀沉降[91]。

1. 边坡削坡

结合实际工程，针对拼接路基削坡为 1∶0.5、1∶1、1∶1.5、1∶2、1∶2.5、1∶3 进行了分析，结果见图 9-59～图 9-61。

（1）随削坡变化路基的沉降值

由图 9-59 可知，路基顶面的沉降随削坡坡度增加而减小，削坡的坡度为 1∶0.5、1∶1、1∶1.5、1∶2、1∶2.5、1∶3 时，路基顶面的沉降最大值都在新路基的边缘，即距路基中心线 20m 处，最大沉降值分别为 13.19cm、12.11cm、10.91cm、9.64cm、8.35cm、6.86cm。削坡为 1∶0.5 时，路基整体沉降最大。随着削坡坡度的增大，路基顶面的沉降曲线越来越接近"勺"形。

（2）随削坡坡度变化新旧路基坡脚的水平位移

由图 9-60 可知，新路基坡脚随削坡坡度增加有向外侧移动的趋势。新路基坡脚的水

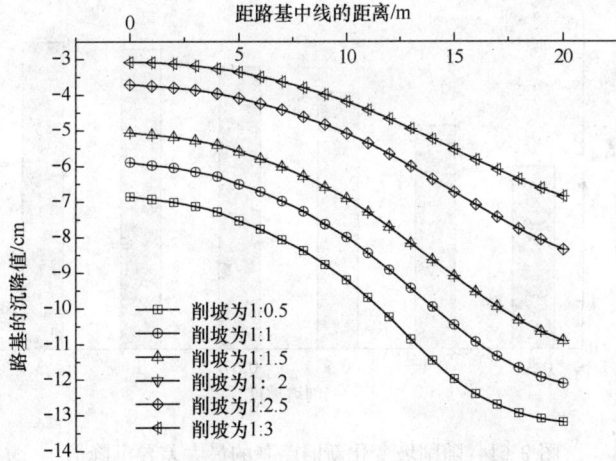

图 9-59 随削坡变化路基的沉降值

平位移在削坡为 1∶0.5、1∶1 时向路基的外侧，其余坡度向路基内侧。在削坡为 1∶3 时，水平位移最大，其值为 0.122cm，旧路基坡脚的移动趋势始终向路基中线内侧。旧路基坡脚的水平位移在削坡为 1∶2.5 时向路基中线外侧，其余坡度向路基中线内侧，在削坡为 1∶0.5 时，水平位移最大，其值为 0.61cm。

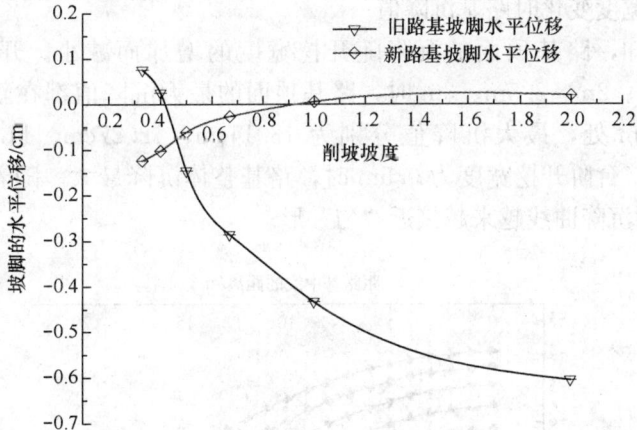

图 9-60 随削坡坡度变化新旧路基坡脚的水平位移

（3）随削坡变化新旧路基的最大差异沉降值

由图 9-61 可知，随削坡坡度的增加，路基顶面的最大差异沉降值逐渐增大。当削坡为 1∶3 时，新旧路基的差异沉降最小，其值为 3.78cm；当削坡为 1∶2.5 时，新旧路基的差异沉降值为 4.64cm，比削坡为 1∶3 增大了 18.5%；当削坡为 1∶2 时，新旧路基的差异沉降值为 5.3cm，比削坡为 1∶2.5 增大了 14.2%；当削坡为 1∶1.5 时，新旧路基的差异沉降值为 5.86cm，比削坡为 1∶2 增大了 10.6%；当削坡为 1∶1 时，新旧路基的差异沉降值为 6.22cm，比削坡为 1∶1.5 增大了 6.1%；当削坡为 1∶0.5 时，新旧路基的差异沉降值为 6.34cm，比削坡为 1∶1 增大了 1.9%。

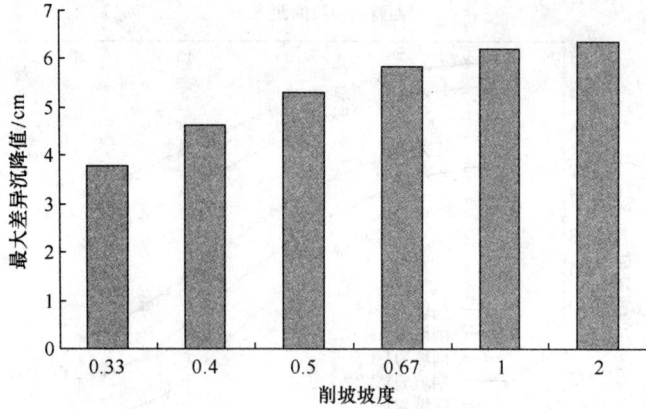

图 9-61　随削坡变化新旧路基的最大差异沉降值

2. 台阶开挖

(1) 台阶宽度

在进行道路的拼接时，为了减少新旧路基间的差异沉降，增加新旧路基间的接触面积，通常采取开挖台阶的措施。粉砂土路基削坡设定为 1：2.5，然后进行台阶开挖，开挖高度为 1m，宽度分别为 0.5m、1m、1.5m、2m、2.5m、3m 六种情况。其他计算参数如表 9-3 所示，结果见图 9-62～图 9-64。

1) 开挖台阶宽度变化时路基沉降值

由图 9-62 可知，路基顶面的沉降随开挖宽度的增加而减小。开挖台阶的宽度为 0.5m、1m、1.5m、2m、2.5m、3m 时，路基顶面的最大沉降值都在新路基的边缘，即距路基中心线 20m 处，最大沉降值分别为 13.14cm、12.27cm、11.34cm、10.34cm、9.28cm、8.26cm。台阶开挖宽度为 0.5m 时，路基整体沉降最大。随着台阶开挖宽度的减小，路基顶面的沉降曲线越来越接近"勺"形。

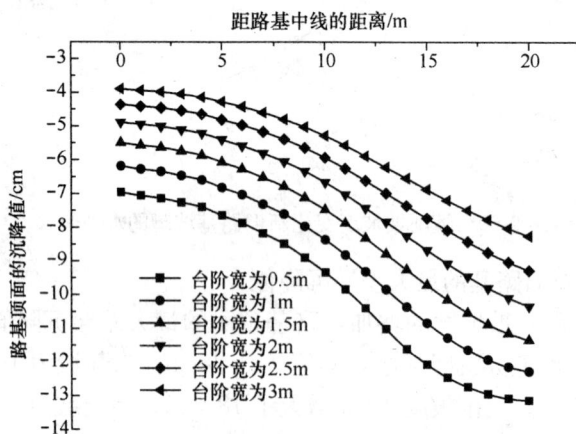

图 9-62　开挖台阶宽度变化时路基沉降值

2) 开挖台阶宽度变化时新旧路基坡脚水平位移

由图 9-63 可知，新路基坡脚随开挖台阶的宽度增加有向内侧移动的趋势。新路基坡脚的水平位移在宽度为 0.5m、1m、1.5m 时向路基的外侧，其余坡度向内。新路基坡脚的水平位移在宽度为 3m 时，新坡脚的水平位移最大，其值为 -0.07cm，旧路基坡脚呈向外移动的趋势，但旧路基坡脚的水平位移始终在路基内侧，在开挖宽度为 0.5m 时，水平位移最大，其值为 -0.63cm。

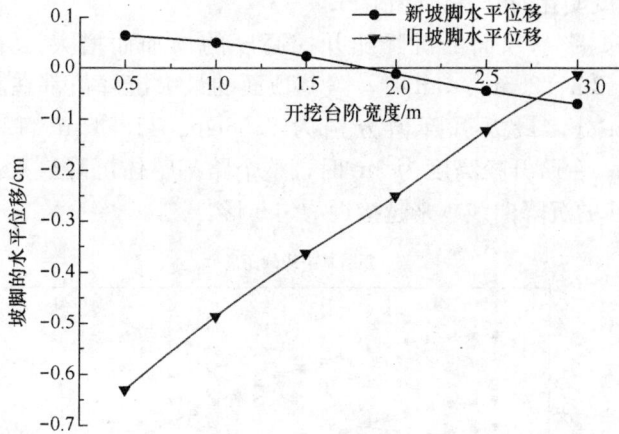

图 9-63　开挖台阶宽度变化时新旧路基坡脚水平位移

3）开挖台阶宽度变化新旧路基最大差异沉降值

由图 9-64 可知，随开挖宽度的增加，路基顶面的最大差异沉降值逐渐减小。当宽度为 0.5m 时，新旧路基的差异沉降最大，其值为 6.18cm；当宽度为 1m 时，新旧路基的差异值为 6.09m，比宽度为 0.5m 减小了 1.5%；当宽度为 1.5m 时，新旧路基的差异值为 5.85cm，比宽度为 1m 减小了 3.9%；当宽度为 2m 时，新旧路基的差异值为 5.45cm，比宽度为 1.5m 减小了 6.8%；当宽度为 2.5m 时，新旧路基的差异值为 4.92cm，比宽度为 2m 减小了 9.7%；当宽度为 3m 时，新旧路基的差异值为 4.37cm，比宽度为 2.5m 减小了 11.2%；由此可知，台阶开挖宽度越大，越能较好地控制新旧路基的差异沉降。

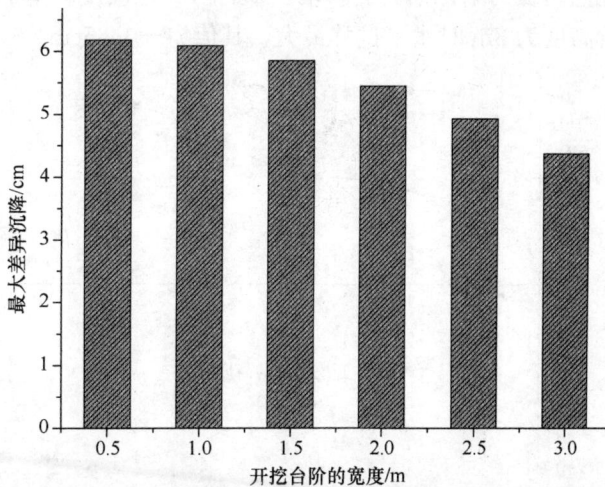

图 9-64　开挖台阶宽度变化新旧路基最大差异沉降值

(2) 台阶高度

针对粉砂土路基削坡为 1：2.5，然后进行台阶开挖，开挖台阶宽度为 1.5m，高度分别采用 0.5m、1m、1.5m、2m、2.5m、3m 六种情况进行分析，其他计算参数如表 9-3 所示。计算结果见图 9-65～图 9-67。

1) 开挖台阶高度变化时路基沉降值

由图 9-65 可知，路基顶面的沉降随开挖高度的增加而增大。开挖台阶的高度为 0.5m、1m、1.5m、2m、2.5m、3m 时，路基顶面的最大沉降值都在新路基的边缘，即距路基中心线 20m 处，最大沉降值分别为 7.56cm、11.34cm、12.43cm、12.94cm、13.32cm、13.44cm。台阶开挖高度为 3m 时，整个路基整体沉降最大。随着台阶开挖高度的增大，路基顶面的沉降曲线越来越接近"勺"形。

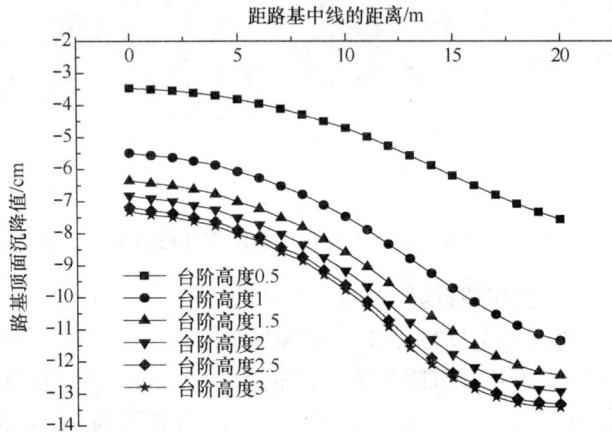

图 9-65　开挖台阶高度变化时路基沉降值

2) 开挖台阶高度变化时新旧路基坡脚水平位移

由图 9-66 可知，新路基坡脚随开挖台阶高度的增加向外侧移动。随台阶开挖高度的增加，向外的水平位移逐渐增大，开挖台阶高度为 3m 时水平位移最大，其值为 0.66cm。旧路基坡脚随台阶开挖高度的增加向内侧移动。随台阶开挖高度的增加，向内的水平位移逐渐增大，开挖台阶高度为 3m 时水平位移最大，其值为 -0.65cm。

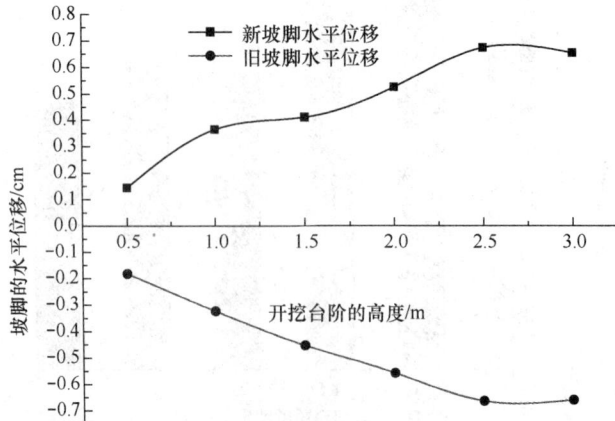

图 9-66　开挖台阶高度变化时新旧路基坡脚水平位移

3）开挖台阶高度变化时新旧路基最大差异沉降值

由图9-67可知，随台阶开挖高度的增加，路基顶面的最大差异沉降值先增加后减小。当高度为0.5m时，新旧路基的最大差异沉降值为4.09cm；当高度为1m时，新旧路基的最大差异沉降值为5.85cm，比高度为0.5m时增大了43%；当高度为1.5m时，新旧路基的最大差异沉降值为6.08cm，比高度为1m时增大了3.9%；当高度为2m时，新旧路基的最大差异沉降值为6.12cm，比高度为1.5m时增大了0.66%；当高度为2.5m时，新旧路基的最大差异沉降值为6.15cm，比高度为2m时增大了0.49%；当高度为3m时，新旧路基的最大差异沉降值为6.11cm，比高度为2.5m时减小了0.65%。开挖台阶高度在1m以上时变化不明显。

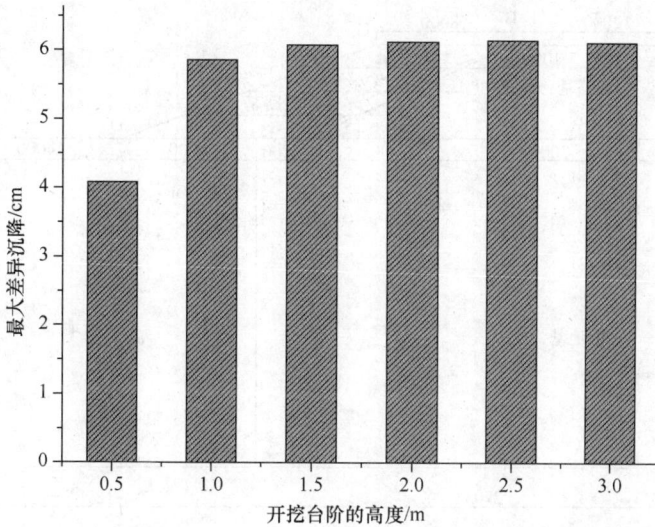

图9-67　开挖台阶高度变化时新旧路基最大差异沉降值

3. 土工格栅处置分析

（1）加筋机理

土体的抗压强度和抗剪强度较好，但其抗拉强度却很差。为了提高土体的抗拉强度，实际工程中常常掺入抗拉强度较好的材料，比如土工格栅。这是因为土工格栅与土体之间的"咬合"作用，提高了土体的抗拉强度，从而限制了路基的水平位移，提高新老路基结合面的有效衔接[92]。

土工格栅具有延伸率较低、强度较高、不易老化等优点，在工程中得到广泛应用，拼接路基中加入土工格栅，可增强承载力，减少工后差异沉降，能够提高路堤的整体稳定性。图9-68为土工格栅在工程中的应用。

关于加筋机理已有不少研究成果，主要有如下几种说法：界面摩擦作用理论、

图9-68　土工格栅应用于道路工程

约束增强作用理论、张力膜理论、加筋垫层的应力扩散作用理论、加筋导致土体应力状态和位移场改变的作用、剪切带理论。

（2）模型建立

土工格栅只能受拉，不具有抗弯和抗压性能，是一种类似薄膜的材料。故在有限元分析时，可以采用薄膜单元来模拟，设定其属性只能受拉。将土工格栅的本构关系设置为线弹性，运用 Ansys 有限元程序进行二维有限元分析。采用薄膜单元和接触面单元来模拟土工格栅和加筋土界面，将格栅作为目标面，土体作为接触面。通过定义相同的实常数将对应的接触单元和目标单元定义为一个接触对，实现对土体与格栅界面上相互作用的模拟。图 9-69 为土工格栅应用于路基拼接的有限元模型。计算参数见表 9-3 及表 9-4。

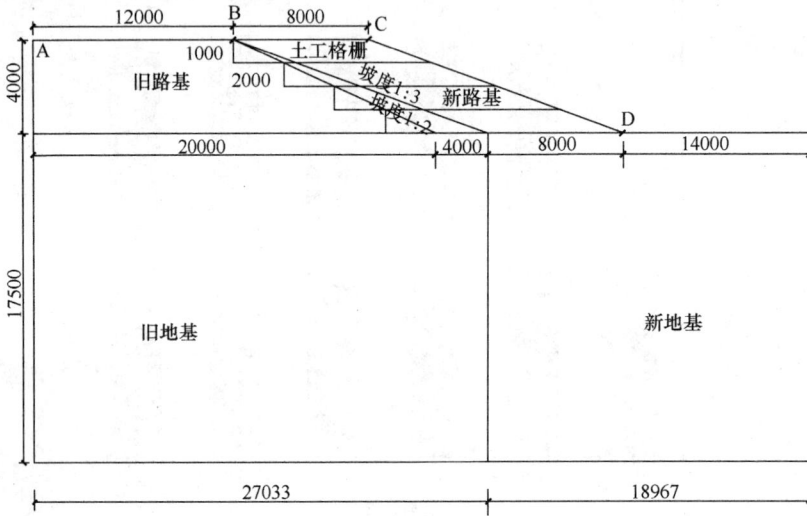

图 9-69　土工格栅应用于道路工程的有限元模型

土工格栅计算参数　　　　　　　　　　　　　　　　　　　　表 9-4

弹性模量 E/ GPa	单位宽度横截面积/ m²	极限拉力/ kN/m²	泊松比	横向刚度/ kN/m	竖向刚度/ kN/m	摩擦系数
1	0.002	42.8	0.3	3000	300000	0.5

（3）路基顶面的位移

进行有限元分析时，选取的模型分别为只开挖台阶，但不铺设土工格栅；分别在四个开挖台阶的地方，铺设一层土工格栅进行分析，第一个台阶铺设一层土工格栅为第一层，第二个台阶铺设一层土工格栅为第二层，第三个台阶铺设一层土工格栅为第三层，第四个台阶铺设一层土工格栅为第四层；分别在第一个台阶和第四个台阶处铺设土工格栅；四个台阶全部铺设格栅，然后进行分析。土工格栅铺于不同层位时路基顶面各点 A、B、C、D 的侧向位移和沉降，A、B、C、D 分别为旧路中心线、开挖点（即旧路基边缘）、新路基边缘、新路基坡脚线。图 9-70 为格栅位置不同时路基顶面的水平位移情况。

由图 9-70 可以看出，铺设土工格栅可以在一定程度上减少新路基的侧向位移，土工格栅铺设在基底和基顶时效果最好。与未铺设土工格栅的情况相比，土工格栅铺于基顶时，B 点侧向位移减少了 9%，C 点侧向位移减少了 33.3%。土工格栅铺于基底时，C 点

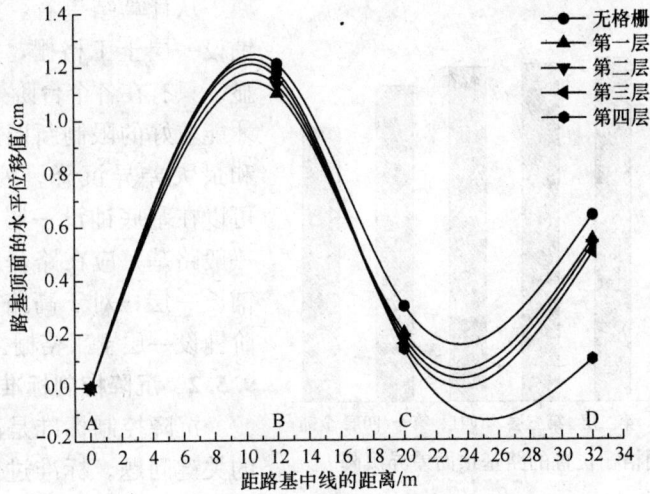

图 9-70 格栅位置不同时路基顶面的水平位移

侧向位移减少了 21.8%，D 点侧向位移则减少了 84.4%。

（4）路基顶面的沉降

因土工格栅和土体之间的"咬合"作用，使下沉的土体受到了土工格栅的拉力作用，从而限值了新旧路基的差异沉降。图 9-71、图 9-72 是不同加筋层位条件下路基顶面各关键点的沉降和最大差异沉降。

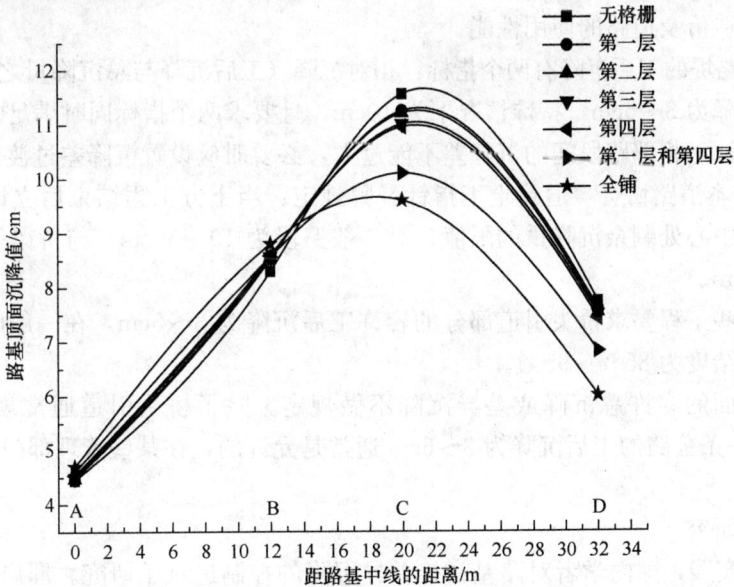

图 9-71 不同格栅位置的路基顶面沉降

从图 9-71、图 9-72 可以看出，土工格栅铺在最下层时，新旧路基差异沉降越小。当铺于路基底层时最大差异沉降比无土工格栅减少 10.7%，当格栅铺在最上层时效果并不明显。当土工格栅分两层铺设时，最大差异沉降比无土工格栅减少 15.6%，各层均铺设时最大差异沉降比无土工格栅减少 26.7%。

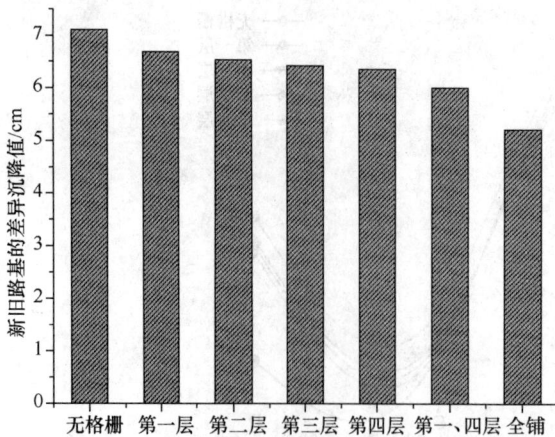

图 9-72　不同格栅位置的路基顶面差异沉降

从计算结果看，如果中间台阶处铺设一层土工格栅，加筋的效果不明显。只有在各个台阶处铺设土工格栅，才能较好的限制新旧路基的水平位移和最大差异沉降。因此，对低路基，可以在基底铺设一层土工格栅；对于一般路基，应在路基基顶和基底分别铺设一层；对于高路基，需在每层台阶铺设一层土工格栅。

9.5.2　沉降控制标准

沉降控制标准是高速公路改扩建的关键问题。标准过低将会影响工程的路用性能，标准过高又会提高工程造价。因此，要科学地考虑工程的路用性能和工程造价，选择合理的差异沉降控制标准。

1. 控制标准分析

（1）国外研究

拼接公路，尤其是高等级公路拼接带来的最大问题就是路基的差异沉降，而差异沉降会使路面产生附加拉应力，导致路面开裂。因此，必须将路基工后差异沉降控制在一定范围内，才能保证路面良好的使用性能。差异沉降控制标准涉及的问题比较多，它的取值直接影响到工程造价及道路的使用性能。

德国控制路堤的工后沉降有两个指标：相对沉降（工后沉降与总沉降量之比）为 5%～15%，绝对沉降为 3～5cm，特殊情况下为 10cm，且要求两个指标同时满足。对路基作分段处理时，要注意相邻路段间的沉降差不能过大，必要时应设置沉降差过渡段。

1967 年日本道路协会《道路土工指针》曾规定：当土方工程结束后立即铺筑高等级路面时，路堤中心处剩余沉降量的限值，对一般路段为 10～30cm，与桥梁等邻接的填土部位为 5～10cm。

在法国一些工程要求桥头引道部分的容许工后沉降为 3～5cm，在一般路段为 10cm，对应的地基固结度为 85%～95%。

美国对路面的容许总沉降或差异沉降不做规定。除了桥头引道通常规定为 1.27～2.54cm 外，一条公路的工后沉降为 3～6cm 通常是允许的，在某些管理部门还容许 1.7‰ 的差异沉降。

（2）国内研究

结合工程实践，国内学者对路基拼接差异沉降的控制进行了研究。邢启军等[93]提出，从纵坡、横坡、平整度三方面出发，认为平整度对不均匀沉降指标要求最严，因此，把较严格的限值作为路面功能性指标要求。考虑到地基的复杂性，取 0.4% 的不均匀沉降坡差作为高等级公路路面功能性要求，即在不影响路面功能的条件下，可以容许 0.4% 的沉降坡差。

傅珍等[94]从路面结构对差异沉降的力学响应、平整度对差异沉降指标的要求、行车荷载对差异沉降指标的要求等方面，研究拓宽道路工后差异沉降控制标准，并对差异沉降进行了分级。以路面结构的力学响应考虑差异沉降控制指标较好，并以 4cm 作为差异沉降控制标准的低限，以 9cm 作为差异沉降控制标准的高限。程兴新等[95]综合考虑路面材料抗弯拉强度与结构层抗疲劳破坏性能，提出了基于路面破坏响应的差异沉降控制标准。以变坡率 0.37% 作为差异控制标准，相应的路基横向与纵向沉降控制值分别为 4.5cm 和 7.5cm。

有的加宽工程也根据试验路建立了相应的控制指标及标准。沈大高速公路改扩建工程路堤加宽技术研究课题组，提出了新加宽路堤工后沉降量不大于 8cm 的控制标准。河海大学在沪宁高速公路加宽工程试验段地基处理中期报告中指出：拼接路基施工后，原高速公路路堤中心与新路肩的横坡坡度增大值应小于 0.5，与原公路横坡相比不得出现反坡。锡澄与沪宁高速公路拼接段设计要求：工后沉降控制年限为 15 年，对一般路段工后容许沉降量不大于 30cm，桥头段不大于 10cm，过渡段不大于 20cm，拼接路堤施工引起的横坡改变值小于 0.5%。

（3）规范规定

《公路路基设计规范》（JTG D 30—2004）6.4.3 规定，路基拼接时应控制新旧路基之间的差异沉降，原有路基与拼接路基路拱横坡度的工后增大值不应大于 0.5%。对于穿越软弱地基段高速公路的拼接改建工程，虽然原有高速公路地基已基本固结沉降稳定，但两侧地基基本为原状地基，在新的路基荷载作用下，地基将产生新的附加沉降，并对原有路基路面产生一定影响。拼接路基应严格按桥头段路基工后沉降标准，控制其工后沉降，减小拼接路基对原有道路路基的沉降影响。根据江苏、浙江、广东等省软土地基地段高速公路拼接的实践经验，原路基中心附加沉降超过 30mm，拼接路基的路拱横坡度增大值超过 0.5% 时路面开裂。

综上所述，对理论成果和实体加宽工程分析后发现，不但控制指标没能很好体现加宽工程的特殊性，而且已有的控制标准差异较大在 0.15%～0.5% 之间变化。因此，深入研究加宽工程中新旧路基的变形特性，找出加宽工程沉降变形规律，建立拼接路基的控制指标并提出相应的控制标准，对我国高速公路建设具有重要意义。

2. 控制标准提出

关于高速公路沉降控制标准，目前采用的方法有：固结度法、沉降速率法以及工后沉降量法三种。

（1）固结度法

固结度法是指路堤修筑后，地基的固结度达 80%～90% 后再修筑路面，从理论上讲，此时绝大部分的沉降量已发生，残余沉降不会很大。但当总沉降量很大时，即使尚有 10%～20% 固结度尚未完成，今后在使用期仍有较大的沉降量产生，这是此法的缺点。

（2）沉降速率法

沉降速率法是在路堤修筑以后观测沉降变化过程，当沉降速率小于某一数值（如 4～6mm/月）后再铺设路面，根据观测到的沉降变化过程还可推算出今后可能发生的沉降量。此方法较为合理，但需要建立现场沉降观测点获取资料，施工期也较难预估。

（3）工后沉降法

工后沉降法是以公路在整个运营期可能发生的沉降量大小进行控制，一般认为高速公路运行 15～20 年后即需进行大修。工后沉降的时间范围有的从铺设路面时开始，也有从铺完路面后算起。由于铺设路面所增加的荷载，有时会引发软土地基产生较大沉降，所以一般认为还是以铺设路面开始起算为好，毕竟路面铺设之后发生的沉降将影响到路面质量。

沉降控制标准一般分为施工期和工后。在实际工程中，施工期的沉降稳定控制标准一般采用沉降速率法，而工后沉降控制标准采用工后沉降法。对于新建高速公路，施工期的沉降控制标准一般以设定的路基中心线每昼夜地面沉降速率和坡脚水平位移速率的容许值为准，并以控制填筑速率的手段来实现控制。只要能满足工后沉降的要求即可，填筑期的沉降量一般不作明确要求。

（4）标准提出

由于我国高速公路大多分布在沿海和中东部地区，致使改扩建工程也主要针对这些已建工程。这些地区以平原软土为主，且南方多雨湿润，多河流、湖泊和池塘，地质状况比较复杂。

基于以上考虑，高速公路扩建工程的沉降控制标准应包含以下三个方面的内容：新旧路基工后差异沉降控制标准，新路基工后沉降控制标准，新路基施工期沉降稳定控制标准。

结合豫东黄泛区土质特点，提出以下沉降控制标准：

1）无论新建道路还是改建道路，采用沉降速率法在路堤修筑以后观测沉降变化过程，当沉降速率小于 4～6mm/月后再铺设路面。

2）铺筑高等级路面时，路堤中心处剩余沉降量应满足一定的要求，对一般路段为 10～30cm，路堤匝道不超过 20cm，与桥梁等邻接的填土部位为 5～10cm。

3）挖方与填方路基土的固结沉降差应小于或等于 1.2cm，以保证沥青路面填挖交界处的稳定性。

4）软土地基上高速公路加宽拼接工程差异沉降的坡差应小于或等于 0.4%，这对于路面结构和功能要求都是合适的。

5）根据相关工程经验，结合双侧加宽特点，推荐拼接路基计算总沉降按不大于 10～15cm 控制。路拱横坡度增大值小于或等于 0.5%。

另外，对于一些特殊的改扩建工程不能一味参照标准，应根据工程实际情况制定相应的控制标准，可适当放宽和减小一些控制参数。

9.6 本章小结

以粉砂土路基拼接加宽为研究对象，根据工程实践，进行了理论分析和数值模拟，主要成果如下：

（1）分析了引起路基不均匀沉降的多种因素，指出其内因在于路基及地基本身，外因则是车载、地下水及自重等作用。

（2）粉砂土路基拼接差异沉降的主要原因是新旧路基模量差异、车辆荷载的影响、新路基压实不均、新旧路基结合部处置不合理。路基差异沉降将导致新旧路面拼接处形成纵向裂缝等病害，指出研究减少裂缝产生措施的重要性。

（3）差异沉降的计算方法包括传统计算方法、数值模拟计算方法，路基沉降计算包括路基主压缩沉降、次压缩沉降、工后沉降计算。

（4）分析了路基产生差异沉降的原因，粉砂土路基的主压缩、次压缩、工后固结沉降的理论计算和有限元计算的原理和方法，运用 Ansys 软件分析了粉砂土路基沉降特性、因施工引起的差异沉降原因和差异沉降曲线变化规律。

（5）针对拼接方式、路基高度、地基压缩模量、新旧路基模量差异、新旧路基不同固结引发差异沉降的敏感性进行了有限元分析，结果表明：随单、双侧拼接宽度的增加，路基顶面的最大差异沉降值增大，双侧加宽时比单侧加宽差异沉降小，双侧加宽优势明显。

（6）路基高度越大，新旧路基的差异沉降越大，当路基填高为 12m 时，最大差异沉降值达 4.21cm；地基压缩模量 4～20MPa 时地基压缩模量越小，新旧路基的差异沉降越大，地基填压缩模量为 4MPa 时差异沉降最大值为 8.77cm。

（7）路基顶面的沉降随新路基模量的增加而减小，随新路基压缩模量的增加路基顶面的最大差异沉降值逐渐减小。路基顶面的沉降随旧地基模量的增加而减小，随旧路地基压缩模量的增加路基顶面的最大差异沉降值逐渐减小。

（8）随削坡坡度的增加，路基顶面的沉降减小，最大差异沉降值逐渐增大；随台阶开挖宽度的增加，路基顶面的沉降和最大差异沉降均逐渐减小；随台阶开挖高度的增加，路基顶面的沉降逐渐增大，最大差异沉降先增加后减小。

（9）土工格栅的铺设一定程度上减少新路基的侧向位移和新旧路基的差异沉降，铺设于基底和基顶时效果最好。土工格栅铺于基底时新路基坡脚水平位移减少 84.4%，各层均铺设土工格栅时最大差异沉降比无土工格栅减少 26.7%。

参 考 文 献

[1] 金双彦. 黄河中下游泥沙预报模型研究[D]. 南京：河海大学，2007.

[2] 袁玉卿，刘松利，邵慧君，等. 风积沙土路基桥涵施工降水技术[J]. 筑路机械与施工机械化，2011，28(1)：33-37+10.

[3] 刘绍宁，袁王卿，李伟，等. 风积沙土工程特性研究[J]. 筑路机械与施工机械化，2011，28(1)：23-28+10.

[4] 王丽. 路基含水率对其技术性能影响研究[D]. 呼和浩特：内蒙古农业大学，2009.

[5] 范文远. 黄泛区粉性土工程特性试验研究[J]. 铁道勘察，2007，33(6)：14-17.

[6] 周冰，姚占勇，商庆森，等. 黄泛平原区土的工程特性研究[J]. 岩土力学，2006，27(增刊)：591-596.

[7] 宋修广，张瑜洪，张海忠，等. 黄泛区粉土路基强度衰减对路面结构的影响分析[J]. 公路交通科技，2010，27(5)：31-35.

[8] 王士华. 黄河沿岸沙区高速公路路基设计与施工[J]. 西部探矿工程，2008，20(12)：226-229.

[9] 王爱营，董琳琳，崔新壮. 黄泛区公路路基压实标准的研究[J]. 路基工程，2009，27(6)：34-36.

[10] 贾朝霞，朱海波，商庆森，等. 黄泛区粉性土路基基本特性与施工技术探讨[J]. 公路交通科技，2008，25(9)：52-57+62.

[11] 程玉梅. 负孔隙水压力和毛细张力的关系及其对时效稳定的贡献[J]. 中国港湾建设，2011，31(4)：16-19.

[12] 刘大鹏等. 土力学[M]. 北京：清华大学出版社，2005.

[13] 张文超. 毛细水作用对粉质土低路堤影响规律的研究[D]. 南京：东南大学，2009.

[14] 彭宇一. 低路堤毛细水影响机理与处治对策试验研究[D]. 南京：东南大学，2009.

[15] Stenitzer E, Diestel H, Zenker Th et al. Assessment of capillary rise from shallow groundwater by the simulation model SIMWASER using either estimated pedotransfer functions or measured hydraulic parameters[J]. Water Resour Manage, 2007, 21(9)：1567-1584.

[16] 苗强强，陈正汉，田卿燕，等. 非饱和含黏土砂毛细上升试验研究[J]. 岩石力学，2011，32(S1)：327-333.

[17] 董斌，张喜发，李欣，等. 毛细水上升高度综合试验研究[J]. 岩土工程学报，2008，30(10)：1569-1574.

[18] Wessolek G, Bohne K, Duijnisveld W, et al. Development of hydro-pedotransfer functions to predict capillary rise and actual evapotranspiration for grassland sites [J]. Journal of Hydrology, 2011, 400(3/4)：429-437.

[19] Fredlund D G, Xing A, Huang S. Predicting the permeability function for unsaturated soils using the soil-water characteristic curve[J]. Canadian Geotechnical Journal, 1994, 31：533-546.

[20] Neuman, S P. Saturated-unsaturated seepage by finite elements[J]. Hydraulics Division, ASCE, 1973, 99(12)：2233-2250.

[21] Fredlund D G，杨宁. 非饱和土的力学性能与工程应用[J]. 岩土工程学报，1991，13(5)：24-35.

[22] Fredlund D G, Xing A. Equations for the soil-water characteristic curve[J]. Canadian Geotechnique Journal, 1994, 31(3)：521-532.

[23] Fredlund M D, Wilson G W, Fredlund D G. Prediction of the soil-water characteristic curve from the grain-size distribution curve[J]. Proceeding of the 3rd Symposium on Unsaturated Soil, 1997, 13-23.

[24] 史文娟, 汪志荣, 沈冰, 等. 夹砂层土体构型毛管水上升的实验研究[J]. 水土保持学报, 2004, 18(6): 167-170.

[25] 李瑞峰. 竖管法和负水头法毛细水上升高度的比较研究[J]. 山西建筑, 2008, 34(25): 150-152.

[26] Bayomy F, Salem H. Monitoring and Modeling Subgrade Soil Moisture for Pavement Design and Rehabilitation in Idaho (Phase III: Data Collection and Analysis) [C] //National Institute for Advanced Transportation Technology University of Idaho. Idaho: 2005: 48-64.

[27] 张平, 王法武. 关于粉土分类及性质的探讨[J]. 沈阳大学学报: 自然科学版, 2000, 12(2): 41-45.

[28] 夏宁, 黄琴龙. 长江口细砂毛细水上升高度试验研究[J]. 粉煤灰综合利用, 2009, 23(6): 3-5.

[29] 闫玲. 壁画地仗酥碱病害非饱和水盐迁移试验研究[D]. 兰州: 兰州大学, 2009.

[30] 魏进, 王晓谋, 张登良. 风积沙的毛细性及其盐胀的室内试验研究[J]. 内蒙古公路与运输, 2005, 30(3): 41-42.

[31] 王运周, 杨建国. 甘肃省公路冻土分区方法与实践[J]. 公路, 2007, 52(7): 85-89.

[32] 董国栋. 高等级公路建设中粉煤灰的应用[J]. 北方交通, 2009, 32(1): 63-64.

[33] 阙云, 姚晓琴. 高地下水位条件下花岗岩残积土路堤的毛细特性研究[J]. 福州大学学报: 自然科学版, 2011, 39(5): 754-759.

[34] 栗现文, 周金龙, 赵玉杰, 等. 高矿化度对砂性土毛细水上升影响[J]. 农业工程学报, 2011, 27(8): 84-89.

[35] 付强. 红黏土路基水汽运移特性及防排水优化设计研究[D]. 长沙: 长沙理工大学, 2010.

[36] 杨明. 环境湿热变化下皖西膨胀土路基工程性状研究[D]. 合肥: 合肥工业大学, 2010.

[37] 李锐, 赵文光, 陈善维. 基于 GEO-SLOPE 的膨胀土路基毛细水上升分析[J]. 华中科技大学学报: 城市科学版, 2006, 23(S1): 36-39.

[38] 李雨浓, 张喜发, 冷毅飞, 等. 季冻区高速公路路基冻害调查及试验观测[J]. 哈尔滨工业大学学报, 2010, 42(4): 617-623.

[39] 余江洪. 毛细作用下粉性路基土强度与变形的试验研究[D]. 乌鲁木齐: 新疆大学, 2011.

[40] Kowalik P J. Drainage and capillary rise components in water balance of alluvial soils[J]. Agricultural water management, 2006, 86(1/2): 206-211.

[41] 毛雪松, 侯仲杰, 孔令坤. 风积砂水分迁移试验研究[J]. 水利学报, 2010, 41(2): 142-147.

[42] Li A G, Tham L G, Yue Z Q et al. Comparison of Field and Laboratory Soil-water Characteristic Curves [J]. Journal of Geotechnical and Geoenvironmental Engineering, 2005, 131 (9): 1176-1180.

[43] Young W B. Analysis of Capillary Flows in Non-uniform Cross-sectional Capillaries [J]. Colloids and Surfaces A: Physicochemical and Engineering Aspects, 2004, 234 (2-3): 123-128.

[44] Shi W J, Shen B, Wang Z R et al. Laboratory studies of evaporation from the layered soil-sand column[A]. Huang G, Pereira L S. Land and Water Management: Decision Tools and Practices[C]// Beijing: China Agriculture Press, 2004. 888-892.

[45] 栾海, 霍玉霞, 王国洪. 冻融条件下土的毛细水上升试验研究[J]. 广东公路交通, 2006, 32(增): 134-137.

[46] 杨明, 余飞. 膨胀土路基毛细水上升规律及处置技术[J]. 中国公路学报, 2009, 22(3): 26-30.

[47] 宋修广, 张宏博, 王松根, 等. 黄河冲积平原区粉土路基吸水特性及强度衰减规律试验研究[J].

岩土工程学报，2010，32(10)：1594-1602.

[48] 赵明华，刘小平，陈安. 非饱和土路基毛细作用分析[J]. 公路交通科技，2008，25(8)：26-30.

[49] 丁兆民. 粗颗粒盐渍土路基稳定技术研究[D]. 西安：长安大学，2009.

[50] 李永军. 粉质土区道路水毁的机理及特征[J]. 科技促进发展，2009，6(12)：143.

[51] 但新惠. 级配砾石毛细水上升高度的研究与探讨. 岩土工程界，2007，10(5)：42-44.

[52] 魏建军. 道路翻浆的防治措施[J]. 内蒙古公路与运输，2010，35(5)：43-44.

[53] 王殿威. 道路不均匀冻胀浅析[J]. 北方交通，2007，30(2)：28-29.

[54] 张波，丁建明，华夏. 公路粉土路堤浸水稳定性研究[J]. 交通标准化，2004. 29(12)：88-90.

[55] 陈晋中. 毛细水作用下低路基强度和变形特性研究[J]. 山西大同大学学报：自然科学版，2008，24(3)：53-55.

[56] 姚占勇. 黄河冲淤积平原土的工程特性研究[D]. 天津：天津大学，2006.

[57] 许贤敏，路凡. 水泥土的性能及其在国外的应用[J]. 公路，2005，50(5)：117-124.

[58] 伍邦勇. 水泥稳定土处治路基床的工程实践[J]. 公路交通科技：应用技术版，2007，3(3)：88-90.

[59] 李清，王汉军，乔传印. 水泥土半刚性板层加固软土路基试验[J]. 中国公路学报，2008，21(3)：24-29.

[60] 卢萌盟，谢康和，王玉林，等. 碎石桩复合地基非线性固结解析解[J]. 岩土力学，2010，32(6)：1833-1840.

[61] 刘红军，李鹏，张志豪，等. 大型储油罐碎石桩地基差异沉降有限元数值分析[J]. 土木建筑与环境工程，2010，54(5)：9-15.

[62] 袁江雅. 路堤荷载下碎石桩复合地基沉降计算研究[J]. 公路工程，2010，36(2)：1-4.

[63] 李亮. 毛乌素沙漠桩体复合地基试验研究[D]. 西安：长安大学，2011.

[64] 杨人凤，曾家勇，林冬. 风积沙压实机理及压实特性[J]. 长安大学学报：自然科学版，2011，31(4)：22-26.

[65] 袁玉卿，王选仓. 风积沙路基冲击压实及效果分析[J]. 中国科技信息，2009，21(3)：80-81.

[66] 王景龙. 郑州至开封城市通道箱涵井点法降水方案[J]. 交通标准化，2007，20(1)：163-165.

[67] 郭煜. 多级轻型井点降水的应用[J]. 土工基础，2002，22(2)：7-10.

[68] 曹忠明，黄日生，张帆. 井点降水在砂性土路基施工中的应用[J]. 公路交通科技：应用技术版，2010，6(2)：57-59.

[69] 郦迎新，蒋静. 毛细压力原理在砂土基坑护壁开挖工程中的应用[J]. 建筑施工，2010，32(2)：128-129.

[70] 詹小凡，龚序两. 肇庆地区粉土的工程特性[J]. 广东水利水电，2009，38(5)：24-28.

[71] 孙瑞民，杨凤灵. 郑州地区饱和粉土的工程地质特性研究[J]. 河南科学，2009，27(3)：346-350.

[72] 景学连. 粉性土路基施工技术总结[J]. 西部探矿工程，2005，17(8)：152-154.

[73] 贾朝霞，朱海波，尚庆森，等. 黄泛区粉性土路基基本特性与施工技术探讨[J]. 公路交通科技，2008，25(9)：52-57＋62.

[74] 李振霞，王选仓，薛晖. 石灰粉煤灰加固低液限粉土性能研究[J]. 公路交通科技，2008，25(2)：40-44.

[75] 严战友，张永满，康拥政. 提高粉性土路用性能研究[J]. 河北省科学院学报，2005，22(3)：46-48＋51.

[76] 郑刚，颜志雄，雷华阳，等. 天津市区第一海相层粉质黏土卸荷路径下强度特性的试验研究[J]. 岩土力学，2009，30(5)：1201-1208.

[77] 交通部公路科学研究院. JTG E40—2007 公路土工试验规程[S]. 北京，2007.

[78] 王康，张仁铎，王富庆. 基于不完全分形理论的土壤水分特征曲线模型[J]. 水利学报，2004，49 (5)：1-7.

[79] 工程地质手册编写委员会. 工程地质手册[M]. 北京：中国建筑工业出版社，1992.

[80] 袁玉卿. 路基路面工程[M]. 北京：中国电力出版社，2010.

[81] 交通部公路司，中国工程建设标准化协会公路工程委员会. JTG B01-2003 公路工程技术标准 [S]. 北京，2003.

[82] 中交集团第一公路工程局有限公司. JTG F10—2006 公路路基施工技术规范[S]. 北京，2006.

[83] 王劲松，陈正阳，廖建春. 运营期高速公路软土路基沉降观测与预测[J]. 路基工程，2008，26 (2)：24-25.

[84] 洪毓康. 土质学与土力学[M]. 第2版. 北京：人民交通出版社，2002.

[85] 冯炜炜，陆会清，姚力. 浅谈土的不同物质组成对毛细性的影响[J]. 新疆有色金属，2004，27 (2)：16-18.

[86] 炳文山. 道路路面冻害防治理论基础与应用[M]. 哈尔滨：哈尔滨工业大学出版社，1989.

[87] 中交第二公路勘察设计研究院. JTG D30—2004 公路路基设计规范[S]. 北京：人民交通出版社，2004.

[88] 汪海鸥，洪明强，谢镭. 夯实水泥土影响因素的试验研究[J]. 辽宁工程技术大学学报：自然科学版，2010，29(2)：263-266.

[89] 王斌. 高速公路拼接段沉降变形特性及地基处理对策研究[D]. 南京：河海大学，2004.

[90] 唐朝生，刘义怀，施斌，等. 新老路基拼接中差异沉降的数值模拟[J]. 中国公路学报，2007，20 (2)：13-17.

[91] 黎霞. 新老路基沉降机理有限元数值模拟分析[J]. 中外公路，2006，31(4)：30-33.

[92] 沈立森，杨广庆，程和堂，等. 高速公路路基加宽土工格栅加筋优化技术研究[J]. 岩土工程学报，2013，35(4)：789-793.

[93] 邢启军，朱学文，刘金年. 浅谈工后容许不均匀沉降指标及其在高等级公路的研究[J]. 黑龙江交通科技，2003，(3)：21-22.

[94] 傅珍，王选仓，陈星光，等. 拓宽道路工后差异沉降控制标准[J]. 长安大学学报：自然科学版，2008，28(5)：10-13.

[95] 程兴新，王选仓，高志伟. 基于路面破坏响应的差异沉降控制标准[J]. 长安大学学报：自然科学版，2010，30(5)：31-34.